1839

1852

Romana Echensperger
Master of Wine

Von der Freiheit, den richtigen Wein zu machen

Biologisch-dynamisches Winzerhandwerk im Portrait

Mit Fotos von
Konstantin Volkmar

WESTEND

Einleitung

Anhang

Portraits

Warum ich dieses Buch geschrieben habe

Schon lange bin ich fasziniert von der biodynamischen Wirtschaftsweise. Vor allem von den vielen leidenschaftlichen Landwirten und Winzern, die sich weltweit dieser Bewegung angeschlossen haben. Gerade die Rebe als mehrjährige Pflanze und die Traube mit ihren unzähligen Aroma- und Inhaltsstoffen sprechen besonders darauf an. In keinem anderen landwirtschaftlichen Produkt ist der Unterschied, den die biodynamische Wirtschaftsweise macht, so deutlich zu schmecken wie im Wein. Auch deshalb hat die Biodynamie in den letzten Jahren enorme Zuwendung erfahren. Es sind vor allem Spitzenwinzer, die sich neuerdings in großer Zahl dieser Methode verschreiben. Die Beweggründe dafür sind unterschiedlich, das Ergebnis ist eine wohl noch nie dagewesene Vielfalt. Daraus resultiert Wandel und Umbruch – nicht nur in der biodynamischen Weinszene. Dieses Buch wirft einen Blick auf diese Entwicklungen und beleuchtet die Biodynamie von verschiedenen Seiten. Wichtig war mir zudem, die geisteswissenschaftlichen Grundlagen der anthroposophischen Landwirtschaft, die oft missverstanden oder gar ins Lächerliche gezogen werden, zu veranschaulichen. Dabei hilft auch der unterschiedliche Zugang der Winzer zu diesem Hintergrund. Es zeigt, dass die Biodynamie kein Dogma ist, sondern von der Individualität lebt. Von der Vielfalt derer, die sich ihrer annehmen und jeden Tag weiterentwickeln.

Ich bin, gemeinsam mit dem Fotografen Konstantin Volkmar, ein Jahr lang unterwegs gewesen. Wir haben zwölf Winzerinnen und Winzer im deutschsprachigen Raum besucht und sie bei der Arbeit begleitet. Die Auswahl der Betriebe ist dabei nicht leichtgefallen. Mir ging es darum, eine gute Mischung aus großen und kleinen Weingütern zu finden, aus erfahrenen Betrieben und neu hinzugekommenen, aus Traditionsgütern und jungen Aufsteigern. So war es möglich, viele Blickwinkel auf diese Wirtschaftsweise einzufangen.

Ergänzt werden diese Portraits mit einem historischen Teil, der die Entstehung der Biodynamie geschichtlich einordnet. Ebenso war es mir wichtig, einen Blick auf die gängigen Zertifizierungen zu werfen. Dabei sollte es nicht um eine kleinliche Analyse gehen, wer nun die striktesten unter den strengsten Richtlinien befolgt, sondern welche Aufgaben Verbände haben. Dr. Georg Meissner kommt als Berater und Lehrer ebenso zu Wort wie die Wissenschaftler von der Universität Geisenheim, die seit Jahren einen biodynamischen Feldversuch begleiten.

Auf diesen Reisen entstand auch die Idee zu dem Titel. Denn ein Motiv, das alle Winzer mit zur Umstellung bewegte, war die Suche nach Freiheit. Sich unabhängig machen von den Empfehlungen der Agrarindustrie und den von der Industrie beeinflussten Weinbauschulen, von den Spritzmittel-Apps und dem Fax aus dem nächsten Labor. Und nicht zuletzt ging es um die Befreiung von der unterschwellig verbreiteten Angst, ökonomisch zu Grunde zu gehen, wenn man sich nicht an die konventionellen Bewirtschaftungsmethoden hält. Dass man, basierend auf eigenen Sinneseindrücken, selbständig Entscheidungen treffen kann und dabei auf die vielen industriellen Betriebsmittel verzichtet, haben sich viele Winzer erst mit der Biodynamie wieder zugetraut.

Einigen ging es auch um Freiheit von vorgegebenen Geschmacksprofilen, frei vom Druck, jedem gefallen zu müssen, frei von Messeterminen, das heißt, den Weinen die Zeit zu geben, die sie haben sollen. Freiheit wird dabei nicht als uneingeschränkt begriffen, sondern als Freiheit in Verantwortung. Insofern ist auch das Wort „richtig" im Titel zu verstehen. Nicht als Gegenteil von falsch, sondern richtig für sich selbst, für die eigenen Möglichkeiten, die Mitarbeiter und Kunden sowie für die Scholle Land, die man gestalten darf.

Das Buch soll keine Opposition zur konventionellen Wirtschaftsweise darstellen. Mir geht es darum, den Blick zu erweitern. Die Ansätze der Biodynamie können die naturwissenschaftliche Sichtweise ergänzen, um die besten Lösungen für die zunehmenden Umweltprobleme zu finden, die in der Landwirtschaft, und dazu gehört auch der Weinbau, verursacht werden.

Romana Echensperger
Master of Wine

Eine Handvoll Erde kann bis zu einer Milliarde Organismen enthalten. Das komplexe Zusammenspiel der Flora und Fauna unter unseren Füßen ist dabei größtenteils unerforscht. Der Boden ist in der Wissenschaft bislang eine „Black-Box" geblieben.

Eine kurze Geschichte der Landwirtschaft

Dieses Buch beginnt mit einer historischen Einordnung der Biodynamie. Denn Rudolf Steiner, der allgemein als deren „Vater“ gilt, kam mit seinen Thesen zur Landwirtschaft aus seiner Zeit. Die massiven Probleme, die wir heute in der Landwirtschaft sehen, haben sich bereits zu Anfang des 20. Jahrhunderts abgezeichnet. Man muss die Geschichte verstehen, die Entwicklungen in der Denkweise der Menschen, muss wissen wie Agrarwissenschaft funktioniert, wo ihre Schwachstellen sind und welchen Einfluss die politischen Katastrophen dieser Jahre auf diese Geschichte haben. Wer sie kennt, weiß, warum die Biodynamie im Jahre 1924 – in den Zwischenkriegsjahren – ihren Ursprung hat.

Es ist ein Überblick aus einer deutschen Sicht. Denn wie der Agrarhistoriker Frank Uekötter in seinem Buch „Die Wahrheit ist auf dem Feld“ beschreibt, kamen viele Menschen, die sich der Entwicklung der Landwirtschaft verschrieben hatten, aus dem deutschsprachigen Raum. Als Beispiele seien Carl Sprengel und Justus von Liebig genannt, die mit ihrer Mineralstofftheorie geistige Wegbereiter der Industrialisierung der Landwirtschaft waren. Sowie Fritz Haber und Carl Bosch als Erfinder des Verfahrens zur künstlichen Ammoniaksynthese, welche die industrielle Herstellung von Kunstdünger ermöglichte, der die Landwirtschaft endgültig revolutionierte. Aber eben auch Rudolf Steiner kam aus dem deutschsprachigen Raum.

Postkarten als Werbematerial der Düngermittelindustrie aus den 1920er Jahren

Landwirtschaft und Weinbau vor dem 19. Jahrhundert

Bevor Agrarwissenschaft und die spätere Industrialisierung Landwirtschaft und Weinbau völlig umkrempelten, waren die Betriebsleiter auf ihre Erfahrungen und Beobachtungsgabe angewiesen. Sie mussten ihren Sinnen und dem über Jahrhunderte gesammelten Wissen vertrauen, um Entscheidungen zu treffen. Es gab keine Landwirtschaftsschulen oder externen Berater, keine Apps und noch nicht einmal eine nennenswerte Fachliteratur, dafür unzählige Bauernregeln. Wissen wurde von Generation zu Generation vererbt. Genauso die eigenen Hofrassen, Getreide-, Obst- und Gemüsesorten, die sich im Lauf der Geschichte am jeweiligen Standort angepasst hatten.

Im Weinbau hatte sich über Jahrhunderte herauskristallisiert, welche Rebsorten wo am besten funktionieren und welche die edelsten Ergebnisse liefern. So wurde zum Beispiel der Riesling an Mosel und Rhein die Leitrebsorte. Es kristallisierten sich bestimmte Spitzenlagen heraus, die Weine hervorbrachten, die denen von weniger exponierten Weinbergen in Geschmack und Reifepotential überlegen waren. Katasterkarten wurden daraufhin angelegt, um diese Unterschiede für die Steuerämter zu dokumentieren. Auch eine für die verschiedenen Regionen typische Weinbereitung und eigener Geschmack entwickelten sich. Die gesamten klassischen europäischen Appellationen, die damit verbundenen Weintypen wie der Rhein Riesling, Burgunder oder Champagner, entwickelten sich vor der Industrialisierung.

Sie entstanden ohne Klonenselektion, Kunstdünger und Maschinenpark – ohne Sterilfiltration, Enzyme und Reinzuchthefen.

Diese Zeiten zu romantisieren wäre allerdings ein Fehler. Das fehlende Wissen über Fruchtfolgen, Pflanzenschutz und Pflanzenernährung sorgte zusammen mit der Unberechenbarkeit der Natur dafür, dass es regelmäßig zu Hungerkrisen kam. Damals gab es keine Maschinen. Die Arbeit war körperlich schwer und forderte ihren Tribut. Ob die Tierhaltung in den dunklen und feuchten Ställen so viel besser war als heute, ist stark zu bezweifeln. Auch im Weinbau gab es viele schlechte Jahre mit mageren Erträgen, dementsprechend lausige Weine und wirtschaftliche Not. Es ist absolut verständlich, dass die späteren Entwicklungen auch immer auf dem Wunsch fußten, an Ertragssicherheit zu gewinnen. Die Frage ist vielmehr die nach dem richtigen Maß.

Anfang des 19. Jahrhunderts: Albrecht Daniel Thaer und die Anfänge der Agrarwissenschaft in Deutschland

Der Anfang der Agrarwissenschaften in Deutschland ist schwer datierbar. Schon im 18. Jahrhundert gab es diverse Publikationen zum Beispiel zur Gipsdüngung oder zum Kleeanbau. Aber diese griffen nur einzelne Themen heraus, waren nicht systematisch aufbereitet und daher für die landwirtschaftliche Praxis schwer nutzbar.

Eine besondere Rolle als Gründungsvater der Agrarwissenschaft kommt Albrecht Daniel Thaer zu. Der im Jahre 1752 geborene Sohn eines angesehenen Hofarztes aus Celle studierte Medizin und beschäftigte sich intensiv mit Landwirtschaft. In zahlreichen Publikationen erfasste er systematisch bisherige Beobachtungen und Forschungsergebnisse.

Es hatte wohl mit den engen politischen Verbindungen des Hauses Hannover mit England zu dieser Zeit zu tun, dass Thaers erste Publikation die als fortschrittlich geltende englische Landwirtschaft behandelte. An seinem ersten Lehrinstitut, das er im Jahre 1802 in Celle gründete, experimentierte er mit der in England propagierten Fruchtwechselwirtschaft und erzielte beträchtliche Ertragssteigerungen. Diese Wirtschaftsform integrierte mit dem Anbau von Klee den Futteranbau in die ackerbauliche Fruchtfolge. Freilich wusste damals noch keiner, dass Klee zu den sogenannten Leguminosen gehört: Pflanzen, die Luftstickstoff organisch im Boden binden und damit düngen. Jedenfalls diente der Klee als Futter für Nutztiere, deren Stallmist zusätzlich als Dünger fungierte. Das sorgte für Humusaufbau, lockere Bodenstruktur und Fruchtbarkeit, wovon Feldfrüchte wie Weizen oder Kartoffeln profitieren konnten. Mit dieser engen Verzahnung von Ackerbau und Viehwirtschaft wurde die Dreifelderwirtschaft und damit die Brache überwunden. Diese Wirtschaftsform, in der Sommerfrüchte auf Wintergetreide und Brache folgten, hatte Karl der Große eingeführt, die dann für fast 1000 Jahre die Arbeit der Bauern bestimmte.

Optimale Stoffkreisläufe wurden auch durch die Arbeit Thaers zum Grundprinzip rentabler

Eine interessante Übersicht zeigt die Entwicklung der Erträge im Fünfjahresdurchschnitt für Wein (in hl/ha) in Deutschland von 1880 bis heute. Hier im Vergleich zu Weizen (in dt/ha) gesetzt. Auch bei anderen Feldfrüchten ist die Ertragsentwicklung enorm. Wurden beispielsweise im Jahr 1900 pro ha 126 Doppelzentner Kartoffeln geerntet, waren es 100 Jahre später über 430. Die Ertragssteigerungen im Weinbereich haben unter anderem mit dem vermehrten Einsatz von Pflanzenschutz- und Düngermitteln sowie veränderten Anbaumethoden, Erziehungsformen und der Mechanisierung zu tun. Aber auch die Rebzüchtung und Klonenselektion spielen eine wichtige Rolle. Zielsetzung war stets auch die Ertragsmaximierung und -sicherung. Als Ende des 19. Jahrhunderts die Reblaus, ein aus Amerika eingeschleppter Schädling, den europäischen Weinbau fast zum Erliegen brachte, kam es zu einem besonders großen Umbruch. Seither müssen europäische Edelreben wie Riesling, Merlot oder Chardonnay auf Wurzeln von deutlich wüchsigeren amerikanischen Reben gepfropft werden. Auch bei der Auswahl der gegen die Reblaus resistenten, amerikanischen Unterlagsreben wurde auf Ertragsmaximierung geachtet.

Kurzum: Während man im 19. Jahrhundert in Deutschland bei 20 hl/ha Ertrag von einem guten Jahr sprach, ist heute die vier- bis fünffache Menge selbstverständlich.

Betriebsführung. Das Leitbild des „Ganzen Landwirtes", der Ackerbau und Viehzucht betreibt, auch um Arbeitsspitzen zu vermeiden, sich gegen Preisschwankungen und das Risiko eines Gesamternteausfalls abzusichern, wurde bestimmend.

Thaer und seine Schüler beschäftigten sich des Weiteren mit Bodenkunde, Maschinenbau sowie der Züchtung von Nutztieren. In seinen „Grundsätzen der rationellen Landwirtschaft" begründete er die agrarische Betriebswirtschaftslehre. Dabei sah er in der Landwirtschaft ein Gewerbe wie in der Industrie: „Die Landwirtschaft ist ein Gewerbe, welches zum Zweck hat, durch Produktion (...) vegetabilischer und tierischer Substanzen Gewinn zu erzeugen oder Geld zu erwerben." Der Umgang mit Tieren, Pflanzen und der Natur sollte vor allem auf den ökonomischen Nutzen ausgerichtet sein. So beschreibt er unter anderem auch das Zuchtziel von Merino-Schafen, das sich durch die Absatzmöglichkeiten definierte.

In den Anfängen der Agrarwissenschaften war noch der Versuchsbetrieb und nicht das Labor am wichtigsten. „Die Natur wirkt allenthalben nach gleichen und ewigen Gesetzen." Mit Versuchen sollten der Natur Antworten auf vorgelegte Fragen abgerungen werden. Es galt, den Wert der Erfahrung aus „den Beobachtungen aller Völker und aller Zeiten" ebenso einzubeziehen wie ökonomische und naturwissenschaftlich gewonnene Erkenntnisse.

Mitte des 19. Jahrhunderts: Justus von Liebig und der Siegeszug der Agrikulturchemie

Ab Mitte des 19. Jahrhunderts wurde der Agrarsektor von staatlicher Seite aufgewertet. Das mag auch an dem Machtbewusstsein der Obrigkeit gelegen haben. Wer fest im Sattel sitzen wollte, musste sein Volk gut ernähren. Ebenso spielte der Autarkiegedanke eine Rolle. In Kriegszeiten sollte die Bevölkerung ohne Importe satt werden können.

So entstanden in dieser Zeit Versuchsstationen, Landwirtschaftskammern mit Beratung und landwirtschaftliche Schulen. Im Kaiserreich erstarkten die Agrarwissenschaften an den Universitäten, und es kam zur Aufspaltung in verschiedene Spezialdisziplinen. Für den Weinbau im deutschsprachigen Raum war die Gründung der Lehranstalten in Klosterneuburg (1860), Weinsberg (1868) und Geisenheim (1872) von großer Bedeutung. Hier sollte das Wissen auf dem Gebiet der Agrarwissenschaften weiter vertieft und unter anderem an Praktiker weitergegeben werden.

Die Agrikulturchemie und Düngerlehre hatten hier von Anfang an eine besondere Stellung. Auch weil man sich davon die größten Ertragssteigerungen erwartete. So spielen in den ersten Berichten der Lehranstalt für Obst- und Weinbau in Geisenheim Düngerversuche eine zentrale Rolle.

Gab es bis dahin den Vorwurf der Wissenschaftsgemeinde, die Agrarwissenschaften seien nichts anderes als „auf Feldern zusammengeklaubtes Wissen" (Uekötter), konnte ihnen nun mit chemischen Methoden und Laboranalysen endlich ein naturwissenschaftlicher Anstrich verliehen werden. Zudem waren die neuen Ergebnisse wirtschaftlich verwertbar. Bald schon entstand erstmals eine Verbindung zwischen agrarwissenschaftlicher Forschung und Industrie, vor allem der Kunstdüngerindustrie. Schon Justus von Liebig, der u.a. mit seinen Mitte des 19. Jahrhunderts erschienenen Publikationen zur Mineralstofftheorie berühmt wurde, versuchte sich mit seinem Patentdünger als Kaufmann.

Allerdings hat Justus von Liebig die Theorie nicht erfunden. Im 17. Jahrhundert gab es zum Beispiel schon Studien zum Nitratgehalt des Bodens zu verschiedenen Jahreszeiten. Carl Sprengel, einer der ersten Schüler Thaers, gilt als Begründer der Mineralstofftheorie und formulierte das „Gesetz vom Minimum" deutlich vor Justus von Liebig. Letzterer fasste dann die Ergebnisse seiner Vorgänger zusammen. Diese Theorie besagt, dass es die Verfügbarkeit von löslichem Phosphor, Stickstoff, Kalium und anderen Elementen ist, die das Pflanzenwachstum bestimmen. „Als Prinzip des Ackerbaus muss angenommen werden, dass der Boden in vollem Maße wieder erhalten muss, was ihm genommen wird ..." Danach entstand die Idee, die Düngung nach dem Nährstoffentzug der Pflanze zu bemessen. Wie in der Buchführung sollte der Landwirt eine Bilanz erstellen.

Mit dem markanten Bild von unterschiedlich langen Fassdauben wird das Minimumgesetz stets illustriert. Die kürzeste Daube bestimmt, wie viel Wasser im Fass verbleibt. Die wichtigsten Kernelemente innerhalb der Makronährstoffe sind Stickstoff, Phosphor und Kalium. Davon brauchen Pflanzen mengenmäßig am meisten.

Hinzu tritt das „Minimumgesetz", das stets mit der Illustration eines Fasses mit unterschiedlich langen Dauben dargestellt wird. „Der Ertrag des Feldes wird von demjenigen Nährstoff begrenzt, der sich im Vergleich zum Bedarf der Pflanzen im Minimum befindet ..." Damit versprach Liebig Erträge mit zunehmenden Düngergaben steigern zu können.

Die klassischen Weinstile wie Rhein Riesling oder Pinot Noir aus dem Burgund haben sich vor der Industrialisierung entwickelt. Das Geschmacksprofil entstand ohne Kunstdünger, Sterilfiltration und Reinzuchthefen.

Liebig veränderte damit grundlegend die Vorstellung von der Düngung. Sprach man bislang von Kräften, die auf das Pflanzenwachstum wirken, wurde von nun an von Stoffen ausgegangen. Vorher hatte man die Vorstellung von tätigen, aber eben auch müden Böden. Letztere sollten sich in einem Jahr Brache erholen und mithilfe von Stallmist wieder zu Kräften kommen. Ab sofort war das überflüssig: Es reichte die Zugabe von bestimmten Stoffen. Nachdem die Industrialisierung der Landwirtschaft in den 1950ern richtig an Fahrt aufgenommen hatte, wurde der Boden bald nur noch als Substrat gesehen, in dem sich die Wurzeln verankern, um hier die benötigten Nährstoffe und Wasser aufnehmen zu können. Mineralstofftheorie und Minimumgesetz wurden die Grundlage für das Verständnis von Bodenfruchtbarkeit und damit begann der Siegeszug der Agrikulturchemie.

Forschungszweige, die weniger spektakuläre Ergebnisse versprachen, blieben fortan fast unberührt. Humus zum Beispiel wurde kaum erforscht. Die damaligen Analysemethoden reichten für ein so komplexes Thema nicht aus. Aus diesem Grund wurden auch Bodenökologie und Bakteriologie völlig vernachlässigt. So galt zum Beispiel bis in die 1870er Jahre der Regenwurm als Schädling. Selbst heute weiß man noch wenig über das Thema Boden. Ein 2015 von Pflanzenforschung.de, einem vom Bundesministerium für Bildung und Forschung gefördertes Internetportal, veröffentlichter Wissenschaftsartikel stellt nüchtern fest: „Im Vergleich mit anderen Wissenschaftszweigen und Fachgebieten wissen wir noch relativ wenig über Böden.“ Die Forscher der Studie sehen die Böden auch heute noch als schwierig zu untersuchendes Ökosystem an. Außerdem monieren sie: „Wenn überhaupt, beschränkten sich Forscher auf experimentelle Fallstudien, konzentrierten sich auf extrem abgegrenzte Flächen oder nur eine Handvoll ausgewählter Arten oder führten Laborversuche durch ... All die gewonnen Erkenntnisse lassen sich jedoch nicht verallgemeinern, auf andere Standorte, geschweige denn in globale Dimensionen übertragen."

Auch ein weiterer wichtiger Wissenschaftszweig konnte sich bei den Praktikern nicht durchsetzen: die Bodenkunde. Es ist der Zweig der Geologie, der sich mit der Entstehung, den Eigenschaften und Umbildungen des Bodens beschäftigt. Die Bodenkundler waren nicht in der Lage, der Praxis verständliche Empfehlungen zu geben. Sie definierten lieber eine komplexe Klassifizierung mit Tausenden verschiedener Bodentypen. Und so hatte die Agrikulturchemie die besten Voraussetzungen, sich als wichtigster Zweig der Agrarwissenschaften zu etablieren.

Der Gebrauch von Kunstdünger setzte sich zunächst langsam durch, vor allem wegen des mitunter dubiosen Marktes für Düngemittel in dieser Zeit. Eine um das Jahr 1800 veröffentlichte Liste von Düngemitteln listete 45 verschiedene Produkte auf. Darunter Exkremente, Schlachtabfälle, Straßenkehricht, Seemuscheln, Gips und Kalk.

Etwas seriöser ging es ab 1845 zu, als südamerikanischer Guano, der stickstoff- und phosphorhaltige Kot von Seevögeln, einen Boom erfuhr. Doch die Vorkommen waren schnell ausgebeutet, und man verlagerte sich auf den sogenannten Chilesalpeter, der als Stickstoffdünger und für die Sprengstofferzeugung genutzt wurde. Chilesalpeter ist der Trivialname für Natriumnitrat, ein Mineral, das vor allem in Chile vorkommt. Im Jahre 1913 beliefen sich die deutschen Einfuhren von Chilesalpeter auf ca. 800.000 Tonnen mit einem Wert von etwa 120 Millionen Reichsmark. Kali wurde hingegen deutlich günstiger im heimischen Bergbau gewonnen. Die entsprechende Industrie hatte ihre Anfänge in den 1860er Jahren. Thomasmehl, ein phosphorhaltiges Abfallprodukt der Eisen- und Stahlerzeugung, verbreitete sich ab 1880.

Schon bald darauf engagierte sich die Kunstdüngerlobby in der agrikulturchemischen Forschung. Wissenschaftliche Expertise versprach Seriosität, womit man unter anderem die vielen dubiosen Anbieter vom Markt drängen wollte. So kam es zu einer engen Verwebung von Kunstdüngerindustrie und Wissenschaft auf vielen Ebenen. Die Lobby lieferte zum Beispiel kostenlos Dünger für alle möglichen Feldversuche. Sie förderte Forschungsarbeiten, gab Fachzeitungen heraus, finanzierte Seminare und betrieb Laboratorien. Auch in der Beratung kam es zu Interessenskonflikten. So erhielt die Deutsche Landwirtschaftsgesellschaft jahrelang beträchtliche Rückvergütungen aus dem Düngemittelverkauf von den Produzenten von Kali und Thomasmehl.

Diese Verknüpfungen haben sich anfangs einfach ergeben, dennoch hatten sie natürlich irgendwann Einfluss auf Interpretation und Veröffentlichung von Studien.

Doch bei vielen Feldversuchen führte die Verwendung von Kunstdünger nicht zu mehr Ertrag – wie es in dem 1888 veröffentlichten Bericht der Lehranstalt für Obst- und Weinbau aus Geisenheim steht. Da wird von einem dreijährigen Versuch mit Mineraldünger der Kunstdüngerfabrik H. u. E. Albert Bieberich berichtet, der wohl keinen Unterschied machte. Während von der Wirkung des mit „im Rinderstalle der Anstalt erzeugten Torfdüngers" geschwärmt wurde: „... die Stöcke eine starke Triebkraft entwickelten und dunkelgrünes Laub bis in den Herbst behielten ... die Trauben erreichten eine Vollkommenheit, wie man sie zuvor in diesem Quartier nur selten fand ... ihre Reife schritt allen andern voran, sie wurden gleichmäßig edelfaul." Später blieben solche Ergebnisse dann gern einmal unerwähnt.

Mit der Erfindung der Haber-Bosch-Methode, die 1910 patentiert wurde, nahm die Bedeutung der Kunstdüngerindustrie enorm zu. Bis dahin war vor allem der Stickstoffdünger nur teuer und aufwendig zu besorgen. Mithilfe dieses Verfahrens konnte Stickstoff aus der Luft mit Wasserstoff zu Ammoniak verbunden werden. Im Jahr 1914 gründete die BASF die Versuchsanstalt Limburger Hof, um die Wirksamkeit des Mineraldüngers zu testen. Anfangs fehlten zwar noch die technischen Anlagen, um die Herstellung von Ammoniak im großen Stil zu betreiben, aber die Vorstellung, in beträchtlichem Umfang an Grundmaterial für Sprengstoff gelangen zu können, weckte Begehrlichkeiten im Kriegsministerium.

Man einigte sich auf einen Handel, von dem auch in der Festschrift „100 Jahre Limburger Hof" berichtet wird: „Noch fehlten die nötigen Anlagen zur Erzeugung von Salpetersäure, doch einmal eingerichtet, könnten sie auch zur Produktion von Stickstoffdünger genutzt werden, spätestens nach dem Krieg. Vor diesem Hintergrund gab Carl Bosch dem Kriegsministerium im September 1914 das sogenannte Salpeterversprechen. BASF würde große Mengen Salpetersäure liefern und erhielt im Gegenzug staatliche Unterstützung bei der Errichtung der großtechnischen Oxidationsanlagen, die Ammoniak zu Salpetersäure verarbeiteten." Der Vertrag, den Bosch mit der Oberen Heeresleitung unterzeichnete, sah garantierte Abnahmemengen vor sowie ein Darlehen seitens des Reiches von 35 Millionen Mark. Durch diesen Schritt konnten die Importe von Chilesalpeter, die aufgrund der britischen Seeblockade nicht mehr durchkamen, kompensiert werden.

Zunächst wurde der so erzeugte Stickstoff also für die Sprengstoffproduktion verwendet, nach dem Ersten Weltkrieg stand dieser in großen Mengen für die Landwirtschaft zur Verfügung. Während sich der Bedarf an Dünger vor dem Ersten Weltkrieg auf etwa 200.000 Tonnen Reinstickstoff im Jahr belief, standen danach 460.000 Tonnen zur Verfügung.

Anfang 20. Jahrhundert: Erster Weltkrieg, Düngerkrise und der Impuls von Rudolf Steiner

Der Erste Weltkrieg führte die Landwirtschaft in eine große Krise. Schon das Datum des Ausbruchs, der 28. Juli 1914, fiel mitten in die arbeitsreiche Erntezeit. Die wehrfähigen Männer wurden eingezogen, und der Rest der Familie musste zusehen, wie man die schwere Arbeit alleine bewältigte. Die Regierung hatte zudem versäumt, ausreichend Lebensmittelvorräte anzulegen. So kam es bald zu Engpässen, auch weil der Selbstversorgungsgrad bei nur etwa 80 Prozent lag und die britische Seeblockade auch Importe von Nahrungsmitteln blockierte.

Weil die zur Beratung im Kriegsministerium hinzugezogenen Ernährungsprofessoren davon ausgingen, dass die 25 Millionen Schweine in heimischen Ställen in Konkurrenz zum Menschen um Kartoffeln und Getreide standen, empfahl man, den Bestand um ein Drittel zu reduzieren. Bis März 1915 wurden daraufhin über 8 Millionen Schweine geschlachtet.

Da man nicht die Möglichkeiten hatte, das Fleisch haltbar zu machen, war es bereits im Herbst verdorben. Hinzu kam, dass der fehlende Stallmist die innerbetrieblichen Stoffkreisläufe durcheinanderbrachte, wie der Lebensmittelchemiker Udo Pollmer in einem 2015 erschienenen Beitrag ausführte: „Das Fehlen von tierischem Dünger war wohl die fatalste Folge der Massenschlachtungen. Zudem konnte Deutschland aufgrund der Seeblockade kaum noch Salpeter aus Chile importieren, sodass auch kein Stickstoffdünger mehr zugekauft werden konnte. Die restlichen Salpetervorräte beschlagnahmte das Militär, sie wurden zur Herstellung von Munition benötigt. Dazu kam im verregneten Herbst 1916 eine Missernte durch die Kartoffelfäule. Die Hungerkatastrophe war da (...) Einige Historiker sind überzeugt, dass die verzweifelte Lage in der Heimat durch die beispiellosen Fehlentscheidungen der Ernährungsexperten ein wesentlicher Grund für die militärische Niederlage war. Auch diese Fehlentscheidungen führten dazu, dass damals 800.000 Bürger erbärmlich verhungerten."

Nicht nur der Wegfall der beträchtlichen Mengen Schweinemist machte die Versorgung schwierig. Wegen fehlender Arbeitskräfte gelang es auch nicht mehr, den noch vorhandenen Stallmist optimal zu pflegen und zu verwerten. Schätzungen gehen davon aus, dass etwa 60 Prozent der Düngewirkung dadurch verloren ging. Zudem führte die Expansion des Anbaus von stark zehrenden Hackfrüchten, wie Steckrüben oder Kartoffeln, zu einer Verschlechterung des Humusgehaltes des Bodens. Der Erste Weltkrieg war so auch für die Ackerböden eine Katastrophe.

Es ist also nicht verwunderlich, dass das Heil danach erst einmal im exzessiven Gebrauch von Kunstdünger gesucht wurde. Auch gerade von staatlicher Seite propagierte man nun das Prinzip „viel hilft viel". Die Idee dahinter: Im Krieg verlorengegangene Nährstoffvorräte sollten wieder aufgefüllt werden, um höhere Erträge zu erzielen. Man wollte nie wieder hungern und von Importen abhängig sein. Vor allem der Stickstoff stand im Mittelpunkt der Empfehlungen. Mit dem Haber-Bosch-Verfahren konnte sich die Agrikulturchemie jetzt als Retter in der Not präsentieren.

Doch dieses Bild bekam schnell Risse. Von 1913 bis 1928 verdoppelte sich zwar der Stickstoffverbrauch, der Kali- und Phosphorverbrauch nahm zu, aber die Erträge erreichten trotzdem nicht das Vorkriegsniveau. Das mag unter anderem am fehlenden Wissen der Bauern um die korrekte Handhabung gelegen haben. Es zeigte aber auch, wie begrenzt aussagefähig die Methoden der Agrarforschung waren. Denn die Realität in Feld und Weinberg war nun mal anders als auf Versuchsparzellen mit kontrollierten Bedingungen und geschultem Personal. Die dort gewonnenen Erkenntnisse konnten nicht ohne Weiteres verallgemeinert werden. Vor allem machte sich eine zunehmende Versauerung der Böden bemerkbar. Damit gingen schlechte Wachstumsbedingungen sowie die Schädigung des Bodenlebens einher.

So wurde die Kritik an der Agrikulturchemie zunehmend lauter. Auch wurde die Verbindung von Wissenschaft und Kunstdüngerlobby erstmals öffentlich thematisiert. So steht in der *Allgemeinen Wein-Zeitung* von 1918: „Die Wirkung des Kunstdüngers ist überhaupt eine einseitige, da sie nur Nährstoffe ersetzen, aber nicht wie Stallmist die physikalischen Eigenschaften des Bodens verbessern, daher lockern und erwärmen." Frank Uekötter zitiert in seinem Buch in diesem Zusammenhang Erich Helmuth Reinau, der in einem Artikel in einer Landwirtschaftszeitung von 1923 schrieb: „Kaum jemand weiß bei der üblichen Kunstdüngerwirtschaft, ob wirklich die Ernährung der grünen Feldgewächse das Wichtigste ist, oder ob nicht vielmehr zunächst in Betracht kommt, dass die kleinen Lebewesen des Ackers einen geeigneten Nährboden haben." In einem Brief aus dieser Zeit an einen Reichstagsabgeordneten steht: „Es ist sehr bedauerlich, dass die ganze Agrikulturchemie, zum Teil auch die ackerbauliche Wissenschaft, vollkommen in das Schlepptau der Düngersyndikate gekommen ist."

Die Vorträge zur Landwirtschaft, die nun zur Gründung der biologisch-dynamischen Wirtschaftsweise führten, hielt Rudolf Steiner 1924. Anthroposophisch versierte Landwirte hatten ihn dazu gedrängt, auch weil sie von ihm Antworten auf verschiedene Fragen erhofften. Wie Gunter Vogt in seinem Buch „Entstehung und Entwicklung des ökologischen Landbaus" ausführt, ging es den Landwirten um folgende Themen:

Die Entwicklungen in Weinbau und Landwirtschaft fußten auf dem Wunsch, an Ertragssicherheit zu gewinnen. Die Frage ist: wo liegt das richtige Maß?

- Die Überwindung damaliger landwirtschaftlicher Probleme, wie Saatgutabbau, Bodenmüdigkeit oder abnehmende Nahrungsmittelqualität;
- Auswirkungen der zunehmenden Anwendung von Stickstoffdünger auf Bodenfruchtbarkeit und Nahrungsmittelqualität;
- Die Heilung von Tierkrankheiten, wie Unfruchtbarkeit oder Maul- und Klauenseuche;
- Die soziale Entwicklung der Landwirtschaft und deren zukünftige Rolle in der Gesellschaft;
- Die Nutzbarmachung von Äther- und Astralkräften (gemäß des anthroposophischen Naturbildes) für die Landbewirtschaftung.

Der Impuls für diese Vorträge kam also nicht aus heiterem Himmel. Er hatte eine lange Vorgeschichte. Die Probleme, die Unzufriedenheit mit der zunehmend materialistischen Sicht auf die Landwirtschaft und die Fragen, die diese aufwarfen, veranlassten einige Bauern, nach Alternativen zu suchen.

Nach Steiners Vorträgen wurde sofort ein Landwirtschaftlicher Versuchsring gegründet, kurz darauf eine Zeitschrift herausgegeben, und es entstanden erste Vorzeigebetriebe. Kurz darauf entstand die „Verwertungsgenossenschaft für Produkte der Biologisch-Dynamischen Wirtschaftsmethode“, die 1928 das Demeter-Warenzeichen einführte. Der Begriff „biologisch-dynamisch“ stammt übrigens nicht von Steiner selbst, sondern von zwei Kursteilnehmern. Mit dem Begriff „biologisch“ sollte die Ausrichtung auf Düngung und Bodenfruchtbarkeit betont werden, „dynamisch“ auf die Einbindung von Äther- und Astralkräften hinweisen. Mit diesem Begriff wollte man sich von der herkömmlichen Landwirtschaft abgrenzen.

Wenig verwunderlich ist, dass die Bewegung von Anfang an mit harscher Kritik und Anfeindungen zu kämpfen hatte. Denn eine zentrale Aussage von Rudolf Steiner ist die, dass der „Unfug mit der Kunstdüngung“ doch bitte bald enden solle. Sie würde wesentlich zu einer Degeneration und zum Schlechterwerden der Nahrungsmittel beitragen. Das brachte natürlich die Kunstdüngerlobby völlig aus der Fassung. Und es entbrannte eine Diskussion, wie man mit diesen „Charlatanen“ und deren „Irrlehren“ umgehen solle. Einige hielten die Bewegung für eine Zeiterscheinung, die sich bald von selbst erledigen würde. Andere forderten ein staatliches Verbot. Auf gleich mehreren Ebenen forderte die Biodynamie den Status quo heraus. Da war natürlich der geisteswissenschaftliche Teil, der sich naturwissenschaftlichen Grundsätzen entzieht. Gerade Agrarwissenschaftler, die sich bis dahin um klare methodische Ansätze wenig kümmerten, betonten nun, wie wichtig doch empirische Forschung sei. Das war auch der Punkt, mit dem die Kunstdüngerindustrie ihre Opposition begründete. Damit konnte sie auch von dem Problem ablenken, dass die Erntemengen trotz höherer Kunstdüngergaben zurückgingen und die Biodynamie mit einer anderen Düngerwirtschaft Lösungen darauf zu finden versuchte. Manche befürchteten sogar, dass Bauern für die Anthroposophie geködert werden sollten, und warnten vor einer Sekte. Dann war da noch die Behauptung, dass biodynamische Lebensmittel gesünder seien als mit Kunstdünger erzeugte, was vor allem die Verbraucher interessierte. Zum ersten Mal hinterfragten nun auch Konsumenten die bisherige landwirtschaftliche Praxis. Das passte natürlich nicht jedem.

Trotz aller Anfeindungen wandten sich einige Praktiker der biodynamischen Wirtschaftsweise zu. Ende der 1930er Jahre waren es über 1000 Betriebe, auch wenn viele den geisteswissenschaftlichen Überbau für wenig attraktiv hielten. Aber sie sahen nun die Alternative zu den Ratschlägen der Kunstdüngerwirtschaft, deren Nachteile sie auf ihren Betrieben vor Augen hatten. Für sie war die neue Wirtschaftsweise eine Rückkehr zur Humuswirtschaft wie zu Zeiten Thaers, mit enger Verzahnung von Ackerbau und Viehzucht sowie ausgeklügelter Fruchtfolge. Ein weiterer Vorteil der Biodynamie war der Verzicht

Gut gepflegter Stallmist verbessert den Boden.

auf teuer zu kaufende Betriebsmittel, wie eben Kunstdünger. Für den sparsamen Bauern der vielleicht wichtigste Aspekt.

Interessant ist, dass es innerhalb der biologisch-dynamischen Bewegung von Beginn an zwei Wurzeln gibt. Die eine betont das Praktische und Biologische der Thesen Steiners, die andere mehr das Arbeiten mit den Kräften, das Dynamische. In den zwölf Winzergesprächen, die ich geführt habe, begegnen einem diese zwei Wurzeln immer wieder. Es gibt diejenigen, die sich tief mit der Anthroposophie auseinandersetzen. Die sich neben dem Landwirtschaftlichen Kurs auch mit Steiners Ansätzen zur Pädagogik, Medizin, Architektur, usw. beschäftigen. Und es gibt die Praktiker, die hier die willkommene Alternative zur konventionellen Wirtschaftsweise mit ihren Kunstdüngern, Herbiziden und Spritzmittel-Apps sehen. Für beide Seiten beschreibt die Biodynamie allerdings einen Ausweg aus als fatal empfundenen Abhängigkeiten.

Die teilweise erbitterten Streitigkeiten und die fundamentale Kritik, die sich Anhänger der biologisch-dynamischen und konventionellen Wirtschaftsweise gegenseitig vorwarfen, führte zu einer tiefen beiderseitigen Abneigung. Schon in den Anfangszeiten der Biodynamie entstand ein starkes Misstrauen, das jede vernünftige weitere Diskussion, ja sogar eine mögliche Annäherung, im Keim erstickte. Dabei wäre ein Miteinanderreden und Voneinanderlernen immer nötig gewesen. Vielleicht hätte so manche Entwicklung einen anderen Lauf genommen.

Zwischenkriegszeit und Zweiter Weltkrieg: Nitrophoska und Erzeugungsschlacht

Ein Problem, das die Agrikulturchemie in die Krise führte, war, dass sie nicht sagen konnte, wie viel von welchem Dünger ein Acker und eine bestimmte Pflanze wirklich benötigte. Kunstdünger war für den Landwirt ein teures Betriebsmittel, und die Ausgaben zahlten sich zu oft nicht durch höhere Erträge aus. Man behalf sich mit diversen Bodenuntersuchungsmethoden. Anhand der wenig präzisen Ergebnisse wurden danach Düngermengen mit einem gewissen „Sicherheitskoeffizienten" empfohlen.

Die überzeugendste Vereinfachung für die Praxis war dann die Erfindung des Volldüngers Nitrophoska aus dem Hause BASF. Er verband die drei Hauptnährstoffe Stickstoff, Phosphat und Kalium chemisch. Im Nitrophoska enthielt jedes Düngerkorn die einzelnen Bestandteile im gleichen Verhältnis. Dieser Volldünger, der sofort begeisterte Anhänger fand, kam 1927 auf den Markt. Auf dem Limburger Hof, der Versuchsstation der BASF, forschte man an verschiedenen Zusammensetzungen, abgestimmt auf unterschiedliche Pflanzenkulturen sowie Bodentypen bei verbesserter Körnung, Löslichkeit und Streufähigkeit. Diese Art der Düngung war zwar ebenfalls unpräzise und intensiv im Ressourcenverbrauch, dafür aber idiotensicher. In der Festschrift zum 100-jährigen Bestehen des Limburger Hofes wird jedenfalls von der Ertragssteigerung um bis zu 70 Prozent durch Nitrophoska geschwärmt.

Schon wenige Jahre nach der Erfindung von Nitrophoska kamen die Nazis an die Macht und beeinflussten die Landwirtschaftspolitik nachhaltig. Der Autarkiegedanke zu Kaiserzeiten, das Volk ohne Importe aus dem Ausland versorgen zu können, war natürlich auch zentraler Antrieb der nationalsozialistischen Landwirtschaftspolitik. Schließlich wurde unter anderem auch damit die Expansionspolitik begründet.

Zunächst gab es durchaus ein Interesse an alternativen Landwirtschaftskonzepten. So sympathisierten einige hochrangige Nazis wie Heß oder Himmler mit der Anthroposophie und Biodynamie. Letzterer hatte im KZ Dachau sogar einen biologisch-dynamischen Garten anlegen lassen. Auch gab es unter den Biodynamikern glühende Hitler-Anhänger. Wie auch einige Aussagen Rudolf Steiners nicht mit dem damaligen Zeitgeist oder Sprachgebrauch zu entschuldigen sind, sondern ganz einfach als rassistisch bezeichnet werden müssen. Derlei gehört zweifellos zu den finsteren Kapiteln der Anthroposophie. Der Versuch erbitterter Anthroposophiekritiker jedoch, jegliche Diskussion über Steiners Empfehlungen zur Pädagogik, Medizin oder Landwirtschaft mit dem Schwingen der Nazikeule sofort im Keim zu ersticken, zeugt von Denk- und Argumentationsfaulheit. Die Biodynamie feiert bald 100-jähriges Bestehen, und der Impuls Rudolf Steiners ist von unzähligen redlichen Praktikern weltweit weiterentwickelt worden.

In den Reihen der Nazis gab es von Anfang an aber auch große Skeptiker. Schließlich wurde erst die Anthroposophie und später die biologisch-dynamische Wirtschaftsweise verboten. Die Nazis waren übrigens zunächst auch an Bodenkunde und Bodenbiologie interessiert. Letztendlich war es aber einfacher, auf Kunstdünger zu setzen, um die „Erzeugungsschlacht" zu gewinnen. Schon im Jahr 1934 wurde der Kunstdünger von der Umsatzsteuer befreit und dessen Gebrauch mit weiteren Subventionen gefördert. Bis 1938 verdoppelte sich daraufhin der Mineraldüngerverbrauch.

Ein Trend, der sich in dieser Zeit schon abzeichnete, war der, dass man den Landwirten das Heft des Handelns mit Bodenuntersuchungen, Laboranalysen, Beraternetzwerken und der Fokussierung auf den Mineralstoffgehalt im Boden schleichend aus der Hand nahm. Mit den eigenen Sinnen und Erfahrungen konnte der Landwirt über Dinge wie Humusqualität noch urteilen und dann selbständig Entscheidungen treffen. Mit den „modernen" Methoden wurde er jedoch zum Empfänger externer Anweisungen. Dieser Trend sollte sich nach dem Krieg extrem beschleunigen.

Nach dem Zweiten Weltkrieg: Intensivierung und Spezialisierung

In den 1950er Jahren nahm die Industrialisierung der Landwirtschaft und des Weinbaus enorm an Fahrt auf. Einmal gab es eine Spezialisierung der Betriebe, wie das nicht nur Bettina Bürklin-von Guradze vom Weingut Dr. Bürklin-Wolf beschreibt. In ihrer Kindheit ist sie noch über die Stoppelfelder zwischen Wachenheim und Forst geritten. Das Weingut war ein klassischer Mischbetrieb mit Acker-, Obst- und Weinbau sowie Nutztierhaltung. Doch nach dem Krieg wurden die Wissensanforderungen an die einzelnen Betriebsbereiche so groß, dass eine Vielzahl von Betriebszweigen schwer zu managen war. Mit dem Beitritt zur EU und später der Ausdehnung der Rebflächen mit dem 1971er Weingesetz war die Konzentration auf Weinbau effektiver und lukrativer. So entwickelte sich in den Weinbaugebieten diese enorme Monokultur, wie wir sie heute sehen. Allgemein in der Landwirtschaft manifestiert sich in dieser Zeit die Trennung von Ackerbau und Viehzucht: Massentierhaltung auf der einen Seite und mit Kunstdünger bearbeitete Monokulturen auf der anderen. Das Trennen der engen Verzahnung von Ackerbau und Viehzucht

Viele Weingüter waren einst Gemischtbetriebe. Heute betreiben die meisten ausschließlich Weinbau.

Bei der Mechanisierung sollte die Maxime gelten: mehr Gedanken als Ressourcen zu verschwenden. PS starke, schwere Traktoren die auch eine tiefe Bodenbearbeitung möglich machen, braucht man im Weinbau nicht. Moderne Recyclingspritzen, die bis zu 30% Pflanzenschutzmittel einsparen, sind hingegen sinnvoll.

endet in Ressourcenverschwendung und manifesten Umweltproblemen. Als zwei Beispiele seien Nitratbelastungen im Grundwasser sowie Humusverlust genannt.

Ebenso ließen sich die Betriebsleiter das Heft des Handelns durch externe Beratung aus der Hand nehmen, wie auch Winzer Clemens Busch beschreibt. An der Mosel entschied der Agrarhandel Raiffeisen, was in den Weinbergen gespritzt wurde. Clemens Busch kann sich als Kind an ein Häuschen in Pünderich erinnern. Dort wurde für alle Winzer eine Brühe angerührt, die von allen ohne Nachfragen in die Weinberge gespritzt wurde. Heute werden kognitive Abhängigkeiten mit Spritzmittel-Apps und Pflanzenschutzempfehlungen, die ins Haus flattern, geschaffen. Landwirte und Winzer sind in ein externes Beratersystem eingebunden. Aus der Angst heraus, Fehler zu machen, die sich ökonomisch auswirken, wird eher diesem Netzwerk vertraut als auf die eigenen Sinne und Erfahrungen. Ein Kritikpunkt vieler Winzer in dem Buch gilt auch den Weinbauschulen. Ihr Vorwurf: Dort würde zu viel Angst vermittelt und die agrarindustrielle Sichtweise auf die Herausforderungen im Weinbau zu einseitig vertreten. Als Resultat traut sich der Nachwuchs oft nicht zu, eigenständige Entscheidungen zu treffen und auf die oft prophylaktisch eingesetzten Hilfsmittel der Industrie zu verzichten.

Die Mechanisierung, die den Winzer und Landwirt auch physisch von seinem Boden trennt, spielt sicherlich auch eine Rolle. Wie Franz Weninger beschreibt, gibt es heute vollklimatisierte Traktoren, die vorn und hinten luftgefedert sind. „Da merkst du nicht mehr, ob der Boden schwer oder leicht ist." Doch bei aller Angst und Unsicherheit, die die Winzer erst überwinden mussten, als sie sich für den Bioanbau entschieden, haben ihnen die geisteswissenschaftlichen Ansätze der Biodynamie geholfen, ihre Sinne wieder zu schärfen und heute selbstbewusst eigene Entscheidungen zu treffen. Wieder ein Gespür für ihre Scholle Land zu entwickeln.

Die Biodynamie ist auch ein Gegengewicht zur materialistischen Geisteshaltung, die diese krasse Industrialisierung der letzten Jahrzehnte überhaupt ermöglichte. Frank Uekötter nennt auch noch strategisches Vergessen und

Verdrängen als deren Ursache: „Alle Beobachtungen und Erkenntnisse, die der Intensivierung im Wege standen, wurden einfach ausgeblendet." Ob Bodenverdichtung, Bodenerosion, Verlust von Biodiversität, Insektensterben, Humusverlust, etc. – man redete einfach nicht drüber. Uekötter schreibt weiter: „Die Befähigung zum strategischen Vergessen, zum Ausblenden störrischer Wissenselemente gehörte zu den zentralen Voraussetzungen der intensivlandwirtschaftlichen Revolution. Man musste also einen Wissenskanon entwickeln, der den Praktikern Vorzüge bot, und gleichzeitig einen Konsens darüber herstellen, welche Wissenselemente für die Praxis nicht notwendig waren und marginalisiert werden durften. Landwirtschaftliches Bodenwissen ist dafür das beste Beispiel. Wissenschaftler, Berater und Praktiker näherten sich an. Ein Wissenschaftler, der kein Gehör fand, war nichts wert – er musste sich also ein Stück weit anbiedern. Viele Dinge in der fachlichen Praxis waren nicht durch die Wissenschaft gedeckt. Irgendwann hatte das aber so eine Dynamik, die man nicht mehr aufhalten konnte."

Die enge Verzahnung von Politik, Agrarindustrie, Bauernlobby und mittlerweile auch Handelsriesen begünstigte diese Entwicklungen. Beispiele dafür sind die Subventionspolitik und politische Rahmenbedingungen in Agrar- und Lebensmittelindustrie. Billige Energie in Form von Erdöl und dadurch die Möglichkeit, beliebig Ressourcen zu verschwenden, sind ein Grund, warum die konventionelle Art, Landwirtschaft und Weinbau zu betreiben, bislang möglich war. Ein anderer war, dass ein ausgewogenes Klima bislang die brutale Bodenbehandlung wettgemacht hat. Beides kommt nun an ein Ende. Vor allem der Klimawandel macht der Landwirtschaft und dem Weinbau zu schaffen. Wo beispielsweise kaum noch Humus im Boden ist und das Bodenleben durch Herbizide und Mineraldünger geschädigt ist, gibt es enorme Probleme mit zunehmenden Wetterextremen. Die Winzer merken das sofort in der Weinqualität. Für viele ist gerade die Zukunftsfähigkeit in Zeiten des Klimawandels der Grund, auf Bioanbau umzustellen. Die Wirksamkeit der biologisch-dynamischen Präparate und die Konzepte dieser Wirtschaftsform sind mittlerweile anerkannt. Vielen Betriebsleitern helfen die geisteswissenschaftlichen Grundlagen zudem, die materialistische Denkweise zu überwinden und damit eine größere Lebensqualität zu erlangen.

Fazit

Wer diesen Text bis hierher gelesen hat, könnte denken, dass Biodynamie-Anhänger Naturwissenschaft und Technik ablehnen. Das Gegenteil ist der Fall. Aber wie Kurt Tucholsky einmal sagte: „Der Krieg ist zu ernst, um ihn allein den Militärs zu überlassen." Heute, wo uns global ein Virus beschäftigt, könnte man frei nach Tucholsky sagen: Eine Pandemie hat so vielfältige Auswirkungen, dass die Politik nicht nur auf Virologen hören sollte.

Landwirtschaft und Weinbau sind ebenso komplex, dass Wissenschaftler sie in ihren Verästelungen alleine nicht überblicken können. Die Vergangenheit hat gezeigt, dass die Methoden der Wissenschaft dafür bei Weitem nicht ausreichen. Die Ansätze der Biodynamie sollten daher als eine von vielen hilfreichen Ergänzungen zur Naturwissenschaft verstanden werden. Sie können dabei helfen, respektvoll mit dem vielen Nichtwissen umzugehen, das uns immer noch umgibt.

Wenn es um Landwirtschaft geht, dann gehören auch die Praktiker an den Tisch und mit ihnen ihre freien Sinneswahrnehmungen und Erfahrungen. Ebenso haben Verbraucher und Steuerzahler ein Recht mitzureden. Schließlich müssen sie die Folgen der Agrarpolitik mittragen. Landwirtschaft, und dazu gehört auch der Weinbau, geht die ganze Gesellschaft etwas an.

Weitere Quellen, die diesem Text zugrunde liegen, finden Sie im Anhang genannt.

Ich danke dir, du stummer Stein,
und neige mich zu dir hernieder:
Ich schulde dir mein Pflanzensein.

Ich danke euch, ihr Grund und Flor,
und bücke mich zu euch hernieder:
Ihr halft zum Tiere mir empor.

Ich danke euch, Stein, Kraut und Tier,
und beuge mich zu euch hernieder:
Ihr halft mir alle drei zu Mir.

Wir danken dir, du Menschenkind,
und lassen fromm uns vor dir nieder:
weil dadurch, daß du bist, wir sind.

Es dankt aus aller Gottheit Ein -
und aller Gottheit Vielfalt wieder.
In Dank verschlingt sich alles Sein.

Christian Morgenstern
Die Fußwaschung

Die biologisch-dynamischen Präparate entziehen sich jeglicher Stofflichkeit. Hier wird die Kompostmiete mit Baldrian präpariert, einem von insgesamt sechs sogenannten Kompostpräparaten.

Die Grundlagen der biologisch-dynamischen Wirtschaftsweise

Die Biodynamie geht auf die acht Vorträge zurück, die Rudolf Steiner im Jahr 1924 in Koberwitz in der Nähe von Breslau gehalten hat. Diese Vorträge wurden mitstenographiert und ihre Abschrift dann als Buch „Geisteswissenschaftliche Grundlagen zum Gedeihen der Landwirtschaft", kurz „Landwirtschaftlicher Kurs", veröffentlicht. Für die Teilnahme setzte Rudolf Steiner Grundkenntnisse des anthroposophischen Menschenbildes voraus. Die Teilnehmer waren also vertraut mit der Sprache und der Bedeutung der Vokabeln, die Steiner benutzte. Wer heute diesen Text liest, kann also erst einmal überfordert sein.

Bereits neun Monate nach diesen Vorträgen ist Rudolf Steiner gestorben. Im Vergleich zu den anderen Bereichen seines Wirkens wie Pädagogik oder Medizin gab es weder weitere Vorträge noch Artikel, noch von ihm geschriebene Bücher zum Thema Landwirtschaft. Auch deshalb ist dieser Kurs als Impuls und nicht als Dogma zu verstehen. Mit ihm verband sich von Beginn an der Auftrag, die Ideen weiterzuentwickeln, der von den Teilnehmern auch angenommen wurde. Nach den Vorträgen gründeten sie den „Versuchsring anthroposophischer Landwirte". Steiners Empfehlungen hatten sie als Aufforderung verstanden, diese zu durchdenken. Außerdem ging es dabei auch um die erfolgreiche praktische Umsetzung, zu der selbstverständlich agronomisches Fachwissen vonnöten ist. Von Anfang an besteht die Biodynamie aus zwei Wurzeln: der anthroposophischen und der praktischen. Um erfolgreich zu sein, müssen die beiden Elemente in Balance zueinander stehen.

Die acht Präparate sind mit Nummern versehen, die damals als Deckbezeichnung eingeführt wurden, um nicht über die Zutaten der Heilmittel zu kommunizieren.

In den letzten gut 100 Jahren haben weltweit unzählige Menschen diesen Impuls weiterzuentwickeln versucht. Wie zum Beispiel Alex Podolinsky in Australien. Er konnte über die Biodynamie so praxisbezogen reden, dass man ihm leicht folgen konnte. Auch hat er die Präparatearbeit an die australischen Verhältnisse angepasst. Ehrenfried Pfeiffer wiederum hat wesentlich zur Begründung der Biodynamie in den USA beigetragen und sich um die Kompostierung verdient gemacht. Dr. Ibrahim Abouleish hat auf seiner SEKEM-Farm in Ägypten 1400 Hektar Land der Wüste abgetrotzt. Er hat sich mitunter sowohl um die sozialen Aspekte als auch um die Integration der Biodynamie in islamische Praktiken bemüht. Der erst kürzlich verstorbene Pierre Masson aus dem Burgund hat die Wirksamkeit der Präparate deutlich verbessert und unter anderem unzählige Winzer für die Biodynamie begeistert. Diese Liste könnte noch lange weitergeführt werden.

Aber auch jeder biologisch-dynamisch arbeitende Landwirt, Gärtner oder Winzer trägt seinen Teil dazu bei, dass sich die Biodynamie jeden Tag weiterentwickelt. Daher sollte man die anthroposophische Landwirtschaft nicht nur auf Rudolf Steiner reduzieren. Wir sind heute weiter.

Das anthroposophische Menschenbild als Grundlage

Egal ob Medizin, Pädagogik oder Landwirtschaft – Rudolf Steiner geht in seiner Betrachtungsweise immer von dem von ihm entwickelten Menschenbild aus. „Der Mensch wird zur Grundlage gemacht" ist in dem Zusammenhang einer der wichtigsten Sätze und eine Kernaussage im Landwirtschaftlichen Kurs.

Steiners Menschenbild geht von vier Seinsebenen aus:

- dem geistigen Bereich „Ich": Das Selbstbewusstsein, das nur der Mensch zu erlangen in der Lage ist, der damit gestaltend tätig werden kann. Der Mensch definiert sich durch sein „Ich", das auch durch seine Biografie geprägt wird.
- dem seelischen Bereich „Astralleib": Der Bereich der Gefühle, der nicht nur dem Menschen, sondern auch dem Tier zugänglich ist.
- dem lebendigen Bereich „Ätherleib": Der Bereich der Wachstumsprozesse, wie sie Pflanzen, Tiere und Menschen haben. Dazu zählen auch Rhythmen wie Jahreszeiten.
- dem physischen Bereich: Die feste Materie, die in allen Wesen von Mineralien, Pflanzen, Tieren und Menschen einen Anteil hat.

Die Landwirtschaft aus diesen vier Ebenen heraus ganzheitlich zu betrachten, ist der moderne Zugriff Steiners. Denn diese Seinsebenen ordnen die Beziehung von Boden, Pflanzen, Tieren und Menschen zueinander. Der Mensch nimmt dabei eine besondere Rolle ein. Durch sein Denken kann er gestaltend tätig werden und die Umwelt prägen. Damit verbindet sich aber auch eine große Verantwortung, wie wir in Zeiten des Klimawandels und großer Umweltprobleme mehr denn je spüren.

Der anthroposophische Winzer oder Landwirt will dieser Verantwortung gerecht werden, indem er sich um die Verlebendigung der Böden kümmert und den Pflanzen- und Tierarten ermöglicht, ihre Wesensart entfalten zu können. Damit die vier Seinsebenen im Einklang miteinander stehen, muss der Mensch darin das richtige Maß für sich erkennen. Für Winzer Bernhard Ott hat das auch direkte Auswirkungen auf den Weingeschmack: „Wenn du nur Ego-bedingte Entscheidungen triffst, nur technisch rangehst, Boden, Pflanzen und Tiere nicht respektierst, ist das etwas anderes, als wenn du eine Balance zwischen diesen vier Ebenen hast. Dann kommst du geschmacklich mit deinen Weinen auf eine andere Stufe."

Der Hintergrund zu den Empfehlungen, die im Landwirtschaftlichen Kurs gegeben werden

Wenn man auf die Empfehlungen und Aussagen Rudolf Steiners blickt, wird klar, dass diesen viele Quellen zugrunde liegen. So schreibt Almar von Wistinghausen, einer der Teilnehmer des Kurses: „Für den landwirtschaftlichen Kursus hatte Rudolf Steiner viele Werke studiert und sich über die moderne Landwirtschaft informiert." Es ist bekannt, dass er vor dem Halten des Kurses sich intensiv mit der aktuellsten naturwissenschaftlichen und agronomischen Literatur beschäftigt hat.

Dieses Wissen erweitert Steiner mit seinem anthroposophischen Menschenbild und vielen anderen Kenntnissen, die er sich im Laufe des Lebens angeeignet hat. Mit 29 Jahren war er bereits Mitarbeiter am Goethe-Schiller-Archiv in Weimar und hat an der ersten Ausgabe von Goethes naturwissenschaftlichen Schriften mitgewirkt. Vor allem Goethes phänomenologische Sichtweise auf Naturprozesse inspirierte ihn. Goethes Ziel war es, empirische Erkenntnisse der Wissenschaft mit einem ganzheitlichen Wesensverständnis zu verbinden. Steiner hatte sich zudem mit vielen Landwirten auseinandergesetzt und war zum Beispiel an altem Heilkräuterwissen interessiert.

Das Prinzip des Betriebsorganismus, Betriebsindividualität und Präparatearbeit

Durch das Optimieren nicht nur von innerbetrieblichen Stoffkreisläufen, aller hier beteiligten Kräfte sowie der Beziehung zwischen Boden, Pflanze, Tier und Mensch soll ein Organismus entstehen. Alles, was der Hof braucht, soll er im Idealfall aus sich heraus erzeugen können.

Mit diesem Organismusgedanken ist Rudolf Steiner nicht allein. Auch der als Begründer der

Im Ideal gehören Tiere zu einem Hoforganismus. Doch wie alle biodynamischen Prinzipien ist dies nicht als Dogma zu verstehen. Einige Winzer bemühen sich, die tierische Seele wieder in den Betrieb zu integrieren. Viele Weingüter waren in den 1950er Jahren noch Mischbetriebe, mit Wein- und Ackerbau sowie Viehwirtschaft. Heute stellt es eine große Herausforderung dar, Tiere zu halten. Es fehlen unter anderem Unterstellmöglichkeiten, geeignete Weideflächen, Wissen und Erfahrung im Umgang sowie die Zeit, sich darum zu kümmern. Deshalb gehen viele Winzer Kooperationen mit Bauern ein, um an für die Kompostwirtschaft geeigneten Mist zu kommen.

Agrarwissenschaften geltende Albrecht Thaer formulierte schon im 19. Jahrhundert mit dem Prinzip des „Ganzen Landwirtes" ein Kreislaufmodell aus betriebswirtschaftlicher Sicht. Thaer empfiehlt den Landwirten neben Ackerbau eben auch Viehzucht, um damit nicht nur unabhängig von Preisschwankungen einzelner Produkte zu werden, sondern auch eine gesunde Humus- und Düngerwirtschaft zu ermöglichen, die möglichst keine Betriebsmittel zukaufen muss.

Gleich zwei Aspekte sind daran hochaktuell. Spezialisierungszwang und zunehmender ökonomischer Druck auf Landwirtschaft und Weinbau haben zu großen Umweltproblemen geführt. So sorgten beispielsweise die Massentierhaltung für Gülleüberschüsse und mit Kunstdünger behandelte Monokulturen – wie sie auch im Weinbau verbreitet sind – für eine Verarmung der Böden. Beides bringt eine Belastung des Grundwassers mit Nitrat und viele andere Umweltschäden mit sich. Ganz abgesehen von der Ressourcenverschwendung. Ein anderer Aspekt ist der Freiheitsgedanke: Ein Betriebsleiter, der nichts zukaufen muss, ist ökonomisch unabhängig.

Hinzu kommt das Streben nach Betriebsindividualität. Dadurch, dass sich die Stoffe immer wieder durch den eigenen innerbetrieblichen Kreislauf bewegen, entsteht eine ganz eigene Individualität. So können sich standortspezifische Hofrassen und Pflanzen entwickeln. Reben können sich zum Beispiel an einen bestimmten Standort adaptieren, im Weinberg entsteht eine eigene Hefekultur – und vieles mehr. So kann ein unverwechselbarer und authentischer Geschmack entstehen. Im Weinbau lebt diese Kultur noch in Form des Terroirkonzeptes, während sie in der Landwirtschaft weitgehend verloren gegangen ist. Hier kann der Weinbau für die Landwirtschaft eine große Chance sein. Vor allem wenn die Verbraucher wieder ein Gespür für den ursprünglichen Geschmack entwickeln und darin eine Qualität erkennen.

Ein weiterer wichtiger Aspekt der Biodynamie ist die Nutzung der Präparate. Diese werden in kleinsten Mengen verwendet. Sie sind als ganzheitlich auf alle Seinsebenen wirkende Heilmittel zu verstehen, die entweder dem Kompost zugesetzt oder auf dem Feld verwendet werden. Auch hier ist es wichtig, den geschichtlichen Kontext zu kennen. In der Zeit der Steinerschen Vorträge wurde intensiv über Radioaktivität geforscht. Ebenso hat man die Bedeutung von Wirkstoffen wie Hormone, Vitamine oder Enzyme entdeckt. Auf einmal wusste man, dass kleinste Mengen eines Stoffes eine große Wirkung erzielen können. Die von Steiner empfohlenen Zutaten für die Präparate und die Anweisungen zu deren Herstellung sind zudem nicht im Labor entstanden, sondern aus der anthroposophischen Sicht heraus entwickelt.

Die Präparatearbeit ist ein wichtiger Bestandteil der biodynamischen Praxis. Hier im Bild sieht man das Hornmistpräparat. Dafür wird ein Kuhhorn mit Kuhmist gefüllt und sechs Monate lang vergraben. Dann wird dieses Feldspritzpräparat eine Stunde lang in Wasser eingerührt und danach ausgebracht. Es kräftigt Boden und Wurzelsystem der Pflanzen. Mittlerweile ist wissenschaftlich bestätigt, dass die Präparate eine Wirkung haben. Eine nähere Erläuterung der Rezepturen kann man im Anhang nachlesen.

Das Salutogeneseprinzip als Erweiterung

Rudolf Steiner hätte gern die anthroposophische Landwirtschaft der medizinischen Sektion zugeordnet. In beiden Bereichen stellte er das Salutogeneseprinzip stark heraus. Das Wort Salutogenese setzt sich zusammen aus dem lateinischen Wort „salus": Gesundheit, und dem griechischen Wort „genesis": Ursprung. Der Mensch soll selbst die Voraussetzung für seine Gesundheit kennen und schaffen. Dabei verstand Steiner das nicht als Gegenmodell zur Schulmedizin und dem dort seit Jahrhunderten geltenden Paradigma der Pathogenese, das heißt der wissenschaftlichen Perspektive, die sich mit der Entstehung und Heilung von Krankheiten beschäftigt.

Das Salutogeneseprinzip bietet Landwirten und Winzern einen Perspektivwechsel an. Es geht darum zu formulieren, was zum Beispiel Boden, Pflanzen und Tiere brauchen, um gesund zu sein, und nicht nur zu fragen, wie Krankheiten entstehen und wie diese verhindert werden können. In Landwirtschaft wie Medizin geht es dabei nicht um eine Opposition zu Schulwissen und Wissenschaft. Anthroposophische Medizin ist in erster Linie als Komplementärmedizin und nicht nur als Alternativmedizin zu verstehen.

„Nicht um eine Opposition mit den anerkannten wissenschaftlichen Methoden der Gegenwart arbeitenden Medizin handelt es sich, diese wird von uns in ihren Prinzipien voll anerkannt. Wir haben die Meinung, dass das von uns Gegebene nur derjenige in der ärztlichen Kunst verwenden soll, der im Sinne dieser Prinzipien vollgültig Arzt sein kann. Alleine wir fügen über das mit

Der Mond hat Einfluss auf das Wässrige. Vollmond steht für Expansion.

Nach der Sommersonnenwende werden die Tage wieder kürzer.
Im Herbst ziehen sich die Pflanzenkräfte in den Boden zurück.

allgemeinen wissenschaftlichen Möglichkeiten erlangte Wissen weitere Erkenntnisse hinzu, die durch andere Methoden gefunden werden, mit einer erweiterten Welt- und Menschenerkenntnis, auch für eine Erweiterung der ärztlichen Kunst zu arbeiten." *Dr. Rudolf Steiner*

Mit anderen Worten: Nur wer schulmedizinisch sein Handwerk beherrscht, kann überhaupt anthroposophischer Arzt sein. Wie in der Medizin gilt in der biodynamischen Landwirtschaft, dass der Betriebsleiter erst das nötige agronomische Fachwissen und die fachliche Praxis beherrschen muss, bevor sich die erweiterten positiven Effekte der Biodynamie überhaupt entfalten können.

Einbeziehen von kosmischen Rhythmen

Das Beachten kosmischer Kräfte ist neben der Anwendung der Präparate ein Bereich, der immer wieder auf Verwunderung stößt. Dabei ist zum Beispiel der Einfluss der Sonne bei der Photosynthese ebenso unumstritten wie die Tatsache, dass der Mond eine Wirkung auf alles Wässrige hat. Die Gezeiten sind ein Beispiel dafür.

Kosmische Einflüsse gelten auch als Rhythmusgeber. So wird der Tagesrhythmus von der Erdrotation um ihre Achse bestimmt. Jahreszeiten, Jahreslänge und wie der Tag von Licht und Dunkelheit bestimmt wird, hängen vom Erdumlauf um die Sonne ab.

In einem auf Ganzheitlichkeit ausgerichteten, landwirtschaftlichen System können diese Aspekte nützlich sein. Im Landwirtschaftlichen Kurs geht es im Wesentlichen um den Rhythmus der Jahreszeiten. Die viel zitierten Mondphasen mit Wurzel- und Fruchttagen gehen nicht auf Steiner zurück, sondern sind eine Entwicklung von Maria Thun – und sind in der biodynamischen Szene durchaus umstritten.

Manche Winzer beachten die Mondphasen vor allem im Keller. Einige orientieren sich nach dem Mondkalender von Maria Thun, andere ganz simpel nach Voll- und Neumond. Im Weinberg wird auch darauf zu achten versucht, allerdings schafft man es natürlich nicht, die Bearbeitung größerer Rebflächen nach der Stellung des Mondes auszurichten. Für das Befahren des Bodens ist die Witterung entscheidend, und nicht die Mondphase.

Winzer Matthieu Boesch beschreibt den Einfluss der kosmischen Rhythmen auf seine Arbeitsplanung treffend: „Das ist die Kirsche auf der Torte, aber erst einmal musst du einen guten Kuchen backen." Welchen Einfluss die Sonnenrhythmen auf die Jahreszeiten und auf das Wachstum der Reben haben, ist im Anhang nachzulesen.

Jeder Winzer hat einen individuellen Zugang zu den Grundlagen der Biodynamie.

Die Biodynamie und die Winzer in diesem Buch

Jeder der befragten Winzer hat einen eigenen Zugang zu den Grundlagen der Biodynamie. Doch allesamt empfinden sie das hinzugewonnene Wissen und den Perspektivwechsel als große Bereicherung für sich selbst, aber auch für die praktische Arbeit. „Diese ganze Spiritualität, dieses nicht wissenschaftlich nachgewiesene Wissen hat mir sehr geholfen, wieder zu innerer Ruhe und Freiheit zu gelangen", sagt zum Beispiel Franz Weninger. „Die Liebe, Sensibilität und Empathie, die wir für unsere Reben, Weinberge und den Betrieb entwickelt haben, hat mit der Biodynamie Einzug gehalten", ist sich Peter Bernhard Kühn sicher. Olivier Humbrecht betont hingegen: „Die Biodynamie zwingt dich dazu, dein Denken komplett zu verändern. Dann fängst du an, andere Lösungen zu finden, weil du einfach einen anderen Blick entwickelst."

In den zwölf Winzerportraits wird der individuelle Zugang zu dieser Wirtschaftsweise deutlich. Jeder Winzer hat sein eigenes Verhältnis zu der praktischen wie anthroposophischen Wurzel der Biodynamie. Die Biodynamie ist kein Dogma, sondern lebt von der Vielfalt derer, die sich ihrer annehmen. Das deutlich zu machen, ist Ziel dieses Buches.

Richtlinien und Zertifizierung

Die großen Herausforderungen im Weinbau sind die Nährstoffversorgung der Reben, der Pflanzenschutz und die Kontrolle der Begrünung. So hat man in einem feuchten Sommerklima wie in Deutschland oder Österreich vor allem mit aggressiven Pilzkrankheiten zu kämpfen, die die gesamte Ernte vernichten können, sollte der Winzer nicht eingreifen. Während im konventionellen Anbau synthetische Spritzmittel verwendet werden, die in die Pflanze eindringen und von innen heraus eine Langzeitwirkung entwickeln, sind im Bioanbau nur weniger wirksame, ökologische Kontaktmittel zugelassen, die sich bei Regen abwaschen und dementsprechend häufiger aufgetragen werden müssen. Zudem wirken die Biomittel nur präventiv. Ist erst einmal eine Pilzinfektion entstanden, ist diese im Ökoanbau schwer im Zaum zu halten. Damit diese Wirtschaftsweise gut funktioniert, braucht es neben mehr Arbeitsaufwand und guter fachlicher Praxis auch maschinelle Schlagkraft. Es ist essenziell, dass bei ungünstiger Witterung schnell und effektiv der Biopflanzenschutz aufgebracht wird.

Ebenfalls verboten ist der Gebrauch von Mineraldüngern. In der Bioerzeugung muss organische Düngung wie Kompost oder dementsprechende Begrünungen die Nährstoffversorgung sichern. Wird auf Herbizide verzichtet, muss der Bewuchs unter den Reben maschinell kultiviert werden. Im Steilhang ist das oft nicht möglich. Winzer wie Clemens Busch hacken das Unkraut per Handarbeit aus, Olivier Humbrecht arbeitet mit Pferden. Im Weinkeller stellen sich weitere Herausforderungen: Zertifizierte Biobetriebe dürfen die zahlreichen zur Verfügung stehenden Hilfsmittel nur eingeschränkt einsetzen. Sie haben also weniger Möglichkeiten, um zum Beispiel witterungsbedingte Defizite der Trauben mit Hilfsmitteln zu korrigieren.

Kurzum: Die Grundprinzipien im Bioweinbau bestehen aus Verzicht auf synthetische Pestizide sowie Kunstdünger, und im Weinkeller soll so wenig wie möglich eingegriffen werden. Bioanbau ist demnach aufwendiger und risikoreicher.

Was sich Biowein nennen darf, ist von Seiten der EU rechtlich geregelt. Rahmenbedingungen für den Ökoweinbau sind 1991 verabschiedet worden, und seit 2012 gibt es eine Kellerrichtlinie, die bestimmt, welche Zusätze und Verfahrensmethoden erlaubt sind. Diese EU-Biorichtlinie stellt den kleinsten gemeinsamen Nenner dar. Vielen Biowinzern geht dieser Standard zu Recht nicht weit genug. Sie schließen sich Verbänden wie Ecovin oder Naturland an. Wer biodynamisch arbeitet, hat die Möglichkeit, dem Verband Demeter oder Vereinen wie respekt-BIODYN oder BIODYVIN beizutreten. Alle stellen eigene, wesentlich strengere Richtlinien auf, nach denen die Betriebe zertifiziert werden. Dort fließen zum Beispiel Aspekte wie die Förderung von Biodiversität ein und sie verbieten deutlich mehr Kellerhilfsmittel. Bei den biodynamischen Verbänden wird zudem der Einsatz der Präparate festgeschrieben, oder es werden Kenntnisse über diese Wirtschaftsweise vorausgesetzt. Während Demeter den gesamten landwirtschaftlichen Bereich abdeckt, zertifizieren respekt-BIODYN oder BIODYVIN ausschließlich Wein.

Zertifizierungen werden durch eine Kontrolle überprüft. Dafür kommt ein Mitarbeiter einer unabhängigen Zertifizierungsgesellschaft zum Winzer und prüft die festgelegten Richtlinien. Dabei wird zum Beispiel buchhalterisch geprüft, ob die Menge der gekauften biologischen Pflanzenschutzmittel zur Betriebsgröße passt. Bei den Biodynamikern müssen die Präparate im Haus sein, und es wird in den Weinbergen kontrolliert, ob dort die Standards eingehalten wurden.

Fokus Lobbyarbeit

Dass die biodynamische und biologische Landwirtschaft betrieben werden kann, ist der Lobbyarbeit von Verbänden zu verdanken. Demeter ist unter den biologisch-dynamischen Vereinigungen die Einzige, die sich unter anderem auf EU-Ebene engagiert. Um ein Beispiel zu nennen: Bei der kürzlich erfolgten Revision der EU-Ökoverordnung sollten die Präparate aus dem Basistext gestrichen werden. In Zukunft hätte die EU-Kommission ohne Zustimmungspflicht von anderen entscheiden können, wie sie mit den Präparaten in den Rechtsakten verfährt. Ein Verwendungsverbot wäre möglich gewesen. Das hat der Verband Demeter verhindert. In Sachen Wein arbeitet Demeter mit dem Bioverband ECOVIN zusammen, die sich um Fragen wie den Biopflanzenschutz kümmern.

Damit die Interessen der Biowinzer ebenso wie die der Landwirte gewahrt werden, braucht es exzellente Rechtsexperten, die ein Gegengewicht zu den vielen Lobbyvertretern der Agrarindustrie in Brüssel bilden. Sie müssen sich ständig über die Entwicklungen innerhalb der Kommission informieren und Einfluss nehmen. Eine Arbeit, die es zu organisieren und zu finanzieren gilt. Hier ist der Demeter-Verband bislang der Einzige innerhalb der biologisch-dynamischen Szene, der Verantwortung übernimmt.

Verband Demeter und warum es heute weitere biologisch-dynamische Vereine gibt

Die Gründe, warum es zu einer Aufspaltung im Weinbereich kam, sind vielfältig. Zum einen war Alkohol und damit Wein unter Anthroposophen lange Zeit verpönt. Rudolf Steiner hatte sich in seinen späten Jahren mehrfach negativ zum Alkoholkonsum geäußert. Wie Winzer wie Clemens Busch aus eigener Erfahrung berichten, wurden Weingüter in den 1970er Jahren bei Demeter abgewiesen. Hier hat sich das Bild gewandelt. Ein Beispiel ist Demeter Frankreich, wo mittlerweile vier Fünftel der Mitglieder Winzer sind.

Ein weiterer Kritikpunkt ist, dass der Demeter-Verband sich auch aus seiner Geschichte heraus als Hüter der Biodynamie versteht und dabei die Deutungshoheit über Richtlinien bewahren möchte, zugleich jedoch auch ein Markenzeichen ist. Rechts- und Wirtschaftsleben sind nicht klar getrennt. Es gibt Winzer, die sich biodynamisch zertifizieren möchten und auch gern bereit sind, für die Lobbyarbeit ihren Obolus zu entrichten, aber mit der Marke Demeter nichts anfangen können. Sie möchten ihre eigene Marketingstrategie entwickeln und nicht mit Beitragsgeldern beispielsweise den Demeter-Messestand auf der ProWein finanzieren.

Dass Gruppen wie respekt-BIODYN und BIODYVIN gegründet wurden, ist aber noch eine andere Geschichte. Als sich Spitzenwinzer wie Fred Loimer, Franz Weninger oder Olivier Humbrecht der biologisch-dynamischen Wirtschaftsweise zuwenden, wollen sie zunächst bei Demeter Mitglied werden. Doch sie können sich mit den Verantwortlichen des Verbandes nicht einigen. Man streitet sich vordergründig um Richtlinien, aber letztlich geht es um Animositäten. Angefeuert wird der Streit auch von den durchaus charismatischen Beratern mit ihren Egos und persönlichen Befindlichkeiten, die diese sich neu formierenden Gruppen in den Anfangsjahren betreuen und beraten.

Aufseiten von Demeter lähmt die Verantwortlichen die Angst, jemand könnte ihre Ideen verwässern. Jedenfalls sieht man erst einmal nur eine Gefahr und nicht die Möglichkeit einer gemeinsamen Entwicklung. Die abgewiesenen Winzer beschließen daraufhin, ihre eigenen Wege zu gehen.

Die Wogen haben sich heute geglättet. Man redet und arbeitet miteinander. Es gibt sogar einige Doppelmitgliedschaften von Winzern, auch weil sich diese an der wichtigen Lobbyarbeit beteiligen möchten. Im Jahr 2020 wurde zudem aus Demeter International die International Biodyamic Federation – Demeter International. Neben den nationalen Demeter-Verbänden kommen dort auch andere biodynamische Vereine und Verbände zu Wort und können zukünftig mitgestalten.

Vorteile von und Kritik an Richtlinien

Zertifizierungen sind zweifellos wichtig als Orientierung für den Verbraucher, auch, um Trittbrettfahrern das Leben schwer zu machen. Die deutlich strengeren Richtlinien der Verbände sind wichtig, um sich vom Industrie-Bio, dass mittlerweile als anonyme Massenware in jedem Discounter zu finden ist, zu unterscheiden. Hier werden in Landwirtschaft und Weinbau nur Mindeststandards eingehalten. Um es auf den Punkt zu bringen: die Geisteshaltung, die diesen Massenerzeugnissen zugrunde liegt, verbleibt in einem agrarindustriellen Kontext, nur Spritzmittel und Düngemittel werden ausgetauscht. Das ist zwar ein Anfang, insgesamt jedoch zu wenig, um überzeugend nachhaltiger zu arbeiten.

Ebenso ist eine Zertifizierung wichtig, die dem Verbraucher suggeriert, bio zu arbeiten. Leider gibt es viele Winzer, die das vorgeben, aber aus fadenscheinigen Gründen die Überprüfung scheuen. Ebenso versuchen sich einige mit leeren Nachhaltigkeitsfloskeln ein grüneres Image zu verpassen. Beides kann man als Verbrauchertäuschung werten.

Allerdings bieten Verbandspolitik und Richtlinienarbeit viel Zündstoff für Diskussionen und Spaltung. Manche Winzer suggerieren zum Beispiel, es gäbe Biodynamik erster und zweiter Klasse. Begründet wird das damit, wer welchem Verband oder Verein angehört und wer nun das strengste Reglement durchsetzt. Natürlich kann über jeden Punkt in den Richtlinien leidenschaftlich gestritten werden. Das ist auch wichtig. Ebenso wichtig ist es, kritisch hinzuschauen, ob zum Beispiel Ausnahmeregelungen nicht überstrapaziert werden. Aber letztlich ist es ein Vorwand, sich an Punkten wie der möglichen Verwendung von Reinzuchthefen und ein paar Milligramm mehr oder weniger Schwefel aufzureiben. Richtlinienarbeit kann auch als Werkzeug der Ausgrenzung dienen.

Interview mit Dr. Alexander Gerber von Demeter Deutschland

Dr. Alexander Gerber hat seine Ausbildung zum Landwirt in einem biologisch-dynamischen Betrieb absolviert. Der promovierte Agrarwissenschaftler ist Vorstand des Demeter e.V., Vizepräsident von Demeter International e.V. und Vorstand des Bundes Ökologische Lebensmittelwirtschaft (BÖLW). Demeter ist der älteste Bioverband. In ihm haben sich Erzeuger, Verarbeiter, Händler, Forscher und Verbraucher biologisch-dynamischer Produkte zusammengeschlossen.

Der Verband Demeter scheint in den letzten Jahren einen Boom zu erfahren. Stimmt das?

Ja, das stimmt. In den letzten Jahren haben wir im Umsatz mit Demeter-Produkten immer zweistellige Zuwachsraten verzeichnen können. Besonders freut uns, dass in den letzten beiden Jahren auch das Wachstum in der Landwirtschaft, also der biodynamisch bewirtschafteten Fläche, nachgezogen hat. Und bei den Weingütern erleben wir ein großes Interesse an der biologisch-dynamischen Wirtschaftsweise und damit natürlich auch an Demeter.

Wein war ja lange Zeit verpönt unter den Anthroposophen. Wie ist das heute?

Das hat sich stark verändert. 2009 gab es den Beschluss, dass Alkohol aus Eigenvergärung, also Produkte, die nicht destilliert sind, mit der Demeter-Marke ausgelobt werden können. Das hat dem Weinbau einen richtigen Schub gegeben. Bei Destillaten darf die Demeter-Qualität in der Zutatenliste gekennzeichnet werden.

Welche Rolle spielt Wein innerhalb des Verbandes Demeter heute?

Es ist in der Zwischenzeit neben wichtigen Grundnahrungsmitteln wie Milch, Getreide, Obst und Gemüse eine starke Produktgruppe. Heute gibt es viele biodynamische Weine in Spitzenqualität. Demeter-Winzer gewinnen regelmäßig Preise und zählen zu den Spitzenwinzern weltweit. Damit kann Demeter zeigen, dass wir für eine ganz besondere Qualität und auch für Genuss stehen. Mit Wein wird auch eine gepflegte Kultur verbunden. Zudem haben wir den Eindruck, dass die Rebe als Dauerkultur besonders sensibel und positiv auf diese Wirtschaftsweise, insbesondere auf die Anwendung der biodynamischen Präparate, reagiert. Man kann die Biodynamie sehr deutlich schmecken.

Hilft es dem Verband auch, dass beim Wein durchaus höhere Preise akzeptiert werden? Ein Demeter-Bauer muss bei einem Ei ja oft für ein paar Cent mehr streiten.

Auf jeden Fall. Wein ist eben ein individuelles Produkt, das mit einem Erzeuger in Verbindung gebracht wird, das geschmacklich die Arbeit des Einzelnen zum Ausdruck bringt. Das ist anders bei Milchprodukten, wo die Milch von mehreren Erzeugern verarbeitet wird. Letztlich strahlt das positive Image von Wein auf alle anderen Bereiche ab.

Jetzt gibt es auch andere Organisationen, die biodynamische Weine zertifizieren. Wie kam es dazu und wie sehen Sie das?

Natürlich sind wir als Demeter-Gemeinschaft bestrebt, die Deutungshoheit darüber zu behalten, was biologisch-dynamisch bedeutet. Wir erleben, dass der Begriff „bio" fast schon so beliebig geworden ist wie „nachhaltig". Eine ähnliche Entwicklung wollen wir bei „biodynamisch" verhindern. Daher sind wir über die anderen Verbände nicht glücklich. So gibt es durchaus Diskussionen, weil uns insbesondere die Kellereirichtlinien der anderen nicht weit genug gehen. Manchen Winzern waren wohl auch unsere Mitgliedsbeiträge zu hoch. Aber es findet mittlerweile eine Annährung statt. Denn wir sprechen niemandem ab, dass er sich ernsthaft mit der Biodynamie beschäftigt und diese umsetzt.

Mit den Beiträgen wird ja auch Lobbyarbeit bezahlt. Wie kann man sich das vorstellen?

Einmal sind wir der Überzeugung, dass wir den Schlüssel für eine zukunftsorientierte Ernährungs- und Landwirtschaft in den Händen halten. Deshalb wollen wir uns in die gesellschaftliche Debatte einbringen. Wir sind ja nicht mehr der lächelnd akzeptierte Sonderling, sondern ein auf politischer Ebene und bei sämtlichen Umweltverbänden gefragter Gesprächspartner. Dann geht es natürlich um politische Lobbyarbeit, damit die Interessen unserer Mitglieder gewahrt bleiben.

Wie kann man sich das vorstellen?

Das ist zum Beispiel die Arbeit auf EU-Ebene, wenn wir eine Gesetzgebung für direkt negativ halten. Dann werden wir aktiv. Ein Beispiel sind die biodynamischen Präparate, die aus dem Basistext der EU-Ökoverordnung in einen delegierten Rechtsakt verschoben werden sollten und damit dem direkten Zugriff der Kommission unterlegen gewesen wären. Das konnten wir verhindern. Was speziell den Wein angeht, wie etwa beim biologischen Pflanzenschutz, arbeiten wir eng mit dem Verband ECOVIN zusammen.

Bei der EU-Düngerverordnung konnten Sie sich allerdings nicht durchsetzen. Die Biowinzer bewegen sich in einem Graubereich, wenn sie Kompost verwenden.

Das ist ein komplexes Thema. Unser Ansatz war immer, dass die Verursacher der zu hohen Nitratbelastung zur Verantwortung gezogen werden. Es kann nicht sein, dass jetzt die Bioerzeuger in Sippenhaft genommen werden, obwohl sie erwiesenermaßen keine Verursacher des Problems sind. Im ersten Schritt waren wir erfolgreich, für Biobetriebe die Kompostwirtschaft durchzusetzen. Die EU hat das allerdings kassiert, weil ihnen das Gesamtpaket zu lax war. Da sind wir Opfer einer undifferenzierten Politik geworden. Auch weil die Bundesregierung nicht willens war, sich gegenüber der Agrarlobby durchzusetzen und ein grundlegend anderes System – das Verursacherprinzip – zu etablieren. Jetzt müssen alle 20 Prozent weniger düngen.

Ist das nicht auch manchmal frustrierend? Im Prinzip ist das ja David gegen Goliath.

Vor dem Spiel ist nach dem Spiel. Es ist nicht die letzte Überarbeitung der EU-Düngerverordnung, wir werden am Ball bleiben. Außerdem gibt es auch Erfolgsgeschichten. So konnten wir wirtschaftlich vergleichsweise bedeutungslosen Ökos, mit den Umweltverbänden an der Seite, bis heute verhindern, dass Gentechnik auf die Äcker kommt. Das ist ein Riesenerfolg, den uns niemand zugetraut hätte.

Welche Schwerpunkte gibt es auf internationaler Ebene bei Demeter?

Einmal geht es um Markenführung, Markenschutz und Markenrechte. Wir organisieren den internationalen Erfahrungsaustausch, kümmern uns um gute Beratung und engagieren uns in Ausbildung und Forschung. Dann war es bislang so, dass sich jeder Landesverband selbst organisieren konnte. Hier merken wir, dass wir an Grenzen kommen. Klar braucht es individuelle Identität, aber wir haben heute internationale Märkte. Wir müssen uns daher immer mehr auf gemeinsame Standards auf allen Ebenen einigen, also z. B. bei der Vermarktung. Daher kümmern wir uns auch um die internationale Marktbearbeitung. Wir haben bei der Biodynamic Federation Demeter International eine Rohwarenmanagerin, die schaut, in welchen Ländern es welche Nachfrage gibt, und das dann mit unserem Angebot zusammenbringt. Es geht im Prinzip um eine Professionalisierung auf allen Ebenen.

Wie wird sich die Biodynamie in Zukunft in Weinbau und Landwirtschaft entwickeln?

Die Nachfrage nach nachhaltigen Produkten nimmt zu, und das Qualitätsbewusstsein der Menschen steigt. Da wir unsere strengen Richtlinien nicht aufweichen, sondern ganz im Gegenteil schärfen, geben wir genau dafür ein zukunftsweisendes Angebot, das uns weiter wachsen lassen wird. Für die Transformation allerdings wären andere politische Rahmenbedingungen dringend notwendig. Die Förderung müsste endlich so ausgerichtet werden, dass sie ausschließlich ökologische und soziale Leistungen honoriert. Der Verbraucher ist wichtig, keine Frage. Aber damit sich wirklich etwas langfristig und nachhaltig verbessert, müssen sich die politischen Rahmenbedingungen verändern.

„Rezeptfreier Weinbau"
Dr. Georg Meissner im Portrait

Einer der bekanntesten Berater für biologisch-dynamischen Weinbau ist Dr. Georg Meissner. Der Önologe hat unter anderem mit Prof. Dr. Randolf Kauer den INBIODYN-Versuch an der Universität Geisenheim initiiert und dort promoviert (siehe Kapitel „Die Übersetzer") und hat unter anderem das Weingut Dr. Bürklin-Wolf bei der Umstellung beraten. Von 2013 bis 2020 war er als Leiter Landwirtschaft, Keller, Forschung und Lehre beim Weingut Alois Lageder tätig. Dazu ist er assoziierter Wissenschaftler in Geisenheim und dort auch in der Lehre tätig. Er engagiert sich international für biologisch-dynamische Landwirtschaft und Weinbau, ist an der Sektion für Landwirtschaft am Goetheanum in Dornach, dem Zentrum der Anthroposophie, als Leiter der internationalen Weinfachgruppe tätig und gerade dabei, mit der freien internationalen Wanderschule für biodynamische Agrarkultur (www.wanderschule.world) eine international tätige Ausbildungsinitiative zu gründen.

Zu Weinbau und Biodynamie ist er über Umwege gekommen. Als Sohn einer Pianistin und eines Richters studiert er zunächst zwar ein paar Semester Jura, merkt aber schnell, dass ihm das nicht gefällt. Er geht nach Frankreich, um sich in einer Einrichtung für autistische Kinder zu engagieren. Dort entsteht auch der Bezug zum Wein. In Freiburg macht er eine Winzerlehre und kommt für ein Praktikum ins südfranzösische Roussillon. Mitte der 1990er Jahre wird dort noch extrem konventionell gearbeitet, aber es gibt auch die ersten Weingüter, die einen anderen Weg suchen. Schnell ist er in der sich damals formierenden biologisch-dynamischen Szene Frankreichs vernetzt. Auch während seines Önologie-Studiums in Montpellier prägen ihn diese Kontakte. Sein Praktikum macht er auf dem renommierten Weingut M. Chapoutier an der Rhône, das sich damals mit anderen Spitzenbetrieben der Biodynamie zuwendet. „In den 1990er Jahren ging das in Frankreich so richtig los", erinnert er sich. „Das waren vor allem die qualitätsorientierten Leute. Darunter Kultbetriebe wie Domaine de la Romanée-Conti oder Domaine Leflaive, die einen Ausweg aus der konventionellen Sackgasse suchten."

„Ich habe damals weder die Besitzer noch die Mitarbeiter mitgenommen auf den Weg, sondern meine Struktur oktroyiert und damit eine Abhängigkeit zu mir geschaffen. Ich habe null nachhaltig gearbeitet."

Nach dem Studium folgen Aufenthalte in den USA und Südafrika, wo er auf biodynamischen Weingütern wirkt. Vor allem in Südafrika macht er wichtige Erfahrungen für seine heutige Beratungstätigkeit. Ein Industrieller vertraut ihm ein Weingut in Stellenbosch an, das er auf biologisch-dynamische Wirtschaftsweise umstellt. „Innerhalb kürzester Zeit hatten wir Erfolg damit", erzählt er. „Wir haben eine perfekte Kompostwirtschaft organisiert, Tiere auf dem Hof, den Keller umgestellt und so weiter." Als dann der Ruf zum Weingut Dr. Bürklin-Wolf kommt und er das Weingut verlässt, bricht allerdings alles in sich zusammen. „Ich habe null nachhaltig gearbeitet", weiß er heute. „Ich habe weder die Besitzer noch die Mitarbeiter auf den Weg mitgenommen, sondern meine Struktur oktroyiert und damit eine Abhängigkeit zu mir geschaffen."

Damit beschreibt er die Herausforderung in der biodynamischen Beratung. Wenn der Winzer den Industrieberater gegen den anthroposophischen Berater tauscht, entstehen wieder kognitive Abhängigkeiten – und es ist nichts gewonnen. Die Freiheit im Geistesleben ist eine der essenziellen Grundlagen in der Anthroposophie. Der Berater hat die Verantwortung, den Winzer zu befähigen, souverän eigene Entscheidungen zu treffen.

„Das ist wie in der anthroposophischen Medizin. Erst einmal musst du ein exzellenter Schulmediziner sein."

Dabei müssen eingeübte Denkmuster oft mühsam überwunden werden. „Die meisten fragen mich erst einmal nach einem Rezept", sagt Georg Meissner. „Ich versuche dann, in einen gemeinsamen Erkenntnisprozess zu kommen, in dem wir uns ein Thema auf dem Weingut ansehen." Es geht ihm dabei um den erweiterten Blick. „Dazu gehört natürlich auch der fachliche Blick, das was die Winzer gelernt haben", erzählt er und erwähnt dabei mehrfach, dass er handwerkliche Praxis und Schulwissen über Weinbau und Kellertechnik voraussetzt. „Das ist wie in der anthroposophischen Medizin. Erst musst du ein exzellenter Schulmediziner sein."

Der wissenschaftliche Blick wird durch das anthroposophische Menschenbild und dem Salutogenese-Prinzip ergänzt. Die Salutogenese steht im Gegensatz zur Schulmedizin, aber auch im Pflanzenschutz dominierenden Sicht der Pathogenese. Bei der Pathogenese schaut man auf die Entwicklung von Krankheiten und deren Heilung. Die Salutogenese fragt, wie Gesundheit entstehen und erhalten werden kann. Es geht Dr. Meissner stets darum, die Menschen mitzunehmen und nicht zu überfordern. Dann kann logisches Handeln entstehen.

> *„Man muss aufpassen, dass man nicht zum Guru nach dem Guru gemacht wird."*

Dass es in der Ausbildung noch große Defizite gibt, räumt er ein. Es gibt bis heute keine offizielle biologisch-dynamische Winzerausbildung mit einem Curriculum, auf das man sich verständigt hat, und dem pädagogischen Anspruch, den man als Biodynamiker haben sollte. So waren die Entwicklungen der letzten Jahrzehnte geprägt von charismatischen Beratern mit mehr oder weniger großen Egos. „Man muss aufpassen, dass man nicht zum Guru nach dem Guru gemacht wird", weiß Georg Meissner. „Das kann ja auch eine Rolle sein, die einem gefällt." Viele Berater gehen auch heute noch sehr rezeptartig vor und scharen die Jünger um sich. „Am Anfang können Rezepte in Ordnung sein, sie können den Menschen Orientierung geben, aber sie verhindern auch individuelle Entwicklungen", ist er sich sicher. Das ist auch ein Grund, warum er sich für die Ausbildung engagiert.

Dabei muss er oft erst einmal mit Vorurteilen aufräumen. „Da draußen geistern so viele Mythen herum. Viele haben keine Ahnung und schwätzen einfach irgendetwas nach", weiß er. Dazu gehört zum Beispiel, dass man mit Pferd ackern oder anfallende Arbeiten unter allen Umständen nach Mondphasen erledigen müsse. „Das ist alles völliger Quatsch, wenn man das dogmatisch angeht", sagt er. Dabei ist die Bewegung auch selbst schuld, dass sie gern in eine esoterische Ecke gestellt wird. „Das fängt mit dem Begriff biologisch-dynamisch an", behauptet er. Hinzu kommen ein oft zu dogmatisches Auftreten und eine völlig verfehlte Kommunikation. „Mit einer neuen Generation ändert sich das zum Glück gerade."

> *„Ein guter Bauer muss Bodenaufbau betreiben und lebt nicht von der Substanz."*

Seiner Meinung nach kann man die Biodynamie auf eine Frage herunterbrechen: „Bin ich ein guter Bauer?" Dabei geht es um wirtschaftlichen wie agronomischen Erfolg. Als Beispiel nennt er dafür unter anderem die Südtiroler Apfelbauern, von denen er viele persönlich kennt. Mit zwei bis drei Hektar Apfelflächen kann man aus wirtschaftlicher Sicht sehr erfolgreich sein. Allerdings sind in der extremen Monokultur in der Regel über 30 Pflanzenschutzapplikationen nötig. „Aus agronomischer Sicht ist das eine Katastrophe", erzählt er. Das Beispiel kann man auch auf Weinbau und Landwirtschaft allgemein übertragen. Obschon die politischen Rahmenbedingungen ungünstig sind, die den nachhaltig wirtschaftenden Bauer benachteiligen.

> *„Deshalb setze ich voraus, dass diejenigen, die an dem Kursus teilgenommen haben, in voller Moralität der Menschheit dienen und der Landwirtschaft helfen."*
> – Rudolf Steiner, *Heilpädagogischer Kurs*

„Ein guter Bauer muss Bodenaufbau betreiben, er lebt nicht von der Substanz", weiß Dr. Georg Meissner. In Zeiten des Klimawandels und zunehmender Weltbevölkerung bekommt diese Aussage besonderen Nachdruck. „Nachhaltige Landwirtschaft ist der Hebel, mit dem wir unter anderem die Klimakrise abwenden können", erzählt er. Der Bauer hat die Pflicht, sich in diesen Dienst zu stellen. Natürlich nicht als Altruist. Dafür müssen endlich die politischen Rahmenbedingungen verändert werden.

Dass sich diese Erkenntnis gerade durchsetzt, dafür gibt es viele Anzeichen. „Mittlerweile erkennt auch die Finanzwelt, dass es einen Fehler in ihrer Bilanzierung gibt", sagt er. „Sie entdeckt den Faktor Bodenfruchtbarkeit, und es gibt schön langsam die Erkenntnis, dass, wenn wir die Böden weiter so behandeln, wir unser eigenes Grab schaufeln, auch aus wirtschaftlich-finanzieller Sicht." Dr. Meissner sieht die Chance, dass dieser Fehler aus der Logik des Kapitalismus heraus behoben wird. Denn wer zum Klimawandel beiträgt, wird in Zukunft ökonomische Nachteile haben. Die Biodynamie ist für ihn einer von vielen Wegen, wie wir in Zukunft die Landwirtschaft besser gestalten können. „Sie bietet viele hilfreiche Impulse an", sagt er. „Vielleicht reden wir in 20 Jahren nicht mehr über Biodynamie oder konventionelle Landwirtschaft, sondern nur noch über verantwortungsvolle gute und schlechte Landwirtschaft."

„Die Übersetzer"
Biodynamie an der Universität Geisenheim

Die Hochschule Geisenheim University im Rheingau zählt zu den renommiertesten Forschungs- und Lehranstalten weltweit. Seit dem Jahr 2002 gibt es hier eine Professur für ökologischen Weinbau, die Prof. Dr. Randolf Kauer innehat. Bislang die erste und einzige weltweit.

Prof. Dr. Randolf Kauer ist selbst Biowinzer. Seit dem Jahr 1982 bewirtschaftet er mit seiner Familie knapp vier Hektar Weinberge in den Steilhängen des Mittelrheintales bei Bacharach. Von Anfang an nach ökologischen Standards, obwohl es damals noch nicht einmal eine Biorichtlinie gab. „Wir waren so ein Haufen Unerschrockener in Deutschland", erzählt er und lacht. In der Zeit studierte er auch in Geisenheim Weinbau und Kellerwirtschaft, wo ihn sein Professor ermunterte, zu dem Thema Bioweinbau zu promovieren. Seitdem kümmert er sich um das Thema. Im Jahr 2002 kam die Professur für ökologischen Weinbau dazu. Bislang die erste und einzige weltweit. Zu Kauers Team gehören Dr. Johanna Döring und Yvette Wohlfahrt M. Sc. Auch sie sind beide nebenbei Biowinzerinnen. Gemeinsam arbeiten sie am Institut für allgemeinen und ökologischen Weinbau der Hochschule Geisenheim zum Thema Ökoweinbau. Als „Assoziierter Wissenschaftler für biodynamischen Weinbau" ist Dr. Georg Meissner in Geisenheim tätig.

Das Institut reiht sich ein in ein globales Pantheon, zu dem Institute wie in Montpellier oder Bordeaux in Frankreich, Davis in Kalifornien oder Adelaide in Australien zählen. Neben Spitzenforschung in den Bereichen Rebenzüchtung und Klimafolgen hat sich das Institut eben auch zum Thema Bioanbau einen Namen gemacht. Das liegt unter anderem an dem Projekt INBIODYN, das seit 2006 läuft.

Nachdem es vermehrt Interesse der Weinwirtschaft an den verschiedenen Biomethoden gab, hat man hier einen Feldversuch eingerichtet, bei dem die Auswirkungen der integriert-konventionellen, bioorganischen und biologisch-dynamischen Wirtschaftsweise auf Reben und Weinberg untersucht werden. Des Weiteren werden in dem Versuchsfeld auch spezielle Fragen zum Einsatz der biodynamischen Präparate untersucht. Dr. Georg Meissner hat zusammen mit Prof. Dr. Randolf Kauer, Prof. Dr. Manfred Stoll und Prof. Dr. Hannes Schultz dieses Projekt ins Leben gerufen.

Es handelt sich dabei um einen Systemvergleich, mit dem die Forschung ein durchaus heikles Territorium beschritten hat. Denn letztendlich geht es auch darum, die Biodynamie, die sich in ihren Ansätzen naturwissenschaftlicher Logik entzieht, mit streng wissenschaftlichen Methoden zum Greifen zu bekommen. Ein für alle Seiten riskantes Unterfangen. Schließlich können unbequeme Ergebnisse eigene Gewissheiten über den Haufen werfen. Hinzu tritt der Umstand, dass der im Wissenschaftsbetrieb stets belächelten biologisch-dynamischen Methode ein Forschungsbereich an einer renommierten Universität eingeräumt wurde. Nicht jeder Universitätskollege war darüber glücklich. Es gab durchaus die Befürchtung, sich in der Wissenschaftsgemeinde lächerlich zu machen. Kein Wunder, dass die Geisenheimer Initiative von vielen zunächst sehr misstrauisch beäugt wurde.

Dabei gibt es bereits einige vergleichende Versuche im Landwirtschaftsbereich, die oft in Praxisbetrieben durchgeführt werden. Sie geben zwar interessante Hinweise, die durchaus für den Bioanbau sprechen, aber einem absoluten wissenschaftlichen Anspruch können sie oftmals nicht genügen. Dafür ist auch das System Landwirtschaft und Weinbau zu komplex. Es reichen

Dr. Johanna Döring und Yvette Wohlfahrt M. Sc. arbeiten zusammen mit Prof. Dr. Randolf Kauer am Institut für allgemeinen und ökologischen Weinbau. Neben der Forschung zum Ökoweinbau sind sie auch in der Lehre engagiert. Unter anderem betreuen sie die Studenten, die sich mit der biodynamischen Wirtschaftsweise innerhalb des Studiums beschäftigen möchten.

kleine Unterschiede in Bearbeitung, Bodenart, Mikroklima oder bei unterschiedlichen Pflanzenarten, um Untersuchungsresultate begründet in Zweifel zu ziehen. „Oftmals werden diese Versuche vom Versuchsaufbau und der Methodik her angegriffen und dann die Ergebnisse totgeredet, das wollten wir vermeiden", erzählt Professor Kauer. Entscheidend ist deshalb ein für alle Seiten überzeugender Versuchsaufbau.

Auf Initiative von Klaus Plischke von der Software AG-Stiftung, die von Anfang an einen großen finanziellen Beitrag leistete, wurde ein breiter Beraterkreis einberufen, der eine gute fachliche Praxis für alle drei Systeme definierte. Mit am Tisch saßen Vertreter der einschlägigen Bioverbände wie biodynamisch wirtschaftende Landwirte, aber auch konventionelle Berater und Wissenschaftler. „Mir war es immer wichtig, die Leute aus allen Richtungen überhaupt mal an einen Tisch zu bekommen", erzählt Randolf Kauer. „Wir wollen letztendlich auch das Schwarz-Weiß-Denken überwinden. Am Ende können alle voneinander lernen", ist er überzeugt. Nach über einem Jahr teilweise heftiger Diskussionen konnte man sich auf Methoden und Fragestellungen einigen. Dabei musste jeder Kompromisse eingehen.

So unterscheidet sich das biodynamische System nur in der Verwendung der Präparate vom biologisch-organischen. Begrünungsmanagement und Pflanzenschutzmaßnahmen zum Beispiel sind gleich. Fragen nach der Hofindividualität oder der Verwendung von bestimmten Pflanzenauszügen wie Ackerschachtelhalm zum Spritzen, die in der Biodynamie eine zentrale Rolle spielen, sind nicht berücksichtigt worden. „Es ging uns darum, so viele Variationen wie möglich herauszunehmen, damit die Ergebnisse einer statistischen Auswertung standhalten können", begründet dies Dr. Johanna Döring. „Wenn es also Unterschiede zwischen den beiden Bioanbaumethoden gibt, kann man die alleine auf die Verwendung der Präparate zurückführen", erklärt sie weiter.

„Oftmals werden diese Versuche vom Versuchsaufbau und der Methodik her angegriffen und dann die Ergebnisse totgeredet, das wollten wir vermeiden."
Prof. Dr. Randolf Kauer

„Wir können die konventionelle Methode nicht an der schlechtesten fachlichen Praxis messen, sondern an der gebotenen."
Prof. Dr. Randolf Kauer

Ebenso war es wichtig, eine gute fachliche Praxis für die integriert-konventionelle Anbauweise zu definieren. Dazu gehörten eine Begrünung zwischen den Rebzeilen wie ein vernünftiger Einsatz von Herbiziden. Natürlich werden in dem Versuch nicht breitflächig Unkrautvernichter angewendet, wie man es nicht selten in den umliegenden Weinbergen sieht. „Wir können die konventionelle Methode nicht an der schlechtesten fachlichen Praxis messen, sondern an der gebotenen", erklärt Professor Kauer dazu. „Die drei Systeme rutschen somit enger zusammen. Aber wenn man zu stark polarisiert, dann wird man den Anbausystemen in ihrer Grunddefinition nicht gerecht."

„Wir versuchen damit, den vermeintlichen Widerspruch zwischen Biodynamie und Wissenschaft aufzubrechen."
Dr. Johanna Döring

Die Einigung auf eine für alle akzeptable fachliche Praxis sowie die streng organisierte und dokumentierte Pflege des Systemvergleichs ist die große Stärke des Feldversuchs. „Wir versuchen damit, den vermeintlichen Widerspruch zwischen Biodynamie und Wissenschaft aufzubrechen. Wir wollen auf einem hohen Niveau Forschung betreiben. Das erlaubt auch Skeptikern, einen Zugang zu dieser Wirtschaftsweise zu finden", erzählt Dr. Johanna Döring.

Dass dieser Feldversuch seit über 14 Jahren läuft, ist ein Glücksfall. In der Regel werden derlei Forschungsprojekte für nur drei bis sechs Jahre finanziert. Dabei ist eine langjährige Beobachtung entscheidend, um wirklich aussagefähige Ergebnisse zu bekommen. „Denn es gibt immer mal wieder signifikante Unterschiede in einem Jahr, die sich im nächsten Jahr dann nicht mehr so zeigen", berichtet Dr. Johanna Döring. Die Natur hat eben einen anderen Zeithorizont als die Projekt- und Finanzierungszyklen an Hochschulen. Für solche Langzeitprojekte ist eine solide Finanzierung essenziell. Der Feldversuch gibt auch den Studenten die Möglichkeit, sich fundiert mit den drei Anbaumethoden auseinanderzusetzen. Wesentlich wurde der Versuch von der Software AG Stiftung gefördert, die sich auch an der Finanzierung der Tätigkeit von Dr. Georg Meissner beteiligt. Daneben hat der Forschungsring des Deutschen Weinbaus eine Projektphase mitfinanziert.

Im integriert-konventionell bewirtschafteten Bereich des Feldversuchs ist jede zweite Gasse mit einer Rasenmischung begrünt. Nur ein schmaler Streifen im Unterstockbereich ist mit Herbiziden abgespritzt. In den Biovarianten werden vielartige Begrünungsgemenge eingesetzt. Das hat der breit aufgestellte Beraterkreis als gute fachliche Praxis definiert.

„Wenn man an öko und biodyn denkt, ist die Bodenbiologie eigentlich das, wo man ran will." Yvette Wohlfahrt M. Sc.

An dem perfekt gepflegten Versuch gibt es mittlerweile sogar internationales Interesse. Bemerkenswert ist eine Kooperation mit Kollegen der Universität Kopenhagen, Spezialisten auf dem Gebiet der Bodenbiologie. Die bringen ein anderes Equipment und eine Analytik mit, die es so in Geisenheim nicht gibt. Die Untersuchungen zur Bodenbiologie sind besonders komplex, aber eben auch sehr reizvoll. „Wenn man an öko und biodyn denkt, ist die Bodenbiologie eigentlich das, wo man ran will", erläutert Yvette Wohlfahrt. Das Zusammenspiel zwischen Pilzen, Bakterien, Bodenlebewesen und Pflanzen ist schließlich noch zu großen Teilen unerforscht. Die dänischen Kollegen untersuchen derzeit Proben aus dem INBIODYN-Versuch, unter anderem mithilfe der DNA-Sequenzierung. So lässt sich mit größerer Sicherheit sagen, inwiefern sich die Biodiversität in den drei Bewirtschaftungssystemen voneinander unterscheidet. Es liegen bereits mehrere Ergebnisse zur mikrobiellen Aktivität des Bodens und zur Biodiversität im Boden der drei Bewirtschaftungssysteme vor. Diese zeigen, dass das ökologische und das biodynamische System mehr Enzymaktivität und mehr pilzliche und bakterielle Biomasse aufweisen. Eine weitere Studie unterstreicht, dass das ökologische und das biodynamische System deutlich andere Bodenpilze beherbergen als das integrierte System und mehr Bakterienarten ein Zuhause bieten. Allerdings ist das erst ein Anfang zum Verständnis der Vorgänge in der Blackbox Boden.

Die Resultate der Untersuchungen sind immer nur eine Momentaufnahme. „Die Ergebnisse sind so abhängig von Parametern wie Temperatur, Nährstoffversorgung und so weiter, dass man das System Boden als solches mit diesen wenigen Ergebnissen nur unzureichend beschreiben kann", erklärt Professor Kauer. Interessant ist freilich, dass das Thema Boden eine zentrale Rolle im biologisch-organischen und biologisch-dynamischen Anbau spielt. Die Ideen, den Boden zu verlebendigen, und dass der Landwirt den Boden und nicht die Pflanze ernähren soll, sind wichtige Leitsätze. Viele Winzer erzählen, dass ihnen zusätzlich die anthroposophische Sichtweise hilft, mit dem Nichtwissen respektvoll umzugehen.

Der vermeintliche Widerspruch zwischen anthroposophischer Bodensicht und konventioneller Bodenkunde ist für Dr. Johanna Döring ein gutes Beispiel dafür, wie man die beiden Welten zusammenführen kann. „Wir versuchen, die Beobachtungen der biodynamischen Winzer ernst zu nehmen und mit der herkömmlichen Bodenkunde

← Blattstellung
Eine Beobachtung, die biodynamische Winzer machen, ist die veränderte Blattstellung nach der Anwendung des Hornkieselpräparates. Die Blätter zeigen trichterförmig in Richtung Sonne. Die Frage ist: Kann das mit wissenschaftlichen Methoden nachgewiesen werden, und was löst das in der Pflanze aus?

Der Wuchs der Reben in den Biomethoden ist ausgeglichener. Die geringere Wüchsigkeit, die geringere Trieblänge und die verminderte Geiztriebbildung sind deutliche Effekte der bioorganischen und vor allem der biodynamischen Anbauvariante. Ein optimales Gleichgewicht zwischen Blattfläche und Ertrag hat beispielsweise einen positiven Einfluss auf die Traubenqualität. Dieses ist unter ökologischer und biodynamischer Bewirtschaftung verbessert. Die Blattstellung nach der Applikation des biodynamischen Hornkieselpräparates ist ein weiterer Aspekt der aktuellen Forschung im INBIODYN-Versuch. Lässt sich bestätigen, dass hier in der biodynamischen Variante die Blattstellung waagerechter ist, hätte das auch Konsequenzen für die Effizienz der Photosynthese. Hier wird ein Gerät verwendet, welches den Winkel der Blätter zum Boden durch Verdeckung der diffusen Strahlung bestimmt. Das Ziel ist dabei immer, dass die Resultate mit Methoden zustande kommen, die die Wissenschaftsgemeinde akzeptiert und akzeptieren muss. Dann gelingt auch eine Diskussion miteinander. Aber erst einmal müssen alle Seiten eben die Faktenlage anerkennen.

zusammenzubringen", erklärt sie. „Viele Aspekte der Biodynamik können hier integriert werden. Mit der Vernetzung gewinnen beide Seiten. Das gelingt nicht immer, aber in der Vergangenheit haben wir gesehen, dass sich die beiden Seiten aufeinander zubewegen."

Damit dieses Schwarz-Weiß-Denken, das lange Zeit die Kommunikation zwischen konventionellen und Biowinzern geprägt hat, überwunden werden kann, muss eine gemeinsame Sprache gefunden werden. „Das ist der spannendste Aspekt an unserer Arbeit", erklärt Dr. Johanna Döring dazu. „Wir übersetzen Fragen aus der Praxis in eine Forschungssprache. Wir überlegen dann, welche Methoden wir verwenden können, um diesen auf wissenschaftlicher Basis nachzugehen. Es ist im Prinzip eine Übersetzungsarbeit von Praxissprache in Forschungssprache."

Aber es gibt auch Grenzen der wissenschaftlichen Methoden. Dazu gehört die Tatsache, dass die Weine aus den drei Varianten unterschiedlich schmecken. Obwohl es immer Riesling ist, die Trauben am gleichen Tag geerntet und mit der gleichen Reinzuchthefe vergoren werden. „Wir kommen in der Analytik der Weine nicht weiter. Ob Säuregehalt, Alkohol, pH-Wert und so weiter, die sind alle sehr ähnlich, obwohl sie anders schmecken", erklärt Professor Kauer. Interessant sind aber die Ergebnisse von Dr. Jürgen Fritz, der an den Universitäten Bonn und Kassel-Witzenhausen arbeitet. Er untersucht seit Beginn des Versuches die Beeren, Moste und Weine mit den bildschaffenden Methoden, welche in den 1920er Jahren entwickelt worden sind. Am bekanntesten ist die Kupferchloridkristallisation. Dabei werden Metallsalze mit der zu untersuchenden Substanz zusammengebracht. Es entstehen dabei spezifische Strukturen, von denen Aussagen zum Beispiel zur Anbaumethode abgeleitet werden. Dafür arbeitet man mit Agrarwissenschaftler Dr. Jürgen Fritz zusammen, der unter anderem Lehrbeauftragter für biologisch-dynamische Landwirtschaft an der Universität Bonn ist. Er konnte anhand der Bilder mit fast 100-prozentiger Genauigkeit sagen, welcher Wein aus welchem Anbausystem stammte.

In der Wissenschaftsgemeinde sorgen die bildschaffenden Methoden allerdings für Stirnrunzeln. „Wenn Dr. Fritz die Unterschiede mit seinen Methoden allerdings so bestätigen kann, dann ist das halt so", sagt Professor Kauer lapidar. „Was sich daraus entwickelt? Warten wir es ab. Vielleicht kann man reine Weinanalytik mal mit so etwas koppeln. Aber das ist natürlich ein sehr heißes Thema, das nicht unbedingt zu unserem Betätigungsfeld gehört."

Nach 14 Jahren Forschung kann man sagen, dass es vor allem signifikante Unterschiede zwischen den Biovarianten und der integrierten Methode gibt. Aber auch zwischen den Biomethoden selbst können signifikante Unterschiede festgestellt werden. „Bislang finden wir deutliche

Kupferkristallisation – Most und Wein aus den drei Varianten des Feldversuches sind mithilfe der anthroposophischen Kupferchloridkristallisation untersucht worden. Dr. Jürgen Fritz konnte anhand der so entstandenen Bilder mit fast 100-prozentiger Genauigkeit sagen, aus welchem Anbausystem die Trauben stammten.

Unterschiede im Wasserpotenzial der Reben, das bei biodynamischer Wirtschaftsweise günstiger ist, weiter ist der Phosphorgehalt in der Rebe erhöht", erklärt Dr. Johanna Döring. „Daraus lassen sich allerdings noch keine konkreten Handlungsempfehlungen für die Praxis ableiten." Aber das ist eben auch die Aufgabe von Forschern: erst einmal genau zu beobachten und zu dokumentieren. „Wenn eine Frage beantwortet ist, kommen zehn neue dazu", sagt Yvette Wohlfahrt. „Wir wissen zum Beispiel noch nicht genau, wie das biodynamische Hornkieselpräparat wirkt", erzählt Professor Kauer. „Es gibt eine Wirkung, aber wir haben noch keine eindeutige Kette von Reaktionen in der Pflanze aufdecken können." Es bleibt also weiterhin spannend.

Neben der Forschung spielt die Lehre in Geisenheim eine besonders wichtige Rolle. Seitdem 2002 die Professur für Ökoweinbau eingerichtet wurde, gibt es das Pflichtmodul „Ökologischer Weinbau" als Teilvorlesung im Modul Weinbau im Studium. Das Interesse der Studenten an dem Thema ist in den letzten Jahren enorm gewachsen. So gehört zur Ausbildung auch die Teilnahme an einer Projektgruppe Weinbau. Die Studierenden werden in Gruppen aufgeteilt und bekommen einen Weinberg zugordnet. Diesen dürfen sie ein Jahr begleiten und Versuche zum Beispiel zur Begrünung, Bodenmanagement oder Laubwand- und Ertragsmanagement anstellen. „Im Prinzip dürfen die da machen, was sie wollen", erklärt Professor Kauer. Waren es vor ca. zehn Jahren noch zwei der sieben Gruppen, die sich innerhalb des Bioanbaus mit einem Projekt beschäftigten, sind es heute vier. Innerhalb der jungen Generation ist das Interesse an Ökoweinbau mittlerweile sehr gewachsen.

Auch das Interesse an der biologisch-dynamischen Wirtschaftsweise hat enorm zugenommen. In der Lehre spielen allerdings die anthroposophischen Inhalte eine untergeordnete Rolle. Zunächst geht es um die praktischen Grundlagen des Bioanbaus. Wie organisiert man in dieser Wirtschaftsweise zum Beispiel die Nährstoffversorgung und den Pflanzenschutz, oder wie sehen die Richtlinien der einzelnen Verbände aus. In einer Vorlesungseinheit kommt dann Dr. Georg Meissner dazu. „Georg kommt aus der Anthroposophie, der bringt da noch einmal einen ganz anderen Spirit rein", erzählt Professor Kauer. „Ich habe mal versucht, Steiner zu lesen, aber ich habe das für mich nicht als Schwerpunkt definiert", erläutert er. Mit der Vorlesung von Dr. Georg Meissner sollen die Studenten die Anthroposophie kennenlernen. „Die müssen ja wissen, was sich hinter der Biodynamie verbirgt", sagt er. „Aber wir machen in dem Sektor keine anthroposophische Ausbildung. Das ist nicht unser Anspruch." Wer darüber hinaus etwas erfahren will, bekommt Empfehlungen, wohin er sich wenden kann. Außerdem werden Interessierten Exkursionen angeboten. Wer will, kann einen biologisch-dynamischen Landwirtschaftsbetrieb besuchen oder Weinbaubetriebe, die sich schon lange mit dem Thema beschäftigen.

Interessant ist, wie dieses Curriculum von Winzerkollegen beurteilt wird. Vor allem in der Bioszene hält sich hartnäckig das Vorurteil, das Ökoinstitut der Universität Geisenheim sei nur ein Feigenblatt, mit der man die sonst industriefreundliche Orientierung kaschieren wolle. Dem widerspricht Professor Kauer vehement und verlangt mehr Differenzierung von allen Seiten. „Wir bilden nicht nur Leute für Biobetriebe aus, sondern auch Leute, die später in Kellereien, Genossenschaften und großen Betrieben arbeiten. Die das gesamte Handwerk beherrschen müssen, um alle Ansprüche bedienen zu können", erklärt er. „Wir geben keine Rezepte raus. Wir geben Werkzeuge an die Hand, damit die Studenten am Schluss selbst entscheiden können."

Beim Gespräch mit den Dreien kommt immer wieder der Anspruch durch, dieses Alles-oder-Nichts-Denken zu überwinden, das so lange Zeit die Diskussionen zwischen den Anhängern der verschiedenen Wirtschaftsmethoden bestimmt hat. Und das auch eine nachhaltige Entwicklung aller Weinbausysteme lange Zeit behindert hat. „Natürlich sind wir alle Drei vom Bioanbau überzeugt", erklärt Professor Kauer. „Aber wenn wir Kollegen, die eben nicht auf diesem Weg sind, mit unserer Art und Weise, wie wir das vermitteln, in die Ecke stellen, kommen wir nicht weiter", ist er sich sicher. „Es gibt viele Betriebe, die sich entwickeln wollen, die Faktoren wie Nachhaltigkeit und Biodiversität heute selbstverständlich in ihre Arbeit integrieren. Da sind wir deutlich weiter als noch vor 20 Jahren."

Die Bioflächen in Deutschland haben sich in der letzten Dekade verdreifacht, aber sie bleiben, mit unter zehn Prozent Anteil an der gesamten Rebfläche, immer noch auf niedrigem Niveau. Das liegt auch daran, dass in einem kühlen mitteleuropäischen Klima mit Regenfällen während der Wachstumsperiode der Pilzdruck und damit das Risiko für Ernteverluste sehr hoch ist.

> *„Ohne Kupfer kein Bioweinbau mehr."*
> Professor Kauer

Und da ist man schon mitten in der für Biowinzer essenziellen Kupferfrage. Nachdem der ökologische Weinbau die Verwendung von systemisch wirkenden Pflanzenschutzmitteln ablehnt, ist die einzige Möglichkeit, bestimmte Pilzkrankheiten, hauptsächlich aber falschen Mehltau im Zaum zu halten, die Applikation von Kupfer. Ein Schwermetall, das sich im Oberboden anreichert und dort verbleibt. Auf EU-Ebene gibt es eine Liste mit Pflanzenschutzmitteln, darunter auch Kupfer, die verboten werden sollen. In der Gesetzgebung wurden die zugelassenen Mengen bereits drastisch reduziert. Bislang ist das für Biowinzer noch kein Problem. Denn laut den Richtlinien von Bioverbänden wie Ecovin liegt man noch unterhalb der EU-Vorgaben. „Doch wenn das noch weiter runtergeht, wird es eng. Vor allem in schwierigen Jahren wie 2016", erklärt Professor Kauer. Er sitzt als wissenschaftlicher Berater in verschiedenen Gremien, um Reduzierungsstrategien zu entwickeln. Auch in dem neuen Forschungsprojekt VITIFIT wird unter anderem an dieser Thematik mit Fokus auf den ökologischen Weinbau gearbeitet. Man beschäftigt sich hier intensiv mit der Entwicklung und Optimierung von Pflanzenschutzstrategien gegen den falschen Mehltau im ökologischen Weinbau bei klassischen wie neuen Rebsorten. Diese sollen durch Testung von neuen Wirkstoffen, verbesserten Formulierungen, physikalischen Technologien und weinbaulichen Maßnahmen auch in Kombination erforscht werden.

Für Professor Kauer ist es aber auch wichtig, Argumente zu liefern, warum man bis zu vier Kilo Kupfer pro Hektar und Jahr durchaus verantworten kann. Denn die Kupferdiskussion wird immer auch missbraucht, um den Bioanbau vonseiten der konventionellen Kollegen zu diskreditieren. Auch hier ist es wichtig, differenziert auf die Thematik zu blicken.

So sind die heutigen Rückstände in den Weinbergsböden vor allem auf Altlasten zurückzuführen. Darf man im Bioweinbau in Deutschland heute maximal drei Kilogramm Kupfer pro Hektar und Jahr ausbringen, wurde bis in die 1950er Jahre oft mit 40 Kilogramm und mehr hantiert. So hängt die Schwermetallbelastung vor allem damit zusammen, seit wann auf dem Standort Weinbau betrieben wird. Auf den Äckern, die in den 1970er Jahren im Rahmen der Flächenerweiterung zu Rebland umgewandelt wurden, ist Kupfer kein Problem. Während die seit Jahrhunderten bekannten Spitzenlagen teilweise stark belastet sind. Auch die konventionellen Betriebe verwenden gern Kupfer für die letzten Spritzungen vor der Lese. Ebenso ist wichtig, wie hoch der toxische Anteil der im Boden verbliebenen Kupfermenge ist. In sauren Böden fällt dieser Anteil höher aus. Zudem gibt es den Begriff des gealterten Kupfers, das so eingebunden ist, dass es aktuell nicht mehr bioreaktiv ist.

In die Betrachtung mit einbezogen werden muss die Höhe des Humusgehalts. In einem verarmten Boden kann unter anderem die Kupferbelastung für das Bodenleben problematisch werden. „In dem Feldversuch haben wir bislang keine negativen Auswirkungen auf das Bodenleben in den Biovarianten feststellen können", erklärt Dr. Johanna Döring. „Ganz im Gegenteil. Obwohl wir leicht erhöhte Kupfergehalte in den Biovarianten messen können, haben wir mehr mikrobielle Aktivität und Biodiversität in den Böden." Für die zukünftige Entwicklung des Bioanbaus ist die Kupferfrage für Professor Kauer allerdings die entscheidende. „Das schwebt wie ein Damoklesschwert darüber. Wenn die Betriebe ein vermindertes Produktionsrisiko haben, erleben wir einen raschen Anstieg in den Anbauflächen", ist er sich sicher.

Doch noch etwas anderes kann den Bioanbau in Zukunft attraktiver werden lassen: der Klimawandel. In einem weiteren Forschungsprojekt an der Universität Geisenheim wird der Einfluss von erhöhten CO_2-Gehalten in der Atmosphäre auf die Reben untersucht. Die Ergebnisse der ersten Jahre zeigen, dass die Pflanzen bei Werten, wie sie um das Jahr 2050 erwartet werden, ihre Photosynthese bis zu 40 Prozent steigern können. Dieser sogenannte CO_2-Düngeffekt führt an Reben zu einer gesteigerten Wüchsigkeit, einem höheren Ertrag, aber auch zu einem höheren Wasserverbrauch trotz gesteigerter Wassernutzungseffizienz. Eine gute Wasserversorgung ist für die Rebengesundheit und Traubenqualität entscheidend. Wo das Wasser bei zunehmenden Wetterextremen und Dürreperioden herkommen soll, ist eine der Fragen, die beantwortet werden müssen. Es gibt allerdings die Hypothese, dass mit Biomethoden die Wüchsigkeit und damit der Wasserverbrauch gebremst werden kann.

FACE steht für „Free Air CO_2 Enrichment" und ist die Bezeichnung eines Freiland-CO_2-Anreicherungsversuches in der Sonderkultur Weinberg, der unter anderem Yvette Wohlfahrt in ihrer Doktorarbeit beschäftigt. Mit der futuristischen Anlage werden Reben mit erhöhten CO_2-Konzentrationen begast. Damit wird der zu erwartende CO_2-Gehalt der Atmosphäre für das Jahr 2050 simuliert, um die Auswirkungen des Klimawandels anhand von zwei ausgewählten Rebsorten zu untersuchen. Erste Resultate zeigen mehr Wuchs, höhere Erntemengen und mehr Wasserbedarf. Das sind wichtige Erkenntnisse im Rahmen der Klimafolgenforschung. (Bildquelle: Winfried Schönbach, Hochschule Geisenheim University)

Schon heute kann man nachweisen, dass der Humusgehalt im Boden durch den Bioanbau deutlich erhöht werden kann. Damit kann nicht nur CO_2 im Boden gebunden werden, sondern auch die Wasserhaltekapazität erhöht werden. Ebenso geht es um den Aspekt der reduzierten Bodenemissionen. Ohne Mineraldüngung und mit einer guten Begrünung reduzieren sich die stickstoffbasierten Emissionen in Luft und Grundwasser laut einer Studie aus dem weltbekannten Pendant des INBIODYN-Versuchs, dem DOK-Versuch zur Landwirtschaft in der Schweiz. Außerdem können die Betriebsmittel, wie zum Beispiel Biospritzmittel, mit deutlich weniger Energie hergestellt werden als synthetische Produkte. So können mit Biomethoden zwei Strategien im Umgang mit dem Klimawandel gefahren werden. Einmal können die Folgen abgepuffert und klimaschädliche Emissionen vermindert werden.

Beim biologisch-dynamischen Ansatz kommen noch die vielen sozialen und geisteswissenschaftlichen Aspekte dazu, die für zukünftige Generationen wichtiger werden könnten und einen Weg heraus aus einem rein materialistischen Denken zeigen. „Sie sind ein Wert an sich, den man in einem wissenschaftlichen Feldversuch nicht darstellen kann", meint Yvette Wohlfahrt M. Sc. „Natürlich ist das ein eindrückliches Erlebnis, mit den Präparaten zu arbeiten. Mit den Studenten kurz vor Sonnenaufgang diese zu dynamisieren und die Beobachtungen zu teilen."

„Ich habe ein Forscherherz und ein Biodynherz", gibt Dr. Johanna Döring zu. „Manchmal kriege ich das selbst nicht unter einen Hut. Wir sind eben das Bindeglied zwischen Forschung, Bio und Biodynamik. Wir sind in allen Welten zu Hause und gehören doch nirgendwo hin." Auch für Prof. Dr. Randolf Kauer geht es nicht immer nur um Fakten. „Es geht auch ums Menschsein, wie wir leben, was wir fühlen, und da ist die Biodynamie sicherlich kein schlechter Ansatz."

Auf der Suche nach Freiheit

(1) **Franz Weninger**
Weingut Weninger, Horitschon, Mittelburgenland

Ein winterlicher Blick auf die Lagen rund um Horitschon.

Wer eine Weinreise ins Burgenland unternimmt, landet meistens in Gols direkt am Neusiedlersee. Hier rührt sich was. Berühmte Weingüter reihen sich aneinander, schicke Restaurants laden ein, und man nächtigt in durchdesignten Hotels. Wer das Weingut Weninger besuchen will, muss weiterfahren. Erst einmal den Sieggrabener Sattel überqueren, einen Höhenzug, der das prominente Nordburgenland vom bäuerlich geprägten Süden trennt. Dann fährt man auf holprigen Landstraßen ein Stück durch Ungarn, um endlich im beschaulichen Horitschon zu landen. Hier hatte man lange Zeit seine Ruhe vor allzu geschäftigem Treiben. Denn die Schnellstraße nach Wien wurde erst Ende der 1980er Jahre fertig, und vor noch gar nicht langer Zeit endete die Welt am „Eisernen Vorhang", an der Grenze zu Ungarn.

Die weite ungarische Ebene wirkt im Winter noch endloser.

Kultur und Landschaft sind eigenwillig. Während der Blick von Sopron aus über die endlose ungarische Ebene schweift, wird es in Horitschon wieder etwas hügeliger. Die Einflüsse Mittelosteuropas treffen hier aufeinander. Hier wird deutsch, im Nachbarort kroatisch und keine zehn Autominuten weiter ungarisch gesprochen. Lange Zeit hatte man eine gemeinsame Geschichte. Bis die große Weltpolitik in den Wirren des 20. Jahrhunderts Grenzen zog und Menschen und ihren Kulturraum unerbittlich trennte. Vielleicht auch deshalb haben die Menschen ein ganz eigenes Gemüt. „Wir haben die Ruhe weg. Probleme werden ausgesessen, bevor man sich über etwas aufregt, was man eh nicht ändern kann", beschreibt Franz Weninger die Mentalität hier.

Franz Weninger hat seine eigene Idee vom Blaufränkisch.

Wer Weningers Social-Media-Kanäle checkt, merkt allerdings, dass es mit der burgenländischen Ruhe schnell vorbei sein kann. Denn für seine Überzeugungen tritt er ein, provoziert und scheut keine Diskussion. So hat er mit seiner Aktion „Rage against the machine" eine Riesenwelle losgetreten.

Angefangen hat das 2017 mit einer Diskussion auf Facebook zum Thema Maschinenlese und seinem Plädoyer für die Hand- und gegen die Maschinenlese. Darauf entbrannte eine dieser berüchtigten Schlachten, die oft wenig sachlich geführt werden. Das ORF-Fernsehen berichtete darüber, und eine Weinzeitung verkündete stolz, dass sieben der von ihr gekürten zehn besten Weine mit der Maschine gelesen wurden. Selbst Franz Weningers Sohn lernte in der Schule, dass die Lesemaschine die Zukunft ist und die Handlese unter der Überschrift „früher" läuft. Tenor: Wer sich die körperlich beschwerliche Arbeit der Handlese heute noch antut, ist ein fortschrittsfeindlicher Trottel.

Es ist immer diese eigenartige Mischung aus Ignoranz und Abwerten, die leider jeder aushalten muss, der auf die Schattenseiten des vermeintlichen Fortschritts blickt. „Mag sein, dass das Abschlagen der

Beeren durch die Maschine heute so schonend ist und es für die Weinqualität kein Problem darstellt. Aber Wein ist ein kulturelles Produkt", erklärt Franz Weninger. „Die Lese ist eine besondere Zeit im Jahr für unsere Dorfgemeinschaft. Die Leute nehmen sich frei, die Pensionisten erzählen Geschichten, beim Essen sitzt man zusammen und trinkt einen Spritzer. Während der Lese wurlt es zwischen den Rebzeilen, und ich kann mir vorstellen, dass selbst die Reben das lieben." Wie wenig emotional ist da im Vergleich das monotone Geräusch einer Lesemaschine, die einsam durch die Rebzeilen fährt.

> *„Wenn wir Wein immer weiter industrialisieren, werden wir dort enden, wo der industrielle Ackerbau heute ist."*

Das Arbeiten mit der Lesemaschine ist zweifellos unkomplizierter, schneller und billiger. Sicherlich haben viele Winzer gute Gründe, mit der Maschine zu ernten. Entweder weil sie kein Personal mehr für die Handarbeit finden oder weil es ökonomische Zwänge gibt. Aber es geht dabei auch ein Stück Kultur verloren. „Wir arbeiten in einem Teil der Landwirtschaft, dessen Produkte heute noch Wert haben", erklärt Franz weiter. „Wenn wir den Weinbau immer weiter industrialisieren, werden wir dort enden, wo der industrielle Ackerbau heute ist. Wachsen oder weichen, heißt dann die Devise. Richtlinien bestimmen das eigene Tun, man wird zum Förderungsempfänger und zum Stimmvieh der Politik degradiert. Ein stolzer freier Bauer sieht anders aus."

> *„Wir brauchen auch mal populistische Aussagen, um Gehör zu bekommen und Bewusstsein zu schaffen."*

Natürlich ist „Rage against the machine" ein plakativer, vielleicht auch plumper Slogan. Das weiß Franz Weninger. „Wir brauchen aber auch mal populistische Aussagen, um Gehör zu bekommen und Bewusstsein zu schaffen, und wir müssen versuchen, die Herzenswelt der Menschen zu treffen." Unbeeindruckt von seinen Kritikern ließ er ein hippes Logo designen, druckte es auf T-Shirts und verkaufte es zum Selbstkostenpreis an Freunde und Kollegen. Winzer, die der Maschinenlese ebenso kritisch gegenüberstehen, haben sich der Aktion mittlerweile angeschlossen. Unzählige Instagram- und Facebook-Posts zeigen, wie sie die T-Shirts während der Ernte tragen.

Auch auf verschiedenen Podiumsdiskussionen hat Franz Erfahrung mit ordentlich Gegenwind. Wenn er beispielsweise mit hochangesehenen Önologieprofessorinnen und -professoren über seine Kellerphilosophie diskutiert. „Die konventionelle Wissenschaft kann dich sprachlich schnell ausschalten. Da kann ich nicht mithalten", gibt er zu. „Abseits kann man ein Glas Wein zusammen trinken. Aber auf dem Podium ist es wie in einer politischen Kampfarena. Da wird deren Ding gepredigt. Dann stellen sie dich ins Lächerliche, indem sie die Biodynamie auf das Kuhhorn reduzieren. Da bist du der Spinner."

Dabei wäre es durchaus ratsam, den weniger rhetorisch gewandten Praktikern zuzuhören. Schließlich gibt es heute eine Vielzahl von hochdekorierten

Winzern, die individuelle Weine erzeugen wollen und dabei ganz andere Erfahrungen machen als die, die in den Lehrbüchern stehen.

So war es auch bei Franz Weninger. Er ist über die Kellertechnik zur Biodynamie gekommen. Nach seinem Weinbau- und Kellertechnikstudium ist er auf Wanderschaft gegangen. Der Weg führte ihn auch nach Kalifornien. Dort fiel ihm auf, dass die Winzer oftmals einen Weinstil nur kopierten. Die Rotweine waren nach Bordeaux-Vorbild bereitet, und Chardonnay sollte nach Burgunder schmecken. Von eigenen Ideen war man weit entfernt. „Ich dachte erst, Gott sei Dank, ich habe mein Weingut in Europa, da ist das ja alles anders", lacht Franz Weninger. Wieder zu Hause sah er allerdings, dass im Keller die gleichen Hefen, Enzyme und Tannine der gleichen Firmen eingesetzt wurden wie in Kalifornien. Auch der Ausbau im kleinen und neuen Holzfass „Barrique" wurde genauso gehandhabt wie jenseits des Atlantiks. Ein staatlich finanzierter Önologe hatte die Winzer im Burgenland dahingehend beraten und ihnen das damals global gültige Rezept für „modernen Wein" übergestülpt. Franz Weninger wollte das nicht.

„Wer ohne Zusätze im Keller arbeitet, muss schon mal einen Teil seiner Weine dem Essiggott opfern. Na und?"

Barrique, Tonneaux, Amphore und Betonei werden teilweise für den Ausbau verwendet.

Kompost ist bei Franz Weninger eine Mischung aus Biokohle, Grünschnitt, Trester, Rindermist und natürlich biologisch-dynamischen Präparaten. Eine kleine Gabe unter den Stock zusammen mit Gründüngung reicht, um die Reben mit ausreichend Nährstoffen zu versorgen und das Bodenleben zu aktivieren.

Den ersten Schritt machte er im Jahr 2000. Er vergärte die Weine wieder mit Naturhefen und ohne Zusätze. Was gar nicht so einfach war, da man im Weingarten mit Pestiziden arbeitete und jahrelang Reinzuchthefen verwendete. „Manche Weine sind gelungen, aber ich habe auch 4000 Liter Pinot-Noir-Essig produziert", gibt Franz Weninger zu. Das hat natürlich wehgetan, aber war eben auch eine wichtige Erfahrung. Wenn man so arbeitet wie er, gibt es keine Sicherheit mit doppeltem Boden. „Da muss man schon mal einen kleinen Teil seiner Weine dem Essiggott opfern. Na und?" Er machte sich jedenfalls auf die Suche, wie es besser gehen könnte.

Im Jahr danach bekamen Reben in einer seiner Spitzenlagen Stiellähme. Beim Einsetzen der Reifephase verkümmert dabei das Stielgerüst der Trauben und kann die Beeren nicht mehr mit Wasser und Nährstoffen versorgen. Schließlich trocknen die Beeren ein und fallen zu Boden. Stiellähme bedeutet einen großen Verlust an Qualität und Ertrag. Der hinzugezogene Berater schickte ein paar Blätter und Triebspitzen der betroffenen Reben ins Labor zur Analyse, und bald war die Ursache Magnesiummangel ausgemacht. Einen Monat später kam allerdings die Analyse der Bodenprobe ins Haus geflattert. Deren Resultat: viel zu viel Magnesium im Erdreich.

Der Berater empfahl Franz unbeeindruckt Magnesium als Blattdünger. Zweimal im Jahr sollte er nun ein Gel kaufen und auf die Blätter auftragen.

Die Reben könnten das im Boden überschüssige Magnesium über die Wurzeln nicht aufnehmen, so der Berater. „Das soll also die einzig mögliche Lösung sein? Die Traube kann sich nicht selbst ernähren, hängt am Schläucherl, und soll dort dann ein Leben lang bleiben?“ Daraufhin fing Franz an, sich mit Biobauern zu unterhalten. Die rieten ihm zur Gabe von Kompost sowie zu Gründüngung – und siehe da, die Stiellähme trat nie mehr auf.

„Zu meiner Zeit an der Weinbauschule war der Boden nur der Nährstoffmittler.“

Er belegte die ersten Kurse in der Region und stellte seinen Weinbau auf biologische Wirtschaftsweise um. „Bei den Bios wurde für mich zum ersten Mal der Boden als lebendige Struktur gedacht. Das hat es an der Weinbauschule nie gegeben. Boden war damals einfach der Nährstoffmittler. Dann hat man gelernt, welche Nährstoffe die Reben brauchen, und fertig“, erzählt er. Und jetzt lernte er außerdem, dass das vielbesungene burgenländische „laissez faire“ nicht der schlechteste Ratgeber ist. „Der Bioberater empfahl meinem Vater und mir die Biermeditation“, lacht Franz. Der Tipp: Wer in den Weinberg fahren will, soll zuerst im Wirtshaus haltmachen und ein Bier trinken. Wenn die Arbeit danach immer noch wichtig ist, soll man in den Berg. Wenn nicht, dann bleibt man sitzen und trinkt noch ein Bier.

Natürlich muss ein Weinberg gepflegt und gerade im Bioanbau besonders akkurat beobachtet werden. Aber auf blinden Aktionismus kann man verzichten. „Oft fahren die Winzer mit dem Traktor durch die Weinberge, weil ihnen langweilig ist, die Frau zu Hause grantig ist oder noch schlimmer: der Nachbar einen für faul hält.“ Dann ist es besser, im Wirtshaus zu sitzen, anstatt den Boden zu verdichten.

Mit dem Bioanbau wurde Franz allerdings auch nicht wirklich glücklich. „Mich störte die Verbotskultur. Das darfst du nicht und das nicht.“ Zudem verbleibt die Denkweise im gleichen System, ähnlich wie bei der konventionellen Bewirtschaftungsmethode. So hat der Bioberater ihm den Biopflanzenschutz als weniger wirksam vorgestellt und geraten, halt einfach öfters zu spritzen. Im Jahr 2005 kam dann der Rückschlag. Es gab viel Regen, und aus Angst, der biologische Pflanzenschutz würde nicht ausreichen, hat er noch einmal systemische Spritzmittel verwendet und sich wie der größte Versager gefühlt

Als sich dann einige österreichische Winzer zusammentaten, um gemeinsam mit dem versierten biodynamischen Lehrer Dr. Andrew Lorand neue Wege zu gehen, schloss er sich an. „Andrew war immer ein Lehrer und kein Berater. Er hat die Theorie erklärt und uns ermutigt, Probleme selbst zu lösen.“ Unabhängig zu werden von externem Wissen – das hat ihm von Anfang an gefallen. Zusammen in der Gruppe haben sie sich dann herangetastet an die biologisch-dynamische Wirtschaftsweise, Verschiedenes ausprobiert. „Du kannst mit den Präparaten arbeiten, mit den verschiedenen Tees – ich hatte auf einmal das Gefühl, dass ich mehr Möglichkeiten habe als im Bioanbau“, erzählt Franz. „Auf einmal merkst du, du hast urstarke Mittel in der Hand und kannst mit ganz einfachen Sachen eine Wirkung erzielen.“ Auch die Schriften von Rudolf Steiner haben sie mehrfach zusammen gelesen. „Ehrlich, du verstehst die Hälfte nicht. Aber diese Sprache, das bringt dich alles zum Nachdenken. Du lernst wieder zuzuhören. Du gelangst in eine Art Meditation und lernst, dich wieder auf deine Intuition zu verlassen. Das Lesen von Steiner verändert dich", erklärt er.

> *„Diese ganze Spiritualität, dieses nicht-wissenschaftlich nachgewiesene Wissen, hat mir sehr geholfen, wieder zu innerer Ruhe und Freiheit zu gelangen."*

Der geisteswissenschaftliche Überbau der Biodynamik und nicht zuletzt die Gemeinschaft und der Austausch mit den Kollegen haben ihm geholfen, die Angst vor Fehlern und ökonomischem Verlust zu überwinden. Sich zuzutrauen, dass man eigenständig und durch aufmerksames Beobachten und das Verlassen auf die eigenen Sinneseindrücke die richtigen Entscheidungen treffen kann. Ganz ohne Labor, Spritzmittel-App und externen Berater. Das Denksystem der konventionellen Landwirtschaft hinter sich zu lassen und frei im Handeln zu werden. „Heute habe ich keine Angst mehr vor Regen und dass mir dann eine Pilzkrankheit die ganzen Trauben auffrisst. Meine Reben haben die Präparate, die wachsen wunderschön, ich weiß, dass ich ein gesundes System habe."

Im Weingarten herrscht die Devise: so viel wie nötig und so wenig wie möglich. Dabei definiert er das Nötige auf seine Art. Wie in frühen Zeiten erntet er im Schnitt ca. 25 Hektoliter pro Hektar. In Österreich üblich ist heute laut offizieller Statistik etwa das Doppelte, in Deutschland im Schnitt das 3,5-Fache. Doch Franz reicht der relativ geringe Ertrag. „Meine Weinberge in Ungarn habe

ich günstig gekauft, alles andere ist abbezahlt, ich muss nicht alles rausholen", sagt er. Zweifellos ein Luxus, den es in vielen Weinbaugebieten wie etwa der Wachau oder Südtirol nicht gibt. Da herrscht aufgrund exorbitanter Grundstückspreise ein ganz anderer wirtschaftlicher Druck. Für mehr Ertrag müsste er mehr Gründüngung sowie Kompost einbringen und dann aufgrund der höheren Wüchsigkeit der Reben wieder mehr Biopflanzenschutz betreiben. Das will er nicht.

„Früher wollte ich mit 30 einen Porsche fahren. Heute sind meiner Frau und mir solche Dinge wurscht."

Auch im Winter wirkt die Begrünung reizvoll und bietet übrigens vielen Insekten eine Möglichkeit zum Überwintern.

Mit in die Bilanz fließen die Ersparnisse durch die ökologische Wirtschaftsweise ein. „Die Mittel für konventionellen Pflanzenschutz kosten im Burgenland etwa 1500 Euro pro Hektar. Bei Bio bin ich mit ca. 80 Euro pro Hektar dabei", rechnet er vor. „Außerdem haben wir früher bei unserer Betriebsgröße für die ganzen Zusätze im Keller ca. 8000 Euro ausgegeben. Das ist weggefallen." Bei mehr Ertrag müsste er zudem in die Vermarktung investieren. „Noch mehr Messen besuchen und reisen. Weg von daheim. Nein danke." Was nötig ist, bestimmt aber auch die innere Einstellung. „Früher wollte ich mit 30 einen Porsche fahren. Heute sind meiner Frau und mir solche Dinge wurscht." Kurzum, mit seiner Ernte sind die Reben und die Wirtschaftlichkeit des Weingutes offenbar in optimaler Balance. Auch das ist Freiheit.

„Weinbereitung ist Kulturwissenschaft und keine Naturwissenschaft."

Seinen Keller hat er mittlerweile komplett umgestaltet. Seit zehn Jahren hat er zum Beispiel kein Barrique mehr gekauft. „Wenn wir die Weine verkostet haben, hat jedes Fass anders geschmeckt. Im Prinzip haben wir immer nur das Fass verkostet und nicht den Wein. Das hat mich genervt." Auch die Gärbehälter stellt er infrage. Jedes Material und jede Form bestimmen beispielsweise den Temperaturverlauf während der Gärung und haben damit Einfluss auf die Aromenentwicklung und Extraktion von Gerbstoffen.

Nach Experimenten mit Holzgärständern und Amphoren hat er sich auf den Betontank zurückbesonnen. Auch weil der Großvater die Weine in damals noch sehr primitiven Zementbehältern vergoren hat. Beton konnte man damals selbst anrühren, und es war dadurch das günstigste Material. „Mein Vater hat die dann alle rausgestemmt. Beton war das Zeichen für den armen burgenländischen Bauern, und wir wollten nicht mehr arm sein", erzählt er. So kamen und gingen die diversen Moden im Kellerequipment. Auch ein bisschen abhängig davon, wo die Winzerexkursionen gerade hingingen.

So wurde in den 1980er Jahren der blitzblanke Stahltank mit perfekt steuerbarer Temperaturregelung aus Deutschland angeschafft, zehn Jahre später die Holzgärständer, wie man sie aus Frankreich kannte, und eine Dekade danach Tonamphoren. Ein Trend, der aus Georgien herüberschwappte und von dem jeder tätowierte Hipster-Sommelier von New York bis Adelaide schwärmte. „Mir ist da klar geworden, dass die Weinbereitung eine Kulturwissenschaft und keine Naturwissenschaft ist", erklärt Franz. „Die Deutschen machen anders Wein als die Franzosen, in Georgien geht man wieder einen ganz anderen Weg. Wichtig ist doch, was unsere Idee ist."

Wenn ihn ein Praktikant fragt, wo denn jetzt der Unterschied zwischen den einzelnen Gärbehältern liegt, schickt er ihn zum Waschen rein und fragt danach, wie es sich angefühlt hat. Holz bringt Wärme, Stahl die Kühle und Beton die Sicherheit. Im Zementtank bleibt die Temperatur in der Gärmasse konstanter und gleichmäßiger verteilt. Rotweine, die darin vergoren werden, präsentieren sich fruchtiger und weniger extrahiert. Außerdem ist die Pflege deutlich einfacher als beim Holzgärständer. „Ich muss da nichts nasskonservieren mit Wasser, Schwefel, Zitronensäure – und dann tropft wieder was raus. Beton wasche ich einmal aus, lass es austrocknen, und nächstes Jahr nutze ich es wieder." Die Handhabung ist

Der Großvater vergärte den Blaufränkisch in Zementtanks. Franz ist wieder darauf zurückgekommen.

auch viel praktischer als bei den Amphoren, in die man reinsteigen und die Maische mit der Schaufel rausschippen muss. „Bei der ersten ist das noch lustig, aber nach zehn reicht es dir.“ Für ihn ist das unnütze Arbeit und Zeit, die der Qualität der Weine nichts bringt. In Zukunft wird komplett auf die Betontanks gesetzt, weil es seinem Weinstil entgegenkommt und praktisch ist. „Für mich habe ich dadurch wieder ein Stück Freiheit gewonnen.“

> *„Ich habe mit der Biodynamie gemerkt, dass ich immer besser werde, je weniger Werkzeug ich habe.“*

Sein Vater ist mit konzentrierten und deutlich mit Barriquearomen ausgestattetem Blaufränkisch bekannt geworden. Das war damals die Zeit nach dem Weinskandal, bei dem im Jahre 1985 Winzer aus Deutschland und Österreich aufflogen, die dünne Weine mit Glykol gepanscht hatten. Diese Maßnahme sollte die Weine süßer und aromatischer wirken lassen.

Damals wollte man unbedingt Abstand von allem gewinnen, was lieblich, aber auch leicht war. Für Franz ist Blaufränkisch allerdings ein mittelschwerer Rotwein, der eben ohne Barrique auskommt und somit auch besser die Lagen zeigen kann.

„Ich habe mit der Biodynamie gemerkt, dass ich immer besser werde, je weniger Werkzeug ich habe“, sagt Franz. So war es auch bei den Pflanzenschutzmitteln, die im systemischen Bereich mit irgendwelchen Fantasienamen daherkommen und aus vielen Wirkstoffen bestehen. „Am Ende weißt du nicht, was hat jetzt gewirkt. Du haust blind einfach alles drauf. Die einzige Information ist das Spritzmittelheft des Herstellers.“ Für ihn ist es deshalb klarer, mit den wenigen Biomitteln zu arbeiten. So ist es auch im Keller und mit dem Weglassen von Zusätzen. „Du siehst den Wein. Das Drumherum ist weg“, ist seine Devise.

Für den Ausbau der Spitzenlagen dienen große alte Holzfässer, die keinen Geschmack mehr abgeben. Ziel ist es, für jede Lage ein eigenes Fass zu definieren.

„Vor der Biodynamie habe ich nicht mit dem Mond gearbeitet. Heute sehe ich, wie der Mond zum Beispiel mein Verkostungsempfinden verändert.“

Auch hat er aufgehört, die Weine während der Fassreifung ständig zu verkosten. „Das macht mich verrückt“, gibt er zu. Denn bei der Art der Weine eröffnet sich ein Feld, das man nicht immer wissenschaftlich verstehen kann. „Da gibt es Phänomene, dass sich ein Essigstich verflüchtigt. Das geht eigentlich nicht, aber ich erlebe das so.“ Oft verkostet er einen Wein, findet ihn komisch und kommt nach ein paar Tagen noch einmal, und alles ist gut. Für ihn hat das auch was mit Mondphasen zu tun. „Vor der Biodynamie habe ich nicht mit dem Mond gearbeitet. Heute sehe ich, wie der Mond zum Beispiel mein Verkostungsempfinden verändert.“ Wenn also ein Wein bei Neumond zu straff schmeckt und nur nach Schwefelverbindungen wie faulen Eiern riecht, macht ihn das nicht mehr nervös. Früher hätte er angefangen zu filtrieren, zu belüften und zu schwefeln. Heute kostet er einfach zwei Wochen später bei Vollmond noch einmal. „Da lernst du zu vertrauen und zu warten. Ich klopfe auf Holz und weiß, in 90 Prozent der Fälle geht es gut. Wenn man das kapiert hat, ist man einen Schritt weiter.“

Mittlerweile gibt es 13 Schafe, die frei in den Weingärten herumlaufen können.

Die Biodynamie hat ihn auch persönlich verändert. Er ist selbstbewusster im Handeln geworden und macht nicht mehr alles mit, was man als vermeintlicher Spitzenwinzer tun müsste. So reicht er kaum noch Weine bei Wettbewerben oder bei Weinführern zur Bewertung ein. Er will dieses Hoch und Runter nicht mehr. „Früher ist mir der Erfolg bei hohen Punktzahlen für meine Weine schnell zu Kopf gestiegen. Kritik dagegen hat mich immer aufgefressen und total verunsichert“, gibt Franz zu. Die Biodynamie hat ihm Demut, aber auch echtes Selbstvertrauen gelehrt. Er macht seinen Wein mit seinen Ideen auf seiner Scholle Land. Er weiß, dass es genug Menschen gibt, die gerade das schätzen. Jedem muss er nicht mehr gefallen. „Heute gibt es nicht mehr diese extremen Höhen und Tiefen. Das ist das schönere Lebensgefühl.“ Auch das ist die Freiheit, die Franz Weninger immer gesucht hat.

Winter ist die Zeit der Ruhe, der Einkehr und des Rebschnitts.

Die Weine

Franz Weninger besitzt Weinberge in Österreich und in Ungarn. Er hat exzellente Weißweine, aber die Hauptrolle im Betrieb spielt der Blaufränkisch, der in Ungarn Kékfrankos und in Deutschland Lemberger genannt wird. Ganze 70 Prozent sind mit dieser Sorte bestockt. „Der Blaufränkisch ist ein munterer Geselle", beschreibt Franz das Wesen dieser Rebe. Wie viele autochtone Rebsorten neigt auch der Blaufränkisch zur Bäuerlichkeit und kann schnell rustikal wirken. Das hat besonders mit dem Zusammenspiel von kernigem Tannin und relativ hohen Säurewerten zu tun. Die Säure kann den Gerbstoff dann schnell ruppig wirken lassen. Auch deshalb sieht Franz den Blaufränkisch als mittelgewichtigen Rotwein, bei dem er niemals so viel Gerbstoff extrahieren würde, wie man es vielleicht bei einem Bordeaux machen würde. „Ich will wie der Großvater trinkfreudige Blaufränkisch-Weine machen", ist seine Devise. Dafür steht ihm mit den Weinbergen Dürrau, Saybritz, Steiner und Kalkofen ein jeweils einzigartiges Terroir zur Verfügung.

2017
Fehérburgundi / Soproni Pinot Blanc Ungarn

Der Weißburgunder stammt hauptsächlich von einer von Wald umgebenen und daher kühleren Lage. Er liegt 1,5 Jahre auf der Hefe. Erst kurz vor dem Abfüllen wird etwas Schwefel dazugegeben. Das lange Hefelager stabilisiert den Wein auf natürliche Art und Weise. „Hefe ist die Mutter des Weins. Die Gärung die Geburt und das Hefelager die Stillzeit, bei der die Abwehrkräfte gestärkt werden", erklärt Franz. Der Wein wirkt fein und duftig. Es zeigen sich Aromen von Birnen, Birnenschale, Hefe und weißem Mandelmus. Am Gaumen wirkt er zart, verspielt und cremig. Das Finish ist angenehm trocken.

2017
Hochäcker / Blaufränkisch

Der Hochäcker ist eine der ältesten Weinberge in Horitschon. Die Böden sind lehmiger, fruchtbarer, und der Untergrund ist mit Eisen durchsetzt. Hochäcker ist der beliebte Einstieg in die Welt des Blaufränkisch beim Weingut Weninger. Die Weine fallen saftiger sowie fruchtiger aus und sind daher auch früh zugänglich. Der Hochäcker verströmt einen intensiven Duft von Kirschfrucht, Hagebutte, Walderdbeeren, Minze und pfeffriger Würze. Der Wein ist trocken, zeigt am Gaumen eine saftige Fruchtsüße und hat die für Blaufränkisch typische erfrischende Säure. Feiner Gerbstoffbiss, mit 12,5 Prozent Alkohol mittelkräftig und ein langer Nachhall runden den Hochäcker ab.

Ein kunstvoll gestalteter Kalkstein ziert die Lage Kalkofen.

2017
Steiner / Blaufränkisch

Die Lage Steiner in Sopron liegt im südwestlichen Winkel des Neusiedlersees, leicht nach Osten geneigt. Laut der ungarischen Lagenklassifizierung von 1680 wurde der Steiner als bester und teuerster Weingarten von ganz Westungarn bezeichnet. Der Boden ist von kargem Gneis und Glimmerschiefer geprägt. Das macht den Boden durchlässig, trocken und warm. Das Bukett des hiesigen Weins wird zunächst gänzlich von Würze dominiert. Es zeigen sich Kräuter der Provence, rotes Paprikapulver, Piment und feuriger Chili. Langsam schälen sich auch Fruchtaromen heraus, die an Himbeeren, Sauerkirschen wie auch an Hagebutte erinnern. Der Wein verändert sich ständig im Glas. Am Gaumen zeigen sich mittelkräftige und durchaus zupackende Tannine, die ein körniges Gefühl im Mund hinterlassen. Hinzu kommen Salzigkeit, Pfefferwürze, Rassigkeit und ein endlos langer, zupackender Nachhall.

2016
Dürrau / Blaufränkisch

Mit 80-jährigen Reben ist dies der älteste Weinberg im Weingut. „Das ist der genetische Schatz. Von diesem Weinberg vermehren wir Rebstöcke für Neuanlagen.“ Die Reben wachsen auf schwerem Ton, die Weine haben viel Wucht und Dichte. Der Vater Weninger hat den Wein immer sehr kräftig und konzentriert gemacht. „Diese Lage habe ich am längsten nicht verstanden. Mit den Weinen konnten wir damals alle kräftigen Bordeaux schlagen.“ Der Wein ist sehr tiefgründig und braucht Zeit im Glas. Langsam schälen sich Aromen von Heidelbeeren, Holundersaft, Piment, Zimtrinde, Fichtensprossen und ein feiner Lavendelton heraus. Am Gaumen schmeckt man die unvergleichlich natürliche Konzentration, wie sie nur alte Reben hervorbringen. Die Tannine sind zu einem sehr feinen Gewebe versponnen, die den Mund angenehm auskleiden. Die frische Säure sorgt für den nötigen Lift im Finish und bringt noch einmal die Fruchtaromen zum Leuchten.

2017
Kalkofen / Blaufränkisch

Umsäumt von Maulbeerbäumen, die im 18. Jahrhundert für die Seidenraupenzucht gepflanzt worden sind, liegt diese Südlage auf 360 Meter Seehöhe. Sie befindet sich in Ritzing und ist damit der westlichste Weingarten des Mittelburgenlandes. Es ist die kühlste Lage im Portfolio von Franz Weninger. Der Boden ist vom Kalk geprägt und gibt dem Wein eine besonders klare und helle Beerenfrucht mit auf den Weg. Im Glas entfalten sich Aromen von Heidelbeer-Muttersaft, Holunder, Salbei, Rosmarin und Wacholder. Am Gaumen zeigt sich ein feiner Fruchtschmelz, perfekt balanciert mit angenehm frischer Säure und feinkörnigem Tannin. Im Nachhall schmeckt man florale Noten von Heckenrose und Lavendel.

Alois Lageder in seinen Weinbergen

Eine Frage der Ehre

2

Alois und Clemens Lageder
Weingut Alois Lageder, Magreid, Südtirol

Dass Alois und Clemens Lageder fest in Südtirol verwurzelt sind, merkt, wer mit ihnen durch die verwinkelten Gassen des Dorfes Magreid fährt. Jede Fußgängerin, jeder Autofahrer, der einem entgegenkommt, hebt die Hand und winkt. Herzlich erwidert von den beiden Chefs eines der erfolgreichsten Weinunternehmen Italiens. Das Weingut im Herzen Südtirols gibt es seit 1823, und es ist ein echter Familienbetrieb. Alle fünf Familienmitglieder arbeiten im Betrieb, der mit 55 Hektar eigener Fläche eine stattliche Größe aufweist. Hinzu kommen noch die Weingärten von über 80 Winzerpartnern, sodass man Trauben von 160 Hektar im modernen Kellergebäude verarbeitet.

Seit dem Jahr 2004 werden die eigenen Weinberge biologisch-dynamisch bewirtschaftet. Damit hat sich für Alois Lageder ein langgehegter Wunsch erfüllt. Schon seit den 1970er Jahren war er von den Ideen Rudolf Steiners beeindruckt. Die Mutter hatte den Gemüsegarten in Magreid und Bozen nach dem Mondkalender von Maria Thun bestellt. „Sie war offen für die alten Weisheiten. Das hat mich immer fasziniert“, erzählt Alois, der schon in jungen Jahren viel Verantwortung übernehmen musste. Der Vater war früh verstorben. Der Betrieb musste neu ausgerichtet werden. Alois kaufte das Gut Hirschprunn in Magreid mit 30 Hektar Weinbergen. Baute hier einen modernen Weinkeller und den neuen Firmensitz. Entscheidungen, die die wirtschaftlichen Freiräume für Jahrzehnte erst einmal einschränkten. Am Thema Biodynamie war er aber immer interessiert. „Ich habe mich mit Freunden wie der Familie Saahs vom Nikolaihof ausgetauscht. Habe das immer verfolgt. Aber die Zeit war noch nicht reif.“

So war der Biodynamie-Vorreiter in Südtirol Rainer Loacker, der seit 1979 den Sprung ins damals Ungewisse gewagt hatte. Ein passionierter Quereinsteiger, dessen Familie mit Schokoladen- und Waffelspezialitäten reich geworden war. „Ich bewundere Rainer dafür. Er hat ganz wichtige Arbeit geleistet“, erklärt Alois. Gerade in der Zeit, als sämtliche Kollegen an den scheinbar unerschöpflichen technischen und chemischen Fortschritt glaubten, hatten es Biowinzer schwer. Es gab keine Beratung. Alle Fehler mussten erst einmal selbst gemacht werden. „Es war zäh und gab viele Schwierigkeiten“, erzählt Alois, der die Arbeit der Loackers immer verfolgt hat. „Ich hätte mich das damals nicht getraut“, gibt er offen zu. So blieb es zunächst bei ein paar bescheidenen Versuchen in den eigenen Weingärten. Doch als die Investitionen so weit verdaut waren und das Weingut wirtschaftlich gesund dastand, sprang auch er ins kalte Wasser. „Mit der Technik gegen die Natur zu arbeiten, hat mir nie gefallen. Das war der Antrieb für die Umstellung. Rainer Loacker hat uns dann den letzten Push gegeben, uns ermuntert. 2004 war es so weit.“ Im Jahr 2007 wurde die Tenuta Lageder nach Demeter-Standard zertifiziert.

Clemens Lageder hat Soziologie und Weinbau studiert, bevor er im Jahre 2015 als Geschäftsführer in den Betrieb eingestiegen ist.

„Am Anfang haben wir uns stärker auf die Aussagen Rudolf Steiners im Landwirtschaftlichen Kurs konzentriert, heute arbeiten wir mehr aus der praktischen Erfahrung heraus, die wir und andere Landwirte gesammelt haben. Heute stehen der Betriebskreislauf, die Bodenfruchtbarkeit und das Soziale im Fokus." – Clemens Lageder

„Das Schönste für mich ist, die Kühe im Römigberg zu sehen." Clemens Lageder

Seitdem hat sich auf dem Weingut fast alles verändert. Übrigens auch der Umgang mit der Biodynamie selbst. „Am Anfang waren wir sehr auf das Kosmische fixiert", erzählt Clemens Lageder. Mit dem Achten auf Mondphasen und der Präparatearbeit hat man sich an das Thema herangetastet. Das war auch die Zeit, in der viele Sätze noch mit „Rudolf Steiner hat gesagt" begannen. Damit konnte Clemens wenig anfangen. Auch weil viele Empfehlungen in der Praxis nicht umsetzbar waren. „Da hieß es zum Beispiel, man soll ein Fest machen, wenn die Präparate angerührt werden. Wir haben über 50 Hektar, da kommen wir ja aus dem Feiern nicht mehr heraus", lacht er.

Bald merken die beiden, dass sie mit einem zu vergeistigten Ansatz in ihrem Betrieb nicht weit kommen. Auf zu viele Fragen müssen klare und überzeugende Antworten gefunden werden. Wo zum Beispiel bekommt der Betrieb den Kuhmist für die vielen Rebflächen her, und macht es ökologisch Sinn, diesen mit Lkws kilometerweise durch die Gegend zu karren? „Die Spezialisierung in der

Landwirtschaft ist einfach ein Problem, das wir überwinden müssen", erklärt Clemens. „Du hast ja keine Kuh mehr. Wie willst du dann deinen Boden fruchtbar halten?" Die Lösung wurde mit der Zusammenarbeit regionaler Partner gefunden.

Ein Glücksfall war die Freundschaft zu Alexander Agethle von der Englhof-Käserei. Wenn der im September die Kühe von den Almen holt, bringt er die jungen und trächtigen Tiere, also die, die er im Winter nicht melken kann, in Lageders Weinberge. Dort grasen sie bis April zwischen den Rebzeilen, bevor es im Mai wieder auf die Bergwiesen geht. Dank des milden Klimas in den Südtiroler Tälern finden die Tiere fast ganzjährig genug Futter. „Wir sind hier privilegiert", weiß Clemens. „Aber so schaffen wir es, die Monokultur Weinbau für sechs Monate zu brechen."

Für die Bodenfruchtbarkeit besonders wertvoll: Rindermist

Daraus hat sich auch das Ochsenprojekt entwickelt. Männliche Tiere, die sonst kurz nach der Geburt zu einem anonymen Mäster verfrachtet werden, dürfen drei Jahre in den Weingärten und auf den Almwiesen grasen. Dann werden sie geschlachtet und das Fleisch an die örtliche Gastronomie verkauft. „Das hört sich alles einfach an, aber wir mussten den Umgang mit den Tieren mühsam lernen", gibt Clemens zu. Das glaubt man sofort. Zwar strahlt die Braunviehrasse eine gewisse Ruhe aus. Wer allerdings vor einem 500 Kilo schweren Ochsen mit Hörnern steht, hat erst einmal Respekt.

Für die Rinder sind die Mitarbeiter Gregor Tappeiner und Max Feichter verantwortlich. „Beide haben ein gutes Gespür für die Tiere. Ein Glück, dass wir sie gefunden haben", sagt Clemens. Hier zeigt sich einmal mehr der Vorteil eines großen, wirtschaftlich erfolgreichen Betriebes. „Wir können uns für jeden Bereich Spezialisten und ausreichend Mitarbeiter leisten", gibt Alois zu. In einem kleinen Weingut müsste sonst der Betriebsleiter auch noch die Tierpflege übernehmen und wäre damit 365 Tage im Jahr an den Hof gebunden. Das bedeutet praktisch keine Freizeit, kein Familienurlaub, Verzicht auf Hobbys und Reisen. Von wem will man das heute ernsthaft verlangen? Auch das gehört zur Wahrheit, die einem in den Winzergesprächen immer wieder begegnet. Die Biodynamie ist eben ein Ideal, an das jeder nach bestem Wissen und Möglichkeiten so nahe wie möglich heranzukommen versucht. Kompromisse zu machen, ist dabei keine Schande.

Die Ochsen grasen von September bis April zwischen den Rebzeilen und auf Brachflächen.

Schweizer Braunvieh in den Weingärten

„Es ist schön, wenn wir als Geschäftsführer dahinterstehen, aber unser Unternehmenserfolg hängt daran, wie das Thema bei den Mitarbeitern ankommt." – Clemens Lageder

Eine noch größere Herausforderung ist es, die über 70 Mitarbeiter und 80 Winzerpartner für das Thema zu begeistern. Clemens hat hier einen besonderen Ehrgeiz entwickelt. „Es ist schön, wenn wir als Geschäftsführer dahinterstehen, aber unser Unternehmenserfolg hängt daran, wie das Thema bei den Mitarbeitern ankommt", erklärt er. So hat die Umstellung auf biologisch-dynamische Wirtschaftsweise einen enormen sozialen Wandlungsprozess im Betrieb in Gang gesetzt, der am Anfang nicht absehbar war. Dass dies mehr Zeit als gedacht beanspruchen würde, wurde den beiden allerdings schnell klar.

> *„Das war für uns ein Megalernprozess. Wir haben zu Beginn die Biodynamie von oben aufoktroyiert, aber wenn deine Mitarbeiter kein Verständnis dafür haben, rennst du nur gegen die Wand."* – Clemens Lageder

Bei einem Betrieb mit 70 Mitarbeitern muss man akzeptieren, dass es Leute gibt, die von 8 bis 17 Uhr arbeiten, einen guten Job machen, aber nicht Steiner lesen wollen. Wie erreicht man also eine gewisse Offenheit der Belegschaft für das Thema? Dazu gehört es, auf verschiedenen Ebenen verständlich über Biodynamie zu sprechen, um jeden abzuholen. „Da lässt man schnell das Kosmische hinter sich", lacht Clemens. Auch müssen Vorurteile und Probleme ständig ausgeräumt werden, damit es zu keiner unguten Dynamik in einem Team kommt. Als Beispiel nennt Clemens die Lernprozesse im Umgang mit den Rindern.

Am Anfang wurden die Ochsen zu eng in den Weingärten eingekoppelt und haben deshalb ein paar Reben umgerannt. „Das ist keine schlimme Sache. Wurde aber von manchen Mitarbeitern extrem betont, und gerade von denen, die sich früher nicht gekümmert haben, wenn sie mit dem Traktor selbst eine Rebe umgefahren haben. Die fühlen sich dann in ihren Vorurteilen bestätigt und posaunen das laut heraus", erzählt Clemens. Da muss man als Chef das Ohr an der Belegschaft haben und solche Vorbehalte schnell und geschickt ausräumen. Als besonders positiv bewertet Clemens in dem Zusammenhang, dass sich die Fehlerkultur im Betrieb mit der Biodynamie verändert hat. „Die Gesellschaft ist ja darauf getrimmt, bloß keine Fehler zu machen, und wenn ja, diese bloß nicht zuzugeben. Aber man lernt oft mehr aus seinen Fehlern als aus seinen Erfolgen."

> *„Die Umstellung ist ein langsamer Prozess, den man einen Schritt nach dem anderen gehen muss. Wer das nicht macht, bekommt schnell eine Laufmasche in sein Gewebe und das Gebilde löst sich bei der ersten Belastungsprobe in ein großes Nichts auf."* – Clemens Lageder

Trotzdem hat sich die Belegschaft verändert. Einige konnten den Weg nicht mitgehen. Vor allem im Weinbau war das schwierig. „Ein Vorarbeiter hat zu uns gesagt, dass er mit der Biodynamie nichts anfangen kann", erzählt Clemens. „Das war schade, aber okay für uns."

Es kamen neue und vor allem jüngere Mitarbeiter in den Betrieb. Heute sind die wichtigsten Stellen im Weingut mit Leuten besetzt, die in Clemens' Alter sind. Da ist zum Beispiel der aus Württemberg stammende Jo Pfisterer, der die Leitung im Keller innehat. Er studierte mit Clemens in Geisenheim und entdeckte hier seine Begeisterung für die Biodynamie. Zusammen tüfteln sie daran, die Weine noch individueller zu machen. „Wir sind ein großer Betrieb, und trotzdem wollen wir unverwechselbare Weine machen", erklärt Jo. „Die Grundattribute unserer Weine sind individuelle, aber trinkige Weine. Die Flasche muss leer werden", sagt Clemens. „Diese Frische und Lebendigkeit, dieser Nerv – das wollen wir und nicht vordergründige Aromen", ergänzt Jo.

Jo Pfisterer ist mit für den Keller verantwortlich.

Mit den vielen neuen Mitarbeitern kam Schwung in den Betrieb. „Schön langsam entwickelt sich die richtige Dynamik. Wir merken, dass wir wieder Boden unter die Füße bekommen. Aber es ist eben ein langsamer Prozess, den man einen Schritt nach dem anderen ganz bewusst gehen muss. Wer das nicht macht, bekommt schnell eine Laufmasche in sein Gewebe und das Gebilde löst sich bei der ersten Belastungsprobe in ein großes Nichts auf", erklärt Clemens.

Doch das ist nicht die einzige soziale Aufgabe im Weingut Lageder. Es gibt ja auch noch die 80 Winzerpartner, die überzeugt werden wollen. Von manchen Kollegen wird das Weingut kritisiert, weil im Keller biologisch-dynamisch, biologisch und konventionell erzeugte Trauben nebeneinander verarbeitet werden. Doch auch hier muss man genauer hinsehen, bevor man urteilt.

Die landwirtschaftlichen Flächen in Südtirol sind aufgrund der Realerbteilung sehr kleinteilig strukturiert. Ein Grund, warum es so viele Genossenschaften sowie größere Betriebe wie Alois Lageder gibt, die Trauben von kleinen Bauern zukaufen und die Weine vermarkten. Dem Erfolg der Betriebe und sicherlich auch der Region als Tourismusmagnet ist es zu verdanken, dass ein Bauer auch von einer kleinen Fläche gut leben kann.

„Wir arbeiten mit manchen Weinbauern seit über 50 Jahren zusammen. Es gibt eine Verantwortung, und es hat etwas mit Anstand zu tun, dass man diese Partnerschaften nicht wegwirft, weil man entschieden hat, biologisch-dynamisch zu wirtschaften." – Alois Lageder

Taransaud
FRANCE
Ref. 553 MT
ALOIS LAGEDER
1823

Um auch die Winzerpartner für die Biodynamie zu begeistern, wurde im Jahr 2012 Georg Meissner engagiert. Clemens Lageder hat ihn in Geisenheim während des Studiums kennengelernt. Georg Meissner unterstützt das Unternehmen strategisch und gibt immer wieder wichtige Impulse. So gibt es jeden Monat ein Treffen mit Flurbegehung, das die Winzerpartner rege in Anspruch nehmen. Mit vielen Schulungen und einem System von weiteren Fachberatern, die die Winzer bei Fragen jederzeit kontaktieren können, ist es mittlerweile gelungen, zwei Drittel der Weinbauern dazu zu bewegen, auf biologische oder biologisch-dynamische Wirtschaftsweise umzustellen. „Uns war es wichtig, den Winzerpartnern die nötige Zeit und Unterstützung zu geben", erklärt Alois dazu. „Jetzt sehen wir es als ein realistisches Ziel, dass im Jahr 2023 zu unserem 200-jährigen Jubiläum alle unsere Winzerpartner zumindest auf biologische Wirtschaftsweise umgestellt haben."

Auch hier hat wie in der Belegschaft ein Wandel stattgefunden. Manche Partner sind gegangen, aber dafür viele neue dazugekommen. „Es ist toll, dass vor allem junge Leute, die jetzt die elterlichen Betriebe übernehmen, zu uns kommen, weil sie so arbeiten wollen", erklärt Alois stolz. Allein 2018 sind acht Betriebe dazugekommen. Die Weinbauern wollen, dass ihre biologisch-dynamisch erzeugten Trauben nicht anonym in einer Genossenschaft untergehen. „Es ist ein Entwicklungsprozess, der da jetzt ins Rollen kommt. Das sind oft Nachbarn unserer Winzerpartner. Dort sehen sie, dass Biodynamie funktioniert, und kommen auf uns zu", erzählt Alois weiter.

Alois Lageder im Gespräch mit Patrick Uccelli – einer von über 80 Winzerpartnern

Winzer wie die Lageders sind damit ein Kristallisationspunkt für nachhaltige Landwirtschaft in der Region geworden. Wer die durch intensive Landwirtschaft völlig ausgeräumte Landschaft Südtirols betrachtet, weiß, wie wichtig ein Umdenken ist. Man darf sich nicht von den schönen Bergen und dramatischen Taleinschnitten täuschen lassen. Der ganze Talboden ist beispielsweise mit gleichförmigen Apfelbäumen zugepflastert. Kein anderer Baum überragt das eintönige Apfelmeer, keine Hecke oder Böschung sorgt für Biodiversität. Wie oft die

Blick auf das Meer von Apfelbäumen am Talboden

Obstbäume gespritzt werden, darüber man kann nur mutmaßen. Besonders intensiv werden Pestizide jedenfalls zur Apfelblüte ausgebracht. Da wirkt es grotesk und geradezu verantwortungslos, wenn das Tourismusbüro Werbung dafür macht, zu dieser Zeit nach Südtirol zu kommen, um bei herrlichem Frühlingswetter die Region mit dem Rad zu erkunden. Man darf gespannt sein, wie lange man mit dem Credo Profit vor Gesundheit noch unbehelligt durchkommt.

Aber zurück zu den Winzerpartnern. Einer der Kollegen ist Patrick Uccelli, der seinen sieben Hektar großen Familienbetrieb, den er im Jahr 2008 übernommen hatte, umstellen wollte. Aber da war auch die Angst vor höheren Risiken und Kosten sowie mehr Arbeit und fehlendem Wissen. „Mir hilft, dass ich bei Zweifeln einfach anrufen und um Rat fragen kann", erklärt Patrick. Die ganz praktischen Schulungen, wie man zum Beispiel Einsaaten richtig vorbereitet, den biologischen Pflanzenschutz organisiert oder mit den Präparaten arbeitet, sind für ihn eine große Hilfe. Auch die Bereitschaft der Lageders, das finanzielle Risiko zu teilen, hat die Entscheidung erleichtert. So wird generell ein höherer Preis für biologisch-dynamisch erzeugte Trauben bezahlt, und es gibt eine Toleranz, wenn weniger Ertrag erzielt werden sollte.

> *„Im Nachhinein habe ich mich gefragt, warum ich so eine Angst vor der Umstellung hatte. Im Nachhinein geht es um gar nichts. Im Nachhinein sagt man sich: ach, das war es jetzt?"* – Patrick Uccelli

Wichtig sind Patrick aber nicht nur die finanziellen Anreize und die fachliche Unterstützung. Auch die Arbeitsgemeinschaft mit den Kollegen empfindet er persönlich als große Bereicherung. So kommen regelmäßig bis zu 200 Landwirte und Winzer der Gegend zusammen, um ihre Präparate herzustellen. Bei den Treffen gibt es einen regen Austausch, und es haben sich zahlreiche Freundschaften entwickelt. „Da wird auch über politische und gesellschaftliche Themen diskutiert, wie es halt an jedem Tisch üblich ist", erzählt er. Das stärkt die Gemeinschaft.

„Ohne das würde ich einfach alleine im Alltagstrott vor mich hin arbeiten. Aber ohne Austausch verhärtet man oft mit seinen Ansichten.“

Wer mit Winzerkollegen wie Patrick spricht, merkt schnell, dass es sich hier nicht nur um eine einfache Geschäftsbeziehung handelt. Es ist eine echte Partnerschaft, die auf eine vertrauensvolle und menschliche Zusammenarbeit gründet. Die Biodynamie wirkt dabei als Katalysator, weil beide Seiten vom Gedanken beseelt sind, gemeinsam in der Region positiv zu wirken.

Damit ein solches Verhältnis funktioniert, müssen beide Seiten integre Personen sein. Da kann es nicht darum gehen, irgendwo noch den letzten Cent rauszuquetschen. Erkenntnisse, dass der pflegliche Umgang mit der Natur, das Wachhalten von Traditionen, Verantwortung füreinander und eine tiefe Verwurzelung mit der Heimat notwendig sind, haben eben auch einen großen Wert.

> *„Kauf auf Ehre, bedeutet, die Winzer liefern auf Ehre und wir bezahlen auf Ehre.“* – Alois Lageder

So funktioniert der wirtschaftliche Teil der partnerschaftlichen Abmachung schon seit Jahrzehnten nach dem Prinzip „Kauf auf Ehre“. Das bedeutet, die Winzer liefern die Trauben, und erst nach der Lese wird der Preis verhandelt. „Wenn es um die Partnergespräche geht, ist das eine wahnsinnig intensive Zeit für mich“, erzählt Alois Lageder. „Den Preis zu machen, der das Optimale für den Partner, aber auch für uns ist, ist sehr schwierig. Wir teilen Erfolg und Misserfolg. Man kann zwar kalkulieren, aber es ist auch eine Gefühlssache.“

Die Weinbauern kommen schließlich einzeln zu Terminen ins Weingut. Der Traubenpreis wird dann endgültig festgelegt und ein weiteres Jahr Zusammenarbeit vereinbart. Besiegelt nur mit einem Handschlag. Kauf auf Ehre eben.

> *„Ich genieße es, jeden einzelnen Menschen zu treffen. Das ist das Schönste in meinem Beruf. Das Wichtigste sind mir diese Partnerschaften."* – Alois Lageder

So sind über Generationen hinweg viele Freundschaften entstanden. Das gegenseitige Vertrauen im Wirtschaftsleben wirkt zudem sehr befreiend. Wie mühsam wäre es da, mit jedem Winzer juristisch ausgefeilte Verträge aufzusetzen und sich misstrauisch durch das Kleingedruckte zu kämpfen. „Wir sind uns einig, dass wir gut und konstruktiv zusammenarbeiten wollen. Wir haben Verantwortung für die Region. Wir profitieren davon und wollen im Großen und Kleinen etwas zurückgeben", erklärt Alois Lageder.

Wie sich die Biodynamie in der Zukunft weiterentwickelt, will Alois Lageder mitgestalten. Seit letztem Jahr ist er der Vorsitzende von Demeter Italien. „Wir müssen das Niveau für Neuzugänge hoch ansetzen. Es müssen Kenntnisse über das Thema vorhanden sein. Die Demeter-Zertifzierung darf nicht beliebig verteilt werden", erklärt er. Ein entscheidender Punkt ist dabei die Organisation der Kontrollen. Mit Laboranalysen kann zwar überprüft werden, ob jemand biologisch gearbeitet oder doch Pestizide ausgebracht hat. Das ist sehr wichtig. Wie soll aber sichtbar werden, ob jemand nur Trittbrettfahrer eines Biodynamie-Trends ist oder sich ernsthaft mit dem Thema beschäftigt?

„Ein guter Ansatz sind für mich die Hofgespräche", sagt Alois. Dafür bilden sich in den Regionen Gruppen von Landwirten und Winzern, die sich gegenseitig besuchen. Die ersten Testprojekte sind vielversprechend. Der Gastgeber bereitet sich zu einem Thema vor und diskutiert das mit den Kollegen. Als Resumée gibt es ein Ziel, das man innerhalb eines Jahres umzusetzen versucht. So soll es eine stetige Entwicklung geben. Zudem entsteht ein positiver sozialer Druck untereinander. „Viele Kontrolleure kommen, trinken einen Kaffee und fahren noch nicht mal auf das Feld hinaus. Einem Kollegen kann man hingegen nichts vormachen“, ist sich Alois sicher. Die formelle Biozertifizierung soll weiterhin den offiziellen EU-Kontrolleuren überlassen werden, aber für das biologisch-dynamische Arbeiten braucht es einen anderen Ansatz. „Wir brauchen mehr Tutoren und Botschafter, die zu den Winzern gehen und immer wieder Impulse setzen.“

> *„In zehn oder zwanzig Jahren werden wir nicht mehr über Biodynamie sprechen. Sondern über gute und gesunde Landwirtschaft. Diesen Weg haben wir eingeschlagen.“* – Clemens Lageder

Und dann ist da noch der Traum von einer biologisch-dynamischen Bildungsstätte in Magreid. Ein Institut, das Lehre, Forschung und Praxisunternehmen verbindet. Eine Vision, die Alois und Clemens seit der Umstellung im Jahr 2004 begleitet. „Wir haben aber gemerkt, dass wir erst unsere Hausaufgaben machen müssen. Wir müssen sattelfest werden, bevor wir überzeugende Lehrmeister sein können“, gibt Clemens zu. Wer die beiden erlebt, ist überzeugt, dass diese Idee zum richtigen Zeitpunkt Wirklichkeit werden wird.

Gerodete Weinberge liegen erst einmal zwei, drei Jahre brach, bevor sie wieder bepflanzt werden. Daneben werden vermehrt Hecken gepflanzt, um der Biodiversität mehr Raum zu geben. Bei den hohen Grundstückspreisen in Südtirol ist das keine Selbstverständlichkeit.

„Es ist beeindruckend, wie sich die Wesenheit der Reben über die Jahre hier herausgebildet hat“, sagt Alois Lageder zu dem wohl wertvollsten Weinberg des Weingutes. Der im Jahre 1875 gepflanzte gemischte Satz aus Bordeaux-Rebsorten. Für Südtirol traditionell in Pergolaform erzogen.

Dass die biologisch-dynamische Landwirtschaft einen wichtigen Beitrag leisten kann, um Lösungen für die Zukunft aufzuzeigen, da ist sich Alois sicher. „Damit können viele Impulse gegeben werden, um die Auswüchse der überintensivierten Landwirtschaft zu überwinden. Rhythmus, Biodiversität, Humuskreislauf und so weiter, das gehört alles dazu, um der Pflanze ein gesundes Umfeld zu geben.“ Selbst wenn man letztendlich nicht ganz auf Pestizide und Kunstdünger verzichten kann. „In zehn oder zwanzig Jahren werden wir nicht mehr über Biodynamie sprechen. Sondern über gute und gesunde Landwirtschaft“, erklärt Clemens selbstbewusst.

Wie viele Hürden dabei zu überwinden sind und wie viel Zeit es braucht, wissen die beiden. „Mit der Brechstange geht es nun mal nicht“, weiß Clemens. „Jemanden dazu zu zwingen, macht keinen Sinn. Wir können nur Know-how zur Verfügung stellen und zeigen, dass es funktioniert.“ Nur dann kann eine positive Dynamik entstehen, auch weil Partner und Mitarbeiter sich aus freien Stücken für diese Arbeitsweise entscheiden. So hängt der Erfolg eines biodynamisch wirtschaftenden Unternehmens auch von komplexen sozialen Entwicklungen ab. Das anzunehmen und einen positiven Wandel zu gestalten, ist für Alois und Clemens eine Frage der Ehre.

Die Weine

Ein Thema, das unser Gespräch immer wieder beherrscht, ist der Klimawandel mit seinen Herausforderungen. „Magreid war vor 100 Jahren für Riesling bekannt. Heute ist der hier verschwunden. Es hat also schon immer ein Wandel stattgefunden", erzählt Alois. Dennoch hat sich das Tempo verschärft. „Uns ist es wichtig, die Säure in den Weinen zu halten", fügt Clemens hinzu. Dafür werden die Trauben deutlich früher gelesen als noch vor zehn Jahren. Hinzu kommen die Impulse, die Jo Pfisterer zusammen mit Georg Meissner im Keller setzt. „Es wurde in den letzten fünf Jahren enorm in unterschiedlich große Fässer investiert", erzählt Jo Pfisterer. „Das ermöglicht uns, bei den Spitzenweinen kleinteiliger zu arbeiten." Somit können Parzellen einzeln ausgebaut werden oder Partien mit und ohne Schalen vergoren werden, um später im Verschnitt die Komplexität zu erhöhen.

„Auch bei nicht zertifizierten Weinen versuchen wir zudem, weitgehend mit Naturhefen zu arbeiten, und verzichten auf Enzyme." So hat sich der Stil der Spitzenweine mit der Umstellung auf Biodynamie deutlich verändert. „Die Weine sind kantiger geworden", sagt Jo. In dem großen und modernen Weinkeller werden die Trauben von 160 Hektar Rebbergen verarbeitet. Dazu gehören auch große Partien von Basisweinen, die teilweise noch aus konventionellem Anbau stammen. „Große Chargen sollen gleichzeitig für ein breites Publikum funktionieren, aber auch wiedererkennbar, authentisch und zugänglich sein", ergänzt Jo Pfisterer.

Hier möchte ich fünf ausgesuchte Weine aus dem großen Sortiment von Lageder vorstellen:

2016
Chardonnay Löwengang

Der Chardonnay kam Anfang des 19. Jahrhunderts zusammen mit zahlreichen anderen französischen Sorten nach Südtirol. Erzherzog Johann, der Bruder des Österreichischen Kaisers Franz I., hatte einen Wohnsitz in Schenna und hat sich mit dem Import dieser Sorten um den Weinbau verdient gemacht. „Chardonnay kann mit dem Klimawandel sehr gut umgehen. Er passt sich an", erzählt Clemens. Der Löwengang Chardonnay ist wohl der bekannteste Wein im Sortiment und stammt aus verschiedenen Lagen rund um Magreid. Dezent im Barrique ausgebaut – sicherlich einer der großen Klassiker aus Italien.

Das Bukett ist saftig, wirkt angenehm fruchtig und jodsalzig. Es kommen Aromen von Melone, Mandarinenschale, Nussbutter, aber eben auch etwas Jodsalziges heraus. Am Gaumen wirkt der Wein kristallin und straff. Er verbindet die feine saftige Frucht mit Rückgrat und kristalliner Mineralität. Es ist nur ein Hauch von Holz spürbar – ein Klassiker in der Welt des Chardonnays.

2017
Bla Bla 2

Die autochtone Rebsorte Blatterle war bis in die 1980er Jahre wichtig für den Südtiroler Weinbau. Es ist eine dünnschalige Rebsorte, die von der traditionellen Weinbereitung profitiert hat. So wurden früher die Trauben bei der Lese in Bottichen gesammelt und mit Pferdekarren im gemächlichen Tempo ins Weingut gebracht. Der beim Einfüllen in den großen Bottichen austretende Most hatte damit genug Zeit, um Inhaltsstoffe aus den Beerenschalen zu lösen. Mit der Einführung von Traktor und pneumatischen Weinpressen ging die natürliche Maischestandzeit und damit der Charakter des Blatterle verloren. Die Weine aus dieser Rebsorte wurden uninteressant, und der Blatterle verschwand fast nahezu aus den Weinbergen. Bei Lageder hat man einen kleinen Versuchsweinberg mit der Rebsorte angelegt und vergärt den Saft drei Wochen zusammen mit den Schalen. So will man dem Geschmack der Südtiroler Spezialität wieder auf die Spur kommen. Der Wein wirkt ungestüm und natürlich. Es zeigen sich im Glas feine Hefenoten

Die Spitzenlage Römigberg mit Vernatschreben

und Aromen von Liebstöckel, grünen Walnüssen, Jasmin und rotbackigen Äpfeln. Betont trocken ausgebaut wirkt der Blatterle schlank und fast salzig im Geschmack. Ein Wein, der viel Spannung mitbringt und den Genießer fordert.

2017
Fórra Manzoni Bianco

Manzoni Bianco ist eine Kreuzung aus Riesling und Weißburgunder, die in den 1930er Jahren im Veneto entstand. Aus mehreren Gründen ist die Rebsorte interessant für den Bioanbau in Südtirol. Einmal sorgen die lockerbeerige Struktur und die dicken Schalen für eine gewisse natürliche Resistenz gegenüber Pilzkrankheiten. Außerdem behält Manzoni Bianco selbst im immer wärmer werdenden Klima die Säure und bleibt in den Zuckergraden moderat. Auch hier arbeitet man mit Maischestandzeit, um durch eine feine Gerbstoffstruktur dem Wein noch mehr Rückgrat zu verleihen. Sicherlich einer der spannendesten Weine im Sortiment von Lageder.

Mit einem intensiven Goldgelb läuft der Wein ins Glas. Das Bukett wirkt duftig und nussig mit Aromen von Quitte, Mirabellen und gebrannten Mandeln. Am Gaumen zeigt sich ein saftiger Schmelz, der durch einen raffinierten Gerbstoffbiss balanciert wird. Dadurch wirkt der Wein betont trocken. Hinzu kommt eine feine Feuersteinnote und ein dezent salziges Finish.

2017
Römigberg Vernatsch

Vernatsch gehört zu den vielen Rebsorten in der Weinwelt, die Opfer des eigenen Erfolges geworden sind. Man hat in den 1970er und 1980er Jahren die Ertragsfreudigkeit der Rebsorte ausgenutzt und mit belanglosen Weinen den Ruf ruiniert. „Früher gab es eine enorme genetische Vielfalt des Vernatsch, bevor man nur die Massenträger selektionierte", erzählt Clemens. Mit anderen Kollegen sucht man nach alten Vernatsch-Weinbergen, um sich einen Teil dieser Diversität zurückzuerobern. „Wir überlegen, welche Lagen sind für Vernatsch geeignet, wie können wir die Frische erhalten und trotzdem Komplexität in den Wein bringen." Der Vernatsch aus dem Römigberg zeigt den ganzen Charme dieser Rebsorte und offenbart, warum Vernatsch einst so beliebt gewesen ist.

Typisch für Vernatsch ist die helle granatrote Farbe. In der Nase zeigt sich ein animierendes Bukett mit Aromen von saftigen Amarenakirschen, Liebesapfel, Maronen und auch etwas Herzhaftes, was an Speck erinnert. Der Römigberg ist leicht und verfügt kaum über Tannine. Es ist ein herrlich süffiger und ursprünglicher Wein.

2016
COR Römigberg Cabernet Sauvignon

Cor bedeutet Herz und bezeichnet eine besondere Parzelle im Römigberg. Dieser am nordwestlichen Ufer des Kalterersees gelegene Weinberg ist zweifellos einer der wertvollsten im Besitz des Weingutes. Am Hangfuß wird in Pergolaform der Vernatsch angebaut. Weiter oben hat Alois Lageder in den 1980er Jahren Cabernet Sauvignon und Petit Verdot angelegt.

Der Wein läuft dunkel kirschrot ins Glas. Schon in der Nase wirkt er kräftig und würzig. Es zeigen sich Aromen von dunklen Kirschen, Cassis, Zigarrenkiste, dunkle Würze und Toast. Der Wein lebt von viel strukturiertem Tannin, das sich aber perfekt reif am Gaumen aufbaut. Balanciert durch feine saftige Frucht und einen frischen Säurelift im Finish. Es ist ein eleganter wie kraftvoller Rotwein.

In der Lage Paradeis Leiten hat man „exotische Rebsorten“ wie Assyrtiko, Viognier oder Tannat gepflanzt, um zu sehen, wie diese mit dem Klimawandel zurechtkommen.

Der politische Weingarten

Der Hirschhorner Hof ist ein Familienbetrieb. Sebastian, Dorothea, Frank und Gerlinde John sind seine Gesichter.

Familie John 3

Weingut Frank John, Hirschhorner Hof, Königsbach, Pfalz

Frank John kommt gerade von einem Treffen aus Frankfurt, als wir im Hirschhorner Hof für unser Gespräch Platz nehmen. Professor Rademacher, der Berater der Bundesregierung in Sachen Klimaprotokoll, wollte sich mit ihm über das sogenannte „Eine-Milliarde-Bäumeprojekt" austauschen, wonach von Algerien bis Libyen ein gigantischer sogenannter Agroforest entstehen soll. Dabei werden Bäume als Windstreifen mit 120 Meter Abstand zueinander angelegt, um den Boden vor Erosion zu schützen. Dazwischen soll Landwirtschaft nach biologisch-dynamischen Prinzipien betrieben werden, um das verwüstete Land wieder urbar zu machen. Tausende Menschen sollen so ein Auskommen erzielen können. Vorbild für dieses Projekt ist die Sekem-Farm in Ägypten. In der Nähe von Kairo wurde diese Initiative in den 1970er Jahren gegründet. Mittlerweile hat man fast 1400 Hektar Land der Wüste abgetrotzt und über 137.000 Bäume gepflanzt. Mehr als 1300 Menschen haben hier Arbeit und ein Zuhause gefunden.

„Das ist genau unser Thema", erzählen Frank und Gerlinde John begeistert, „seit 17 Jahren erzählen wir was von Windstreifen." Die beiden kennen dieses Prinzip aus Norddeutschland unter dem historischen Begriff „Knick". „Das lernt man dort im ersten Jahr Biologieunterricht auf dem Gymnasium", erzählt Gerlinde. Die Wallhecken prägten bis zur Industrialisierung der Landwirtschaft die sonst waldarme Region in Schleswig-Holstein. Im Rahmen der Flurbereinigung wurden die Knicklandschaften mit dem Radlader über den Haufen geschoben. Auch um Platz für die immer größer werdenden Maschinen zu schaffen. Heute gibt es große Probleme mit Winderosion, und man besinnt sich wieder auf diese wertvollen Randstreifen. „Wer will schon freiwillig Bäume pflanzen? Es braucht eben einen Benefit", ist sich Frank sicher, „da kommt man wieder auf das alte Knicksystem zurück und nennt das dann eben Agroforest." Für Frank und Gerlinde ein weiteres Beispiel dafür, dass alles Wissen über Nachhaltigkeit schon da ist. In Form von über Jahrhunderte angesammelten Erfahrungen, die wie ein vergessener Schatz darauf warten, gehoben zu werden. „Nichts anderes hat Rudolf Steiner gemacht", sagt Frank. „Er war ein Sammler, der durch die Welt reiste, dieses alte Wissen aufschrieb, kombinierte und neu koordinierte."

„Rudolf Steiner war ein Sammler, der durch die Welt reiste, altes Wissen aufschrieb, kombinierte und neu koordinierte.“ – Frank John

Einen Mittag mit den Johns zu verbringen, ist ein Erlebnis.

Im übertragenen Sinne ist Frank John zwischen den landwirtschaftlichen Antipoden Koberwitz und Leverkusen aufgewachsen. Die Großeltern kamen aus Schlesien und hatten eine Zuckerrübenfabrik in der Nähe von Koberwitz. Dort, wo Rudolf Steiner seine Vorträge zur Landwirtschaft gehalten hat. „Mein Großvater war selbst nicht dabei, hatte aber Freunde, die in diesem Kreis verkehrt haben“, erzählt Frank. Auch er hatte gesehen, dass die Bodenfruchtbarkeit mit den industriellen Methoden immer weiter abnahm. Die Großmutter war an der örtlichen Landwirtschaftsschule Lehrerin gewesen und hatte versucht, das in Koberwitz Besprochene aufzuarbeiten. Dann kam der Weltkrieg und die Vertreibung mit Endstation in Leverkusen. In dem kleinen Garten, ganz in der Nähe der Chemiewerke der Bayer AG, wurde nach Steiners Prinzipien experimentiert und gearbeitet. „Mit Gärtnern ging es los,“ erzählt Frank. „Fruchtfolgen, Zusammenhänge erkennen, Erfahrung sammeln, Mondphasen, Kompost – das habe ich sofort kapiert.“ Die andere Seite der Erkenntnisgewinnung lernte er dann an der Dr. Carl Duisberg Schule kennen. Auf dem Gymnasium, nach dem langjährigen Generaldirektor der Chemie- und Farbenwerke benannt, wurde eine andere Weltsicht unterrichtet als im heimischen Garten. „So entstand ein Spannungsbogen, der mich neugierig gemacht hat.“

Als Jugendlicher engagierte er sich dann in verschiedenen Kirchen- und Arbeitervereinen. Diskutierte in den aufkommenden Teestuben über die aktuelle Politik. Es war die Zeit von Pershing, Ölkrise, Atomkraftgegnern und Waldsterben. Als die Partei „Die Grünen“ gegründet wurde, war er mit dabei. „Das Thema Landwirtschaft hat von Anfang an eine Rolle gespielt“, erklärt Frank, „das hat mich politisch angesprochen.“ Irgendwann lag dann bei einem Treffen der

Landwirtschaftliche Kurs von Rudolf Steiner auf dem Tisch. „Wir haben das zu Hause nicht gelesen, aber ich kannte das Buch von den Erzählungen meiner Großeltern und der Gartenarbeit“, erinnert sich Frank. „Ich habe dann reingelesen und nichts verstanden“, lacht er. „Aber ich habe irgendwie geahnt: Hier ist der Schlüssel. Das will ich machen.“ Nach dem Abitur studierte er Landwirtschaft.

Nach zwei Jahren Studium in Gießen macht er sein Praktikum bei dem damals neu gegründeten Bauernhof Bollheim der Zuckerfabrikanten Pfeifer und Langen in der Nähe von Köln. 150 Hektar ehemaliger Tagebaugrund sollten mit biologisch-dynamischen Methoden rekultiviert werden. „Auf der Uni hat man uns nie wirklich etwas über Bodenfruchtbarkeit erzählt. Da ging es um Stickstoffgehalte, Kali und Phosphor“, erinnert sich Frank. „Im Praktikum hat das dann niemanden interessiert. Es ging da um Humus, die Kuhherde, Präparate, Kreislaufwirtschaft.“ Mit Begeisterung sieht er, wie mit dieser Wirtschaftsweise die toten

Spatenprobe: Feine Graswurzeln, an denen die Erde klebt, sind ein Zeichen, dass die Pflanzen in enger Symbiose mit dem Bodenleben stehen.

Schotterböden wieder fruchtbar werden, und schmeckt die Qualität der Produkte. „Die Tiere waren gesund, es kam kein Tierarzt, die Milch hat geschmeckt. Solche Kartoffeln habe ich vorher nicht gesehen“, schwärmt er. „Das hat mein Feuer endgültig entfacht.“

Als er an der Universität Hohenheim fertig studiert, lernt er Gerlinde kennen, die Agrarbiologin werden will. Ihre Eltern gehören auch der Kriegsgeneration an. „Die haben wirklich schlechte Zeiten miterlebt. Die Wertschätzung für Lebensmittel war sehr groß. Es wurde nie etwas weggeworfen“, erzählt Gerlinde. Auch sie bekommt von zu Hause die Liebe zur Natur und Gartenarbeit mit auf den Weg. Ebenso verbindet die beiden von Anfang an ihr politisches Engagement für nachhaltige Landwirtschaft. „Wir haben die erste studentische Food-Kooperative in Deutschland gegründet“, erzählt Gerlinde stolz. „Die Studenten haben bei uns bestellt, und mit einem Lkw haben wir einmal in der Woche 20 Biohöfe abgeklappert und für alle eingekauft. Bio, frisch, saisonal und regional waren schon damals die Schlagworte.“

> *„Im Bioanbau gibt es die gleiche Sichtweise wie bei der konventionellen Landwirtschaft. Nur die Spritzmittel sind anders. Das reicht nicht.“* – Frank John

Im Studium setzen sich die beiden mit der aufkommenden Biobewegung auseinander. „Damals kam der Verein Bioland hoch", erzählt Frank. „Doch das war für mich Stückwerk. Die gleiche Sichtweise wie bei der konventionellen Landwirtschaft. Nur die Spritzmittel anders." Also knöpft er sich noch mal den Landwirtschaftlichen Kurs von Steiner vor. „Ich habe mich da regelrecht durchgequält", gibt Frank zu. Zumindest ein paar Aspekte aber hat er aufgrund seines Praktikums begriffen. „Heute verstehe ich es besser", erzählt er. „Ich lese das Buch immer noch durch und komme auf Stellen, die ich noch nicht verstanden oder wo ich früher ein Ausrufezeichen gemacht habe und heute eher ein Fragezeichen setzen würde." Für ihn hat der Landwirtschaftliche Kurs viele Facetten, die sich mit zunehmender Lebenserfahrung drehen und ändern. „Er ist für mich ein Lebensbegleiter", erklärt er. „Irgendwann bist du in einer Situation, in der dich eine Stelle besonders anspricht. Wo aus persönlicher Betroffenheit ein ganz anderer Bezug entsteht."

Nach vielen Wendungen sind Frank und Gerlinde in der Pfalz heimisch geworden. Zusammen mit ihren Kindern Dorothea und Sebastian bewirtschaften sie den Hirschhorner Hof mit mittlerweile 4,5 Hektar Rebfläche. Wer mit allen vier Familienmitgliedern am Tisch sitzt, merkt die große Leidenschaft für das Thema Landwirtschaft und Politik. Die Argumente fliegen kreuz und quer über den Tisch. Der eine fängt einen Satz an, der andere führt ihn zu Ende oder fügt noch einen Aspekt hinzu. Jeder hat etwas zu erzählen. Es findet ein lebendiger Austausch und ein gegenseitiges Schleifen der Argumente statt. Einen Mittag mit den Johns zu verbringen, ist ein Erlebnis.

> *„Wie ich konsumiere, entscheidet, wie Dinge produziert werden. Welche ökologischen und soziale Folgen das hat."* – Dorothea John

Da ist Dorothea. Sie studiert gerade an der Uni Geisenheim internationale Weinwirtschaft. Seitdem sie elf Jahre alt ist, ist sie verantwortlich für den Bauerngarten vor dem Haus. Sie baut das Gemüse für die Familie an. Mittlerweile sind drei Bienenvölker hinzugekommen. „Ich lebe diese ganzheitliche Philosophie zu 100 Prozent", erzählt sie. „Für mich ist jeder Einkauf eine politische Entscheidung. Und wie ich konsumiere, entscheidet, wie Dinge produziert werden. Welche ökologischen und soziale Folgen das hat." Produkte, in denen zum Beispiel Palmöl verarbeitet wurden, oder nicht nachhaltig erzeugte Schokolade kommen für sie nicht infrage. „Lieber habe ich Hunger, bevor ich so etwas kaufe."
Als Verbraucher mündig zu sein, ist für sie eine Bürgerpflicht.

Sebastian John hat biologische Landwirtschaft studiert.

„Wenn man die Pfalz und das Elsass zusammenzählt, dann ergibt das eine Fläche von ca. 100 Kilometer Länge und zehn Kilometer Breite, auf der nur Reben kultiviert werden. Das kann nicht nachhaltig sein."

— Sebastian John

Dann ist da Sebastian, der ebenfalls schon früh Verantwortung im Betrieb übernahm. Sein großes Thema ist das Durchbrechen der Monokultur Weinbau. „Wo immer es geht, pflanzen wir Obstbäume und Hecken", erzählt er. Erstaunlicherweise musste er dabei mit Gegenwind rechnen. Als er am Ende seiner Rebzeilen ein paar Bäume pflanzte, wurde er von der Gemeinde ermahnt, weil das in der Flurplanung nicht vorgesehen war. Schließlich behindert solches Gehölz die Maschinen-Vollernter beim Wenden. Die Bäume mussten wieder ausgegraben werden. „Jetzt pflanzen wir unsere Marillen- und Apfelbäume einfach mitten in die Rebzeilen", erzählt er. Unter dem Rebstock werden zudem Kräuter und verschiedenste Pflanzen zur Gründüngung ausgesät, um möglichst viel Biodiversität in die Monokultur Weinbau zu bringen. „Wenn man die Pfalz und das Elsass zusammenzählt, dann ergibt das eine Fläche von über 100 Kilometer Länge und zehn Kilometer Breite, auf der nur Reben kultiviert werden", führt er auf. „Das kann nicht nachhaltig sein."

„Der Anspruch an Bio ist mein Lebensthema."

— Frank John

Kurzum, der Hirschhorner Hof ist ein echter Familienbetrieb, in dem jeder aus voller Überzeugung mit anpackt. „Ohne Familie geht gar nichts", weiß Frank. „Sie halten mir alle den Rücken frei, wenn ich unterwegs bin." Und auf Geschäftsreise ist er sehr oft. Denn das zweite Standbein der Familie ist neben dem Weinbau Franks Beratungsfirma für Önologie, Ökologie und Ökonomie. Frank John betreut dabei Kunden in Deutschland, aber auch in Österreich, Tschechien, Slowenien, Frankreich, Italien oder Ungarn. „Alle möglichen Leute kommen zu mir, vom Investor bis zum Kleinstbetrieb", erzählt Frank. Viele Betriebe haben neben Weinbau auch eine Landwirtschaft dabei, was er besonders reizvoll findet.

„Hier in der Pfalz gibt es ja keine Ausweichsflächen. Es ist alles so dicht besiedelt. Das ist im Languedoc ganz anders", erzählt er. „Andererseits macht es auch Spaß, in der Höhle des Löwen, vor den Augen der Chemiewerke der BASF, biologisch-dynamisch zu wirtschaften", lacht er. Er weiß, dass er in der Branche als streitbarer Charakter gilt. „Ich scheue den Konflikt nicht", gibt er zu. „Der Anspruch an Bio ist eben mein Lebensthema."

> *„Bei konventionellen Winzern gibt es eine erstaunliche Offenheit für das Thema. Da gibt es viele Menschen die sich kritisch hinterfragen, aber nicht wissen, wie sie aus der Misere rauskommen."* – Frank John

Dabei ist er weit davon entfernt, konventionelle Betriebe zu verurteilen. „Mir ist es viel wichtiger, einem konventionellen Betrieb Hilfestellung zu geben als mit Bio-Hardlinern zu arbeiten", sagt er. „Bei konventionellen Winzern gibt es eine erstaunliche Offenheit für das Thema. Da sind viele, die sich kritisch hinterfragen, aber nicht wissen, wie sie aus der Misere rauskommen." Er ist überzeugt, dass man sich nicht nur um die wenigen sogenannten Leuchtturmbetriebe kümmern soll. Wenn man wirklich etwas bewegen will, dann muss man bei der großen Masse der konventionell arbeitenden Betriebe ansetzen. „Ich habe eine Aufgabe hier. Ich will so viele wie möglich ins Boot holen", erzählt er. „Wenn ich Leuten mit meiner Arbeit einen Weg aus dem Korsett der konventionellen Landwirtschaft zeigen kann, dann habe ich auch für mich viel erreicht."

Er versteht sich dabei nicht als Lehrer, sondern als Weggefährte, der seine Kunden ein Stück begleitet. „In der Biodynamie gibt es eben kein Rezept, dem man blind folgen kann. Jeder muss seinen Weg finden", erklärt er. Dabei gibt es durchaus finanzstarke Betriebe, die mit ordentlich Budget im Rücken biodynamisch durchstarten wollen. Doch auch die müssen viele Hürden nehmen. Das fängt damit an, wie man seine Belegschaft mit auf diesen Weg nimmt, bis hin zum Umgang mit Rückschlägen, und die gibt es immer.

> *„Es gibt Herbizide in den Böden, die bis zu acht Jahre persistent sind."* – Frank John

Aus Erfahrung weiß er, dass die offizielle dreijährige Umstellungsdauer von konventionell auf biologisch-dynamisch bei Weitem nicht ausreicht. Mindestens sieben Jahre braucht es, bis man wirklich einen größeren Unterschied merkt. „Es gibt Herbizide in den Böden, die bis zu acht Jahre persistent sind", erzählt er. „Wir haben zum Beispiel im Jahre 2014 einen Weinberg umgestellt und heute, sechs Jahre später, sehen wir immer noch Herbizidschäden in der Begrünung." Überhaupt sind die dauerhaften Schäden durch Unkrautvernichter eine sehr große Herausforderung. „Bei meiner Arbeit sehe ich oft mangelernährte Reben. Die Kunden fragen mich dann nach dem Warum. Oft arbeiten die Leute ja schon ein paar Jahre biologisch", erzählt er. Wie Sherlock Holmes fängt er dann zu ermitteln an. Er befragt die Mitarbeiter im Lagerhaus, die Düngemittelverkäufer, staatliche Beratungsstellen und Industrievertreter, was in den letzten 20 Jahren verkauft und empfohlen wurde. In den meisten Fällen stößt er auf den flächendeckenden Einsatz von Unkrautvernichtungsmitteln. Mit Maßnahmen wie Humusaufbau kann man dann gegensteuern, aber es braucht eben Zeit, bis sich wieder ein Gleichgewicht im Boden einstellt.

Bei seinen Beratungen geht es vor allem um praktische Empfehlungen und weniger um die geisteswissenschaftlichen Grundlagen der Biodynamie. „Man kann höchstens ausgesuchte Stellen im Landwirtschaftlichen Kurs einmal zusammen durcharbeiten. Zu viel davon würde die Leute überfordern und lähmen", sagt er. „Das muss mit der Zeit kommen. Stück für Stück, ein Schritt nach dem anderen."

„Gesunder Boden riecht süßlich nach Karotten, nach Frische und nicht nach Muff." – Frank John

Sein größtes Anliegen ist es ohnehin, den Kunden wieder ein Gefühl für ihre Böden zu geben. Dazu gehören auch die sinnlichen Erfahrungen des Riechens und Schmeckens. „Wenn der Boden nach Kartoffelkeller oder Omas altem Kleiderschrank riecht, dann weißt du, dass im Boden alles kaputt ist. Gesunder Boden riecht süßlich nach Karotten, nach Frische und nicht nach Muff", weiß er. Auch ermuntert er seine Kollegen, doch mal barfuß durch die Rebzeilen zu laufen und sich zu fragen: „Laufe ich wie auf einer Asphaltpiste oder über Wolle?"

Schließlich geht es ihm darum, dass Winzer und Landwirte wieder ihren eigenen Wahrnehmungen trauen. Ihre Sinne wieder schärfen und für den eigenen Erkenntnisgewinn einsetzen. Die eigene Angst zu überwinden, ist ebenso ein ständiges Thema. Die Furcht davor, Vertrautes und vermeintliche Sicherheit über Bord zu werfen. Oder auch mit Traditionen zu brechen. „Ich betreue einen Winzer, dessen Eltern Dünge- und Spritzmittelvertreter waren. Heute arbeiten die biologisch", erzählt er. „Das ist eine enorme Wandlung, die ja oft auch mit ganz harten Generationskonflikten einhergeht."

Auch die Johns bestätigen, dass sich das Ansehen der Ökoweingüter in den letzten zwei Jahrzehnten grundsätzlich zum Positiven gewandelt hat. Vorbei sind die Zeiten, in denen man muffige Bioweine nur aus Gesinnungsgründen kaufte und Biobetriebe von konventionellen Kollegen mitleidig bis verächtlich betrachtet wurden. Als Frank John zur Jahrtausendwende Betriebsleiter eines renommierten Pfälzer Weingutes war, hat ihm der damalige Chef schriftlich verboten, auf biologische Wirtschaftsweise umzustellen. Heute ist dieses Weingut selbstverständlich biozertifiziert. Denn den Druck von Konsumentenseite spüren gerade diese Top-Betriebe mit ihren hochpreisigen Weinen aus berühmten Lagen. Für eine neue Generation von Sommeliers ist gerade für Spitzenweine Ökoanbau selbstverständlich. Sie entscheiden, was in den angesagten Restaurants rund um den Globus in die Gläser kommt und was das Zeug zum Trend hat. Wer da nicht mithalten kann, ist schnell raus.

> *„Wir wollen nicht mehr Rebflächen. Uns geht es auch um ein Wachstum von Lebensqualität, Qualität und Wertschöpfung."* – Sebastian John

Die Anfänge für das eigene Weingut legten die Johns im Jahr 2002. Zunächst kauften sie das völlig heruntergekommene Anwesen Hirschhorner Hof in Königsbach und renovierten es mühsam in Eigenregie. Nachdem manche Winzer der Region Franks Beratungsleistung mit Trauben bezahlen wollten, wurde der kleine Weinkeller im Haus aktiviert. Die erste kleine Fläche wurde im Jahr 2008 gekauft. Mittlerweile sind es 4,5 Hektar geworden. Dabei soll es bleiben, obwohl die

Nachfrage nach ihren Weinen und Sekten immer größer wird. „Diesen Zeitgeist mit dem ewigen Wachstum finden wir dumm. Wachstum muss man anders definieren. Es geht um ein Wachstum an Lebensqualität, Qualität und Wertschöpfung“, erklärt Sebastian. Mehr Rebflächen würde bedeuten, dass man groß in einen Neubau des Kellers investieren müsste. Das hieße: Schulden machen. Dann müssten Mitarbeiter angestellt und bezahlt werden, die Fixkosten stiegen, Vertrieb und Marketing würden wichtiger – und die schlimmste Vorstellung für alle vier: Sie könnten weniger Zeit selbst in den Weinbergen verbringen.

> *„Wir bewirtschaften Weingärten und keine Weinberge. Das ist ein großer Unterschied.“*
>
> — Frank John

Wobei die Johns das Wort Weinberg nicht mögen. „Wir bewirtschaften Weingärten“, betont Frank. Wer mit ihnen zu der neu angelegten Rebterrasse in Gimmeldingen fährt, weiß warum. Hier sieht man erste gelungene Ansätze für eine Permakultur. Die jungen Rieslingreben sind auf dieser kleinen und wunderschön auf einer Anhöhe gelegenen Fläche keine Solisten. Sie sind eingebettet in ein durchdachtes Nutzpflanzensystem.

„Als wir die Fläche übernehmen konnten, war die völlig überdüngt“, erzählt Sebastian. Und zwar nicht nur mit Stickstoffdünger, sondern auch mit Phosphor. Denn die Pfalz liegt in der Nähe der einst großen Stahlindustrie von Lothringen und dem Saarland. Thomasmehl, ein phosphatreiches Abfallprodukt der Eisen- und Stahlerzeugung, wurde gerade in den Zwischenkriegszeiten als Dünger in Unmengen ausgebracht. „Wir machen immer Bodenanalysen und sehen im Schnitt das 200-Fache der empfohlenen Menge an Phosphat in den Pfälzer Böden“, erzählt Frank. Das Problem dabei: Wenn ein Element in solchem Übermaß da ist, blockiert es andere wichtige Nährstoffe. Bildlich gesprochen: Die Pflanzen verhungern vor einem vollen Kochtopf. Es muss dann paradoxerweise wieder aufgedüngt werden. „Wenn du diesen Wahnsinn durchbrechen willst, musst du dir was einfallen lassen“, sagt Frank. Die Antwort: Tomaten zwischen den Reihen pflanzen. Die nehmen viele dieser Nährstoffe auf, die mit der Ernte dann rausgenommen werden. So konnten die Johns fast zwei Tonnen Tomaten letztes Jahr auf der Fläche von 0,3 Hektar pflücken.

Im Weingarten ist Handarbeit gefragt. Bei den Johns packt jeder mit an.

„Wenn du mit Wildhefen vergären willst, brauchst du eine blühende Begrünung im Weingarten.“ – Frank John

Zwischen den Rebzeilen wachsen Kräuter aber auch Gemüse wie etwa Zwiebeln.

Dann wurden über 100 Kräuter ausgesät, um zu sehen, was sich hier besonders wohlfühlt. Vor allem der kriechende Thymian, ein sehr nützlicher Bodendecker, hat sich durchgesetzt. Aber auch echte Minze, Pimpinelle, Bockshornklee. „Wir haben das ganze Jahr frische Kräuter in der Küche“, ist Dorothee begeistert. Daneben wachsen Zwiebeln und Knoblauch. „Die fördern alle Schwefelprozesse“, weiß Gerlinde. „Jedes Kilo Stickstoff braucht sechs Kilo Schwefel, um in der Pflanze verankert zu werden.“ So hat hier jedes Gewächs eine Aufgabe. Vor allem die vielfältigen Blühpflanzen. „Wenn du mit Wildhefen vergären willst, brauchst du eine blühende Begrünung im Weingarten“, erklärt Frank dazu. Denn die Blüten ziehen Insekten wie Hummeln an. Die überwintern in Erdlöchern und mit ihnen die wertvollen Hefen. Wenn die possierlichen Tiere dann auf Nektarsuche durch den Weingarten brummen und sich erleichtern, treffen sie damit auch die Reben. So kommt eine gesunde Hefepopulation bei der Traubenlese mit in den Keller. Die Vergärung mit Wildhefen verläuft dann ohne Probleme.

Die Wurzelmasse der Begrünung zieht verdichteten Boden wieder hoch.

„Und die Hummel fliegt doch!“ – Gerlinde John

Dabei ist das Vergären mit Wildhefen ein in der Wissenschaft umstrittenes Thema. In einigen Studien wurden keine Hefen auf den Traubenschalen nachgewiesen. Es gibt die Lehrmeinung, dass ein im Weinkeller über die Jahre etabliertes Kellermilieu die Vergärung übernimmt, wenn keine Reinzuchthefen zugesetzt werden. „Ich kenne diese Studien und weiß, wie die Weinberge ausgesehen haben“, erklärt Frank. „Konventionell bewirtschafteter Rasen als Begrünung und kein einziger Blühstreifen weit und breit.“ Auch wie der Pflanzenschutz betrieben wird, spielt eine Rolle. „Auch ich als Biowinzer muss die Spritzabstände vor der Ernte berücksichtigen. Wenn ich kurz vorher noch das Fungizid Kupfer ausbringe, habe ich natürlich keine Hefen mehr auf der Traubenschale. Das weiß man als guter Handwerker“, erklärt Frank. Dass eine Kellerhefe seine Moste vergärt, schließt er für sich aus. „Wir kalken den Keller vor jeder Ernte aus. Wir haben daher auch keinen Kellerpilz. Die leeren Fässer werden sofort gründlich gereinigt und mit Schwefelwasser konserviert. Da hält sich keine Hefe“, erklärt er weiter. Das ist eines der Themen, über die Wissenschaft und Biowinzer teilweise erbittert miteinander streiten. Dabei ist das ein bisschen wie mit dem Hummelflug. Keiner kann berechnen und erklären, warum diese dicken Brummer mit ihren kurzen Flügeln überhaupt abheben können. „Und sie fliegen doch!“, lacht Gerlinde.

Bei den Johns geht es natürlich auch um einen befriedigenden Traubenertrag. Schließlich müssen auch sie wirtschaftlich arbeiten. Doch die entscheidende Frage ist die nach der Balance des Weingartens. Sie können Riesling im Pfälzer

Klima und auf diesen Böden durchaus mit 50 Hektoliter Wein pro Hektar einfahren. Ob das viel, genug oder zu wenig ist, ist natürlich immer eine Frage der Perspektive. Im Kontrast zu den Johns würde etwa ein Fassweinerzeuger stehen, der konventionell Dornfelder für den anonymen Massenmarkt produziert. Im langjährigen Mittel liegt der Ertrag bei Pfälzer Dornfelder bei über 130 Hektoliter Wein pro Hektar.

Dornfelder-Trauben wurden einst gut bezahlt. Die Gier der Winzer hat die Flächen mit dieser pflegeleichten und ertragsstarken Rebsorte dann explodieren lassen. Jetzt sorgen Imageverlust und niedrigste Traubenpreise für den Zwang, immer mehr zu produzieren, um ökonomischen Verlust auszugleichen. Natürlich mithilfe von noch mehr Ressourcenverbrauch wie Kunstdünger, Pestiziden und mechanischer Optimierung. Also auf Kosten der Umwelt. So müsste eigentlich allen klar sein, dass blindes Wachstum wenig Sinn macht.

> *„Ein Boden, der biologisch-dynamisch bewirtschaftet wird, muss Humusaufbau beinhalten.“* – Gerlinde John

Bei dieser Spatenprobe erkennt man in der Mitte die Spur eines Regenwurms. Der holt sich organische Substanz von der Oberfläche des Bodens, verzehrt und verdaut diese. Dann scheidet der Nützling die sogenannte Losung in seinen Tunneln aus. So entstehen stabile Röhren, die beim nächsten Regen nicht zugeschwemmt werden, sondern für ein gutes Eindringen des Wassers in den Boden sorgen. Die Losung besteht aus Humus, den sich andere Kleintiere und Pflanzen wieder erschließen.

„Geringere Erträge sind nicht zwangsläufig besser als höhere. Gerade bei der Sekterzeugung, wo du Grundweine mit wenig Alkoholgehalt brauchst. Als Winzer musst du das Gleichgewicht für jeden Standort und Weinstil im Blick haben“, betont Frank mehrmals. Wie der Ertrag gerechnet wird, ist dann ein weiterer Aspekt. Bei einer Permakultur wie bei Johns müssen auch die Erntemengen an Gemüse und Kräutern in die Bilanz einfließen. Hinzu kommt der Zugewinn an Biomasse im Boden. „Ein Boden, der biologisch-dynamisch bewirtschaftet wird, muss Humusaufbau beinhalten“, sagt Gerlinde. „Das ist der große Unterschied zwischen Bio und Biodynamisch. Es reicht eben nicht aus, nur die Spritzmittel auszutauschen. Wir wollen offensiv die Bodenfruchtbarkeit steigern. Wir wollen höhere Humusqualität. Das hat automatisch eine höhere Fruchtbarkeit für die

Pflanzen zur Folge", ist sie sich sicher. Höherer Humusgehalt und -qualität sorgen unter anderem für mehr Bodenleben. Damit sind all die Pilze und Bakterien, die in enger Symbiose mit den Wurzeln leben, unter anderem gemeint. Sie haben quasi einen Vertrag mit den Pflanzen. Die Pflanze mit ihren oberirdischen Blättern und der Möglichkeit, mittels Photosynthese Zucker zu produzieren, füttert die Bodenbewohner. Diese liefern ihr im Gegenzug Nährstoffe frei Haus.

„Die Pflanze schwitzt und scheidet über ihre Wurzeln nicht nur Zucker, sondern auch Hormone und Enzyme in den Boden aus. Damit kann sie das Bodenleben wie ein Dirigent aufrufen und Nährstoffe bestellen", erzählt Frank begeistert. Dieses komplexe Zusammenspiel sorgt dafür, dass die Pflanze mehr Wurzeln hat. Mehr Wurzeln heißt: mehr Blätter, mehr Photosynthese, mehr Wurzelausscheidungen und noch mehr Bodenleben. Die Pflanze ist gesünder, widerstandsfähiger gegen Krankheiten und Stress. „Diese Fruchtbarkeit liegt uns am Herzen", sagt Gerlinde. Dass belebte Böden mit höheren Humusgehalten mehr Wasser aufnehmen und speichern können, ist ohnehin bekannt. In Zeiten von Klimawandel und zunehmenden Wetterextremen ist das ein unschlagbarer Vorteil.

> *„Sekt machen ist wie Schach spielen.*
> *Während du eine Figur bewegst,*
> *musst du schon die nächsten Züge*
> *im Kopf haben."* – Frank John

Wer wie die Johns Sekt erzeugen will, muss das ausgeklügelte Zusammenspiel von Natur und Menschenhand besonders gut beherrschen. Es gibt keinen anderen Weinstil, der mehr manipuliert wird als Schaumwein. Denn Sekt entsteht mithilfe von gleich zwei Gärungen. Das heißt, Hefen müssen zweimal in einem Medium arbeiten können. Dafür brauchen sie unter anderem ausreichend Zucker und Stickstoff. Es entstehen Kohlensäure und Alkohol, die je nach Gehalt den Geschmack dramatisch beeinflussen. Beim Hefelager zersetzt sich die Hefe und liefert wichtige Substanzen, die für Feinperligkeit, Mundgefühl und Schaumstabilität sorgen. Es sind unendlich viele Zahnräder, die hier ineinandergreifen. Wer eine Schraube in diesem komplexen Motor verstellt, bringt ihn zum Stottern. Natürlich kann dieser Motor mit sämtlichen Hilfsmitteln der Kellertrickkiste wieder zum Laufen gebracht werden. Angefangen bei der Verwendung von Schönungsmitteln über künstliche Hefenährstoffe bis hin zu Reinzuchthefen. Schließlich entstehen so aus oft durchschnittlichen Weinqualitäten gleichförmig schmeckende Prickler für den Massenmarkt. Doch mit der hohen Kunst der handwerklichen Schaumweinerzeugung hat das wenig zu tun. „Sekt machen ist wie Schach spielen. Während du eine Figur bewegst, musst du schon die nächsten Züge im Kopf haben", lacht Frank John verschmitzt.

Sekterzeugung beginnt im Weinberg. Ziel ist es, reife Trauben mit wenig Zuckergehalt, aber einer hohen Einlagerung von hefeverwertbaren Nährstoffen zu erzeugen. Wie erreicht man das? „Man darf die Pflanze nicht zur Zuckerbildung stimulieren", antwortet Frank. „Das beeinflusst man unter anderem mit dem Rebschnitt und der Pflege der Laubwand." Ebenso gehört eine Balance in der Nährstoffversorgung dazu. „Die Rebe braucht Konkurrenz. Dann hat sie Zeit, Nährstoffe in die Beeren einzulagern, und steckt nicht zu viel Energie in das Ausbilden von Blättern und Trieben."

Selbstverständlich werden die Trauben dann per Hand gelesen und penibel selektiert. Faule Beeren würden Geschmack und feine Perlage später stören. Die Pressung wird wie in der Champagne gehandhabt. Ganze Trauben werden dabei mit wenig Druck gepresst und nur der erste Teil des ablaufenden Mostes für den Sekt verwendet. Ziel ist es, so wenig Gerbstoffe wie möglich aus den Schalen zu lösen. Würde man die Trauben bis auf den letzten Tropfen ausquetschen, würden zu viele Phenole in den Most gelangen, die später für ein grobes Aufschäumen beim Einschenken und ein schnelles Verfliegen der Kohlensäure sorgen würden.

Die erste Vergärung erfolgt dann mit Wildhefen in großen Holzfässern. Gefolgt vom biologischen Säureabbau, bei dem die wenig stabile, von Natur aus im Most enthaltene Apfelsäure durch wild vorkommende Milchsäurebakterien in Milchsäure umgewandelt wird. „Dadurch sind unsere Weine später stabil und brauchen kaum oder gar keinen Schwefel zur Konservierung", erklärt Frank. Hier verblüfft, dass der biologische Säureabbau bei sehr niedrigen pH-Werten funktioniert. Auch noch ohne den Zusatz von Reinzuchtkulturen. Das widerspricht so fast jedem konventionellen Kellerlehrbuch.

„Wer guten Wein machen will, muss die fünf „S" des Kellermeisters berücksichtigen", sagt Frank John. Er meint damit: sauber, schnell, sicher in der Entscheidung, Schwefel für die Hygiene und spundvoll. Er füllt die Fässer immer bis obenhin, bis zum Spundloch, auf, damit nicht zu viel Sauerstoff dazukommen kann. Der Keller bei den Johns wird vor jeder Ernte zudem ausgekalkt, weshalb es hier keinen Kellerschimmel an den Wänden zu sehen gibt.

„In der Regel sind die Grundweine im Mai so weit fertig und bleiben bis zum Verschneiden auf der Hefe“, erklärt Frank. Denn die dann tote Hefe gibt wieder Nährstoffe ab, die für die zweite Gärung wichtig sind. „Jeder Prozess ergibt für den nachfolgenden Schritt Nahrung. Das meine ich mit Schachspielen.“ Für die zweite Gärung wird auf den Most des nächsten Jahrgangs im Herbst gewartet. „Die Cuvée der Grundweine wird mit frischem Traubensaft so gemischt, dass diese in etwa 24 Gramm pro Liter Zuckergehalt aufweist. Dann wird dieses Gemisch auf Flaschen gefüllt und verschlossen“, erläutert Frank. Wiederum wilde Hefen sorgen danach für die erneute Gärung, die sogenannte Flaschengärung. So entstehen, wie beim Champagner, sechs bar Kohlensäuredruck. Wenn die zweite Gärung vorüber ist, bleibt der Schaumwein, je nach Typ, mehrere Jahre auf der dann toten Hefe liegen. Diese zersetzt sich langsam und sorgt für besonders feinperlige Kohlensäurebläschen, Mundgefühl und feine Hefearomen. Im Prinzip gilt: je länger das Hefelager, umso feinperliger der Sekt und umso ausgeprägter die Hefearomen.

Bei der herkömmlichen Sekterzeugung wird für die zweite Gärung einfach Rübenzucker verwendet, in der Regel werden auch künstliche Hefenährstoffe und eine besondere Reinzuchthefe zugegeben. Laut Lehrmeinung ist es nämlich schwierig, dass die gleichen Hefen zweimal genug Nährstoffe für ihre Tätigkeit haben. „Unser Most hat von Natur aus alles mitbekommen“, ist sich Frank sicher. „Die Frage ist, mit wie viel Alkohol gehst du in die zweite Gärung? Wie hast du den Grundwein behandelt? Wenn du zu früh die Hefe entfernt und vielleicht noch filtriert hast, sieht es schlecht aus für die zweite Gärung“, erklärt er. „Dann musst du in die Kellertrickkiste greifen.“

> *„Was draußen im Weinberg und mit dem Boden passiert, merkst du sofort im Keller. Am Gefüge der Inhaltsstoffe im Most – und wie dieser beim Verarbeiten reagiert.“* – Frank John

Im Prinzip geht es bei diesen handwerklich bereiteten Weinen darum, Trauben zu ernten, die so inhaltsreich sind, dass daraus ohne Zusatzstoffe ein gut schmeckender und kompletter Wein entsteht. Die meisten Kellerhilfsmittel, von Schönungsmitteln über Enzyme bis hin zu künstlichen Säuren, sind im Prinzip nur dafür da, Defizite in der Weinbergsarbeit auszugleichen und Zeit im Produktionsprozess einzusparen. Dabei ist doch das Faszinierende am Kulturprodukt Wein, dass es für dessen Herstellung nur Reben, gutes Winzerhandwerk, einen sauberen Keller und Zeit braucht. So entstehen Weine, die in ihrem Geschmack, Geruch und Mundgefühl einzigartig sind. Die sich einem Jahrgang, einem Weingut, einer Region, ja sogar manchmal einer Weinbergslage zuordnen lassen können. Das unterscheidet Wein als Kulturprodukt von einem industriell gefertigten Getränk. Dorothea John hat recht, wenn sie sagt, der Verbraucher ist es, dessen Einkauf entscheidet, welche Art von Landwirtschaft er unterstützt. „Was draußen mit den Reben und dem Boden passiert, merkst du sofort im Keller. Am Gefüge im Most, wie dieser beim Verarbeiten reagiert und später im Glas“, erklärt Frank. Er könnte auch sagen: Im Wein liegt Wahrheit, und die Frage nach dem Unterschied zwischen Weingarten und Weinberg ist eine politische Frage.

Die Weine

Wer auf die hier beschriebene handwerkliche Art Schaumwein macht, ist schon ziemlich gut und beherrscht die Königsdisziplin. Die Sekte der Johns gelten zu Recht mit als die besten und aufregendsten in Deutschland. Interessant ist dabei die Verwendung von Riesling. Als große Kunst in der Sektbereitung gilt es, reife Trauben bei zehn Prozent potentiellem Alkohol zu ernten. Beim Riesling ist die von Natur aus hohe Säure eine zusätzliche Herausforderung. Die Säure muss bei der relativ frühen Lese schon harmonisch schmecken – was nur gelingt, wenn man im Weingarten gezielt darauf hinarbeitet.

Beim Riesling-Sekt gibt es verschiedene Typen auf dem Markt. Es gibt die süffigen und unkomplizierten, die von den ausgeprägten Rieslingaromen dominiert werden. Bei den Johns will man Sekte erzeugen, die von den feinen Hefenoten geprägt sind. Riesling wird hier zur Leinwand, auf der sich die delikaten Aromen, die nur bei einer langen Flaschenreife entstehen, optimal präsentieren können. Ziel ist es, dass diese Hefearomen ein feines Parfum am Gaumen entwickeln und nicht breit, brotig und plump schmecken. Dafür ist auch das Gefüge im Grundwein wichtig. So spielen Genetik der Trauben, Lesezeitpunkt, Holzfassgärung und -lagerung, ph-Wert, biologischer Säureabbau sowie Lagertemperatur und Lagerdauer eine Rolle.

Die Sekte sollen zudem so pur wie möglich schmecken. Deshalb wird weitgehend auf eine Dosage verzichtet. Bei der sogenannten Dosage wird nach dem Entfernen der Hefe noch einmal Zucker zugesetzt. Damit wird der Geschmack eingestellt. Steht zum Beispiel Brut auf der Flasche, darf mit bis zu 12 Gramm pro Liter Zucker gesüßt werden. Auch das ist ein zweischneidiges Schwert. Etwas Süße kann durchaus charmant sein und bei der Flaschenreife nach dem Verkauf sogar sehr dienlich sein. Andererseits kann Süße im Wein auch furchtbar missbraucht werden. Restzucker kann Fehler geschmacklich kaschieren und den Weinfreunden einen Geschmack vortäuschen, wo eigentlich keiner ist. Es ist schon kurios, dass die teuersten wie die billigsten Weine süß sind. Deshalb sollte man lernen, auch beim Schaumwein genau hinzuschmecken. Für viele – auch für Weinkenner – ist beim Sekt die Hauptsache, dass er sprudelt. Dabei wartet eine ganz eigene Geschmackswelt auf den interessierten Entdecker.

2016
Riesling Brut – 32 –

Der Einstieg in die Sektwelt der Johns. Die Grundweine werden im Stückfass ausgebaut, und der Sekt liegt 32 Monate auf der Hefe. Es ist der Sekt im Sortiment, bei dem die primäre Rieslingaromatik am deutlichsten zum Vorschein kommt. Besonders bemerkenswert ist, dass dieser komplexe Sekt mit nur 11,5 Prozent Alkohol auskommt. Vergoren und gelagert im großen Holzfass. Dosiert mit sich selbst und 20 ml Traubensaft.

Riesling Brut Nature

Dieser Sekt liegt 36 Monate auf der Hefe und wird ganz ohne Dosage abgefüllt. Er verfügt über eine sehr feine Perlage. Das Bukett lebt von feinen Hefearomen. Es ist dieser erstklassige und betörende Hefeton, der sich durch alle Sekte zieht. Hinzu kommen Aromen von weißen Blüten, Marille und Zitrustöne. Am Gaumen ist der Sekt betont trocken, wirkt aber nicht wie andere Brut Nature ausgezehrt. Ein ganz feiner und verspielter Schaumwein, mit reifer und fast kristallin wirkender Säure. Die Hefe hinterlässt ein feines Parfum am Gaumen.

2010
Riesling Brut – 100 –

Für diesen edlen Sekt wurde nur Vorlaufmost verwendet. Die Grundweine wurden in gebrauchten und neuen Barriquefässern ausgebaut. Nach der Flaschengärung durfte dieser Schaumwein über acht Jahre auf der Hefe reifen, bevor er ohne Dosage in den Verkauf kam. Die Versektung erfolgt erst im Spätsommer. Der Sekt hat eine deutlich strohgelbe Farbe und orangene Reflexe. Das Bukett ist komplex und fein verwoben. Die Noten von Toast, Vanille, Salbei und Kamille sind fein verschmolzen mit zurückhaltender Rieslingfrucht. Hinzu kommen Autolysearomen von einer erstklassigen Hefe. Der Sekt baut sich am Gaumen mit viel Druck auf und hinterlässt ein feines Hefeparfum im Nachhall. Trocken und mit feinem Schmelz im Finish.

2016
Pinot Noir Kalkstein

Die Trauben für diesen Pinot Noir stammen von kalkgeprägten Lagen. Da im ganzen Weingut keine Klone verwendet werden, stammt diese Rebengenetik ebenfalls aus sogenannten Muttergärten, also alten und ungeklonten Weinbergen. Nach der traditionellen Maischegärung wird der Wein in Barrique-Fässern (225 ltr.) und Tonneaux-Fässern (500 ltr.) bis zu zwei Jahre ausgebaut und unfiltriert abgefüllt.

Das Bukett wirkt fein und ätherisch. Es zeigt sich die perfekte Balance zwischen Reife und Säure. Langsam schälen sich Aromen von roten frischen Beeren, Heckenrosen, Flieder und Wacholdertöne heraus. Struktur kommt über eine reife Säure, die sich fein durch den Wein zieht, hintenraus überzeugt dieser Sekt mit viel Frische, kreidigen Tönen und einem langen Nachhall.

Am Anfang war das Gespür

Peter Bernhard Kühn (4)

Weingut Peter Jakob Kühn, Oestrich-Winkel, Rheingau

Die Mitglieder der Familie Kühn gehören nicht zu den lauten Gesellen der Winzerbranche. Hier gibt es kein joviales Schultergeklopfe, und es werden nicht jedem bereitwillig die Kellertüren geöffnet. Man muss schon öfters hinfahren, die richtigen Fragen stellen, sich einlassen und zuhören können, um hinter die Fassade blicken zu dürfen. Dabei sind sie alle nicht schüchtern. Sie wollen nur nicht ständig ihr Innerstes nach außen kehren. Ihre Empathie für Reben und Weingärten, ihre Sensibilität beim Ausbau der Weine, ihr Empfinden im Umgang mit der Biodynamie – all das hat natürlich etwas Intimes. Und kann auch nicht in griffige Marketingphrasen gepackt werden, die ein Gegenüber im Vorbeigehen konsumiert.

Im Jahr 2004 haben Peter Jakob und Angela Kühn den Familienbetrieb direkt auf biologisch-dynamische Wirtschaftsweise umgestellt. Dem vorausgegangen war ein langer Entwicklungsprozess, der mit der Geburt ihrer Kinder in den 1980er Jahren begann. Sie machten sich Gedanken über gesunde Ernährung und die Qualität der Lebensmittel. Sie lernten die Funktion von systemisch-synthetischen Pflanzenschutzmitteln besser kennen und hinterfragten deren Einfluss. Nachdem das Weingut als Aussiedlerhof von Weinbergen umgeben ist, kam auch schnell die Sorge um die Abdrift dieser Mittel dazu. Zwar interessierten sie sich damals schon für ökologischen Weinbau, doch die Suche nach Vorbildern blieb erfolglos.

„Am Anfang war das Gespür. Daraus ist alles Weitere gewachsen."
— Angela Kühn

Also haben sie sich selbst langsam vorangetastet. Erst einmal die Herbizide weggelassen, die Bodenbearbeitung umgestellt und sich mit Kollegen ausgetauscht. Später besuchten sie die von Bioverbänden organisierten Seminare und lernten dabei mehr über den biologisch-dynamischen Ansatz. „Das Thema hat uns so mitgenommen. Es war wie ein Ankommen", erzählt Peter Jakob Kühn. Und so beschlossen sie, konsequent den Schritt Richtung Bioanbau zu gehen. Natürlich war das auch ein wirtschaftliches Risiko, zumal sich zum Beispiel der Weinstil komplett verändert hat. Wurde früher sehr stark in die Weinbereitung eingegriffen, um dem Zeitgeist entsprechend polierte und auf eingängige Frucht getrimmte Weine zu erzeugen, bekommt man bei den Kühns heute ganz eigenständige Tropfen eingeschenkt. Manche frühere Stammkunden hat man damit verprellt. Doch viele neue sind hinzugekommen. Dass die Umstellung letztlich so erfolgreich gelingen konnte, hat für Angela auch mit dem Gespür ihres Mannes für die Natur zu tun. Für sie ein besonderes Talent. „Am Anfang war das Gespür. Daraus ist alles Weitere gewachsen", ist sie sich sicher.

Peter Jakob und Peter Bernhard Kühn sind sich einig.

Peter Bernhard und Viktoria Kühn haben sich auf dem Weingut kennengelernt. Sie hat sich den Betrieb für ihre Lehre auch deshalb ausgesucht, weil hier biologisch-dynamisch gewirtschaftet wird. Zusammen setzen sie seit 2012 ihre Vorstellungen im Weinberg um. „Sie ist ein knallharter Diskussionspartner", sagt Peter Bernhard über seine Frau. „Sie hat mir schon oft den richtigen Weg gezeigt. Ihr Gespür für die Reben ist phänomenal."

Auch Peter Bernhard Kühn ist diese Gabe in die Wiege gelegt worden, obwohl sie zunächst im Verborgenen schlummerte. Eigentlich wollte er nicht Winzer werden. Schnell raus, vor allem aus dem ländlichen Rheingau, war seine Devise. In Mainz hat er angefangen, Philosophie zu studieren, hat beim SWR gejobbt und Fußball gespielt. Die Umstellung des Weinguts hat ihn dann aber doch interessiert. Bei einem Treffen mit biodynamischen Kollegen im elterlichen Wohnzimmer hört er das erste Mal einen Text aus dem Landwirtschaftlichen Kurs von Rudolf Steiner und ist begeistert. „Mich hat dieser komplette Perspektivwandel so abgeholt", erklärt er und ändert daraufhin seine Pläne. Er bricht die Zelte in Mainz ab und beginnt ein Praktikum bei Cyprien Arlaud im Burgund. „Das war sehr wichtig für mich", erzählt Peter Bernhard dazu. „Dort habe ich die Leidenschaft für Wein und Weinbereitung kennengelernt, das Bodenständige und gleichzeitig Welterobernde. Das Handwerk, den Fleiß und die Hingabe. Die Menschen haben mich auf ihrem Weg mitgenommen."

Danach fängt er in Geisenheim an, Weinbau zu studieren, und schaut dem Vater interessiert über die Schulter. Beide tasten sich an das Thema Biodynamie heran und lernen stetig dazu. Dabei verändert sich auch ihr Verhältnis zu dem Thema. „Am Anfang ist man wie frisch verliebt", schwärmt Peter Bernhard und lacht. „Man ist begeistert von jedem Aspekt, du schwebst auf einer Wolke und willst so viel wie möglich verwirklichen." Aber in jeder Beziehung kommt irgendwann der Alltag. „Es läuft zwar gut, aber das erste Funkeln in den Augen ist irgendwann weg."

> *„Natürlich könnten wir jetzt in Equipment investieren, um etwas Perfektes in jeder kosmischen Hinsicht zu erwerben. Aber wenn du das so aufhängst, fängst du erst gar nicht damit an."* – Viktoria Kühn

Dafür sieht man klarer, auf was es tatsächlich ankommt. Denn eine Erfahrung müssen wohl alle Betriebe machen, die erfolgreich biodynamisch arbeiten. Sie müssen sich als Erstes von der Idee verabschieden, jemals das Optimum dieser Wirtschaftsweise erreichen zu können. Das mag ernüchternd klingen, ist aber in Wahrheit eine befreiende Erkenntnis. Viktoria Kühn macht das am Beispiel ihres

Equipments fest. Für das Ausbringen der Feldspritzpräparate benutzen sie einen alten GFK-Spritztank. Das ist ein ziemlich hässlicher, billiger Plastikbehälter, der schon im Haus war. „Natürlich könnten wir jetzt ein paar Tausend Euro investieren, um etwas Perfektes in jeder kosmischen Hinsicht zu erwerben. Aber wenn du das so aufhängst, fängst du erst gar nicht damit an", erzählt sie. Vieles muss sich über das Tun und die Zeit hinweg entwickeln. Ständig beobachtet man und verfeinert dabei sämtliche Arbeitsprozesse. „Es dauert mit Sicherheit zehn Jahre, bis man das Weingut so angepasst hat, dass eine Betriebsindividualität entsteht", berichtet Peter Bernhard.

Mittlerweile ist dieses Arbeiten selbstverständlich geworden. „Wir haben die natürlichen Rhythmen für uns sinnvoll in den Betriebsablauf integriert", sagt Peter Bernhard. So ist die Osterzeit ein wichtiger Zeitpunkt im Arbeitskalender. Dann, wenn die Natur sich zu öffnen beginnt, wird das Hornmistpräparat ausgebracht, um das Bodenleben anzuregen. Für die Kellerarbeiten orientiert sich Peter Bernhard am Mondkalender, aber immer ohne dogmatisches Rezeptbuch. Tiefergehende anthroposophische Kenntnisse über kosmische Einflüsse findet er interessant. Wie zum Beispiel nicht nur der Mond, sondern auch Pluto oder Saturn auf die Pflanzen wirken können. „Das macht Spaß, sich an einem Sonntag da reinzulesen. Aber wenn am Montagmorgen die Truppe hier steht und wir entscheiden, was gemacht werden muss, rückt das Praktische in der Prioritätenliste wieder ganz nach vorne", gibt er zu.

> *„Die Liebe, Sensibilität und Empathie, die wir für unsere Reben, Weinberge und den Betrieb entwickelt haben, hat mit der Biodynamie Einzug gehalten."* – Peter Bernhard Kühn

Für die ganze Familie hat dieser veränderte Blick auf die Natur eine große Bedeutung bekommen. „Das gehört heute zu unserem Leben. Wir nutzen die Biodynamie, um unser Gespür für die Natur zu stärken. Es hilft uns, eine Form zu finden, dass sich das bei uns so äußern kann", erklärt Angela Kühn. „Wir könnten nicht mehr anders arbeiten", sagt Peter Bernhard sicher. Für ihn ist die Reflexion, die man entwickelt, wenn man die biodynamischen Ideen in den Kopf gepflanzt bekommt, ein entscheidender Punkt. Sie verändern den Blick auf die Weinberge. „Die Liebe, Sensibilität und Empathie, die wir für unsere Reben, Weinberge und den Betrieb entwickelt haben, hat mit der Biodynamie Einzug gehalten", erklärt er.

Neben dem eigenen Kompost machen die Kühns auch alle Präparate selbst. Zertifiziert werden sie nach Demeter-Standard. Die Mitgliedschaft bei Demeter war auch eine ganz bewusste Entscheidung. Den Kühns gefällt, dass der Verband global agiert und eben nicht nur Winzer, sondern hauptsächlich Landwirte unter einem Dach vereint. Auf den jährlichen Landwirtschaftstagungen lernen sie dabei Bauern von Indien bis Südamerika kennen. Den Austausch empfinden sie als besonders bereichernd. „Diese bei Demeter gelebte Ganzheitlichkeit in der Natur, die nichts ausschließt, ist gefühlsmäßig unsere Basis", erklärt Angela Kühn. „Ich finde es gut, wenn man sich dabei nicht nur auf Wein konzentriert. Das Fundament der Biodynamie ist die Landwirtschaft."

Zum Weingut gehören neben 20 Hektar Rebflächen auch fünf Hektar Wiesen. Dort pflegen die Kühns eine ausgedehnte Streuobstwiese, und hier wird der biologisch-dynamische Kompost bereitet. Alle Präparate werden selbst hergestellt. Hier im Bild das fertige Hornmistpräparat.

„Es kann nicht sein, dass ich mich rechtlich in einer Grauzone bewege, wenn ich Kompost ausbringe.“ – Peter Bernhard Kühn

Dass die Arbeit von Verbänden wichtig ist, zeigt sich im Umgang mit der EU-Düngerverordnung. Wie viele Weinbauregionen hat auch das Rheingau mit Altlasten zu kämpfen. Unter anderem zu hohe Mineraldüngergaben belasten das Grundwasser mit zu viel Nitrat und Phosphaten. Die Düngemittelverordnung macht nun keinen Unterschied, ob heute Kunstdünger oder Kompost eingesetzt wird. Es zählt alleine die Nährstoffbilanz, und aus einem Komposthaufen kann man nun mal schlecht den Stickstoff rausschneiden. Damit entsteht die absurde Situation, dass konventionelle Winzer, die mit ihren übermäßigen Kunstdüngergaben diese Misere zu verantworten haben, mit der Verwendung von gezielt gemischten Mineraldüngern einen Vorteil haben.

Liebe auf den ersten Blick: die Lage St. Nikolaus. 2003 hat die katholische Kirche den knapp ein Hektar großen Weinberg neu verpachtet, und die Kühns kamen zum Zug. Die Statue hat übrigens zwei Gesichter. In Richtung Rebberge blickt der Weinheilige St. Urban, über den Rhein wacht der Schutzpatron alle Seefahrer, St. Nikolaus.

Für Biowinzer ist das ein großes Problem. Denn nur mit organischer Düngung können sie ihre Reben mit Nährstoffen versorgen. Außerdem wird mit Kompostgaben das Bodenleben angereichert, die Bodenstruktur verbessert und der in Zeiten von Klimawandel so wichtige Humusaufbau gefördert. Denn Humus kann Wasser speichern und es in Trockenphasen wieder an die Reben abgeben. Ebenso ist ein gesunder, belebter Boden die beste Versicherung gegen Nährstoffauswaschungen. „Der Verband müsste hier Studien dazu anschieben und uns Argumente liefern, warum das Arbeiten mit Kompost gut ist", sagt Peter Bernhard. „Rein wissenschaftlich gesehen, sprechen heute anscheinend mehr Argumente für den konventionellen Anbau als für das, was wir machen", bringt er es etwas überspitzt auf den Punkt.

Aber nicht nur Studien sind hier wichtig, sondern auch eine gute Lobbyarbeit, um die Interessen der ökologischen Winzer und Landwirte durchzusetzen. Deshalb ist es für Winzer eine Pflicht, sich einem Verband anzuschließen. Sich

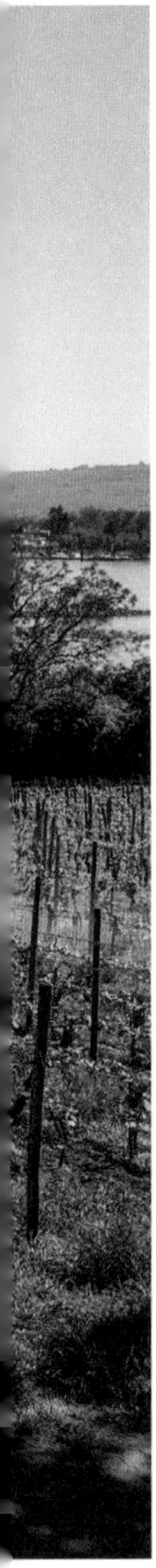

zu engagieren, um auf Absurditäten immer wieder aufmerksam zu machen. Sonst entscheidet das Amalgam aus Politik, Agrarindustrie und Bauernverband allein über geltende Richtlinien, und das sind keine guten Aussichten.

Der Erfolg der Kühns hängt nicht nur an ihrem Gespür und Fleiß. Er hat natürlich auch etwas damit zu tun, in welchem Weinbaugebiet sie sich befinden, über welche Lagen sie verfügen und mit welcher Rebsorte sie arbeiten. Der Rheingau ist schon eine besonders gelungene Laune der Natur und Riesling das ideale Medium, um Schönheit ins Glas zu zaubern. Im Rheingau ändert der vielbesungene Strom seine Fließrichtung. Am Taunus vorbei fließt der Rhein für ein paar Kilometer von Ost nach West. So sind die an den Hangausläufern gelegenen Weinberge perfekt nach Süden ausgerichtet und profitieren zusätzlich von der Thermik, die die enormen Wassermassen mitbringen.

Im mittleren Rheingau ist die dünne obere Bodenschicht von kalkhaltigem Löss dominiert, der in der letzten Eiszeit angeweht wurde. Das Kalkige bringt den Weinen Frucht und Schmelz. Geprägt wird der Riesling allerdings von dem harten Quarzit, dem Kieseligen darunter. Kiesel, so heißt es in der Biodynamie, ist für das Formbildende zuständig und verfügt über strukturierende Kräfte. So kann man vielleicht auch dieses einzigartige Rückgrat aus Mineralität und Säure erklären, die Stringenz und strahlende Brillanz im Geschmack, die dem Rheingauer Riesling stets eine fast schon aristokratische Dimension geben.

Besonders bezaubernd zeigt sich der Reiz des Rheingaus in der Lage St. Nikolaus. Sanft fällt der Hügel zum nahegelegenen Rhein hinab, das Licht bricht sich auf den Wellen des gemächlich dahinfließenden Flusses und blitzt in die Rebzeilen hinein. Hier steht Riesling aus drei verschiedenen Pflanzjahren. Der älteste Teil wurde 1954 angelegt und liefert die Trauben für den Spitzenwein Schlehdorn. „Wir haben vor zwei Jahren in allen Lagen Bodenanalysen machen lassen und sind nun mit zweieinhalb bis vier Prozent Humusgehalt ganz gut dabei“, erklärt Peter Bernhard, während wir durch die alten Reben streifen. Damit sind die Böden nicht fett, verfügen aber über eine ausgewogene Nährstoffversorgung.

Seitdem sie das wissen, fahren sie auch nicht mehr jedes Jahr Kompost in die Weinberge, sondern beschränken sich auf einen zwei- bis dreijährigen Rhythmus. Eine jährlich wechselnde Begrünung reicht, um die Reben mit Nährstoffen zu versorgen und um die Biodiversität zu steigern. Eine Entwicklung, die bei allen biologisch-dynamischen Winzern beobachtet werden kann. Irgendwann verabschieden sie sich vom rein stofflichen Denken und von dem Motto: Viel hilft viel. „Es gibt auch ein zu viel des Guten“, behauptet Peter Bernhard. Zudem pendeln sich mit guter Arbeit Weinberg, Boden und Pflanzen aufeinander ein. Es entsteht ein natürliches Gleichgewicht, für das man ein Gefühl bekommt.

Die Entscheidung, was im Weinberg passiert, fällt im Team. Dazu gehören Frau Viktoria, Eltern und Mitarbeiter. „Unsere Leute sind keine Anthroposophen, aber sie sehen, wie sich die Weinberge verändern und finden das gut“, erzählt er. Ihm ist wichtig, dass seine Mitarbeiter umsichtig arbeiten und vor allem mechanisch versiert sind. „Wir haben Weinberge mit verschiedenen Zeilenbreiten, Stockabständen, unterschiedlichen Böden von leicht bis schwer – wir müssen sehr individuell arbeiten“, erklärt er. Ständig müssen dabei die Arbeitsgeräte umgebaut und akkurat eingestellt werden. Auch dafür braucht es Talent und Gespür.

Mit neun Festangestellten haben die Kühns für ihre Betriebsgröße eine hohe Mitarbeiterquote. Sie legen Wert darauf, dass viele Arbeitsschritte im Weinberg, die auch mechanisch erfolgen könnten, mit der Hand ausgeführt werden.

„Wir rationalisieren nicht, sondern wir emotionalisieren", sagt Peter Bernhard dazu. „Jede Hand, die die Rebe berührt, ist wertvoll für die Qualität. Wenn wir unsere Reben nicht mehr berühren, können wir keine Weine mehr machen, die die Menschen berühren."

Der Hendlberg befindet sich in der Nähe des Ortes Hallgarten. Ein Hochplateau oberhalb des Rheins.

Rund um das Hochplateau bei Hallgarten befindet sich der Hendlberg. Eine weitere Spitzenlage, die aber über eine ganz andere Atmosphäre verfügt. Deutlich steiler und auf einer Höhe von 200 bis 300 m NN, sieht man den Rhein nur von Weitem vorbeifließen. Hier herrschen ganz eigene Wachstumsbedingungen. Durch die Hangneigung bekommen die Reben zwar die volle Sonne ab, aber ständig weht einem hier ein kühler Wind um die Nase. Hier gibt es keine Lössauflage, dafür fein verwitterten Schiefer, etwas Quarzit ist auch dabei. „Hier schmecken die Trauben schon ganz anders", schwärmt Peter Bernhard. „Es wechselt von einem tiefen, satt-roten und vollmundigen Geschmack im St. Nikolaus zu einem hellen Gelb, strahlend und feingliedrig." Das Markante an den Weinen aus Hallgarten ist ihre besondere Frische. „Das hat nichts mit dieser Säurefanatik zu tun. Dass man immer Frische mit viel Säure verbindet. Der Hendlberg hat Frische, die sich aber über eine ziselierte Feinheit ausdrückt", beschreibt Peter Bernhard das Wesen dieser Weine.

Damit sich diese Terroirunterschiede geschmacklich ausdrücken können, haben die Kühns in den letzten 20 Jahren ihre Weinbereitung mehrfach verändert. Es hat gedauert, bis man den richtigen Stil gefunden hat. Wie schon erwähnt, entsprachen die Weine vor der Umstellung dem Zeitgeist. In den 2000er Jahren war Qualität, was blank poliert und mit ordentlich „Tuttifrutti" im Duft daherkam. Die gute fachliche Praxis sah dafür den tiefen Griff in die Kellertrickkiste vor. Mit Einsatz von zum Beispiel Reinzuchthefen, Hefenährstoffen, Enzymen oder Schönungsmitteln lässt sich jede Jahrgangskante glattbügeln und einen Allerweltsgeschmack treffen. Doch wo dann das vielbeschworene „Terroir" sein soll, wenn alle die gleichen Zusätze verwenden und ein Riesling wie der andere schmeckt, wusste irgendwann keiner mehr. Daraufhin schlug das Pendel in ein anderes Extrem aus. Das Zeitalter des Naturweins wurde ausgerufen. Trauben aus feinsten Lagen wurden mitsamt Schalen und Spinnenbeinen in altmodischen Amphoren vergoren. Oder man spielte ein bisschen mit Weinfehlern. Ein kleiner, geschickt gesetzter, schwefelduftiger Hefestinker, und jeder Verkoster schwärmte von der unfassbaren Mineralität in den neuen Weinen. Auf Messen erzählten die Winzer das, was ihr Gegenüber gern hören wollte: Sie würden fortan im Keller nichts mehr machen. So weit ging man bei den Kühns allerdings nie. Aber es hat eben auch hier gedauert, bis man selbstbewusst die kurzlebigen Kellermoden hinter sich lassen konnte.

„Den Mut, im Ausbau in die letzte Konsequenz zu gehen, habe ich auf dem Weingut Zind-Humbrecht bekommen.“ – Peter Bernhard Kühn

„Der zweite Winter im Fass kann eine wertvolle Öffnung in die Weine bringen. Die Hefe nährt den Wein. Ich mag einfach, was mit dem Wein passiert, wenn er so ausgebaut wird. Wenn er diese Ruhe hat.“ Peter Bernhard Kühn

Der Austausch mit Kollegen war dafür wichtig. Im Jahr 2012 macht Peter Bernhard ein Praktikum im Elsässer Weingut Zind-Humbrecht. Dort arbeitet er mit dem Kellermeister Paul McKirdy zusammen. „Ich dachte, ich würde schon was wissen. Paul hat mir dann verklickert, dass ich keine Ahnung habe, und das war gut so“, erinnert sich Peter Bernhard und lacht. „Dort ist man in der Bioentwicklung einfach eine Generation weiter als hier“, erzählt er. „Die Natürlichkeit im Ausbau der Weine hat eine ganz andere Selbstverständlichkeit." Dort lernt er ein anderes Zutrauen in die Kraft, die in den Weinen steckt, kennen. „Den Mut, im Ausbau in die letzte Konsequenz zu gehen, habe ich dort bekommen", erzählt Peter Bernhard weiter. Sicherlich gab es schon vorher mutige Weine bei den Kühns, aber es gab auch immer diese Sicherheitsvarianten. Begeistert von den neuen Eindrücken, fährt er oft noch nachts nach Hause, um mit seinem Vater zu diskutieren. Der ist von dem Enthusiasmus seines Sohnes begeistert und setzt die Ideen in seiner Abwesenheit um.

Zunächst verändern die Kühns das Keltermanagement. Bis dahin haben sie mit mehreren Stunden Maischestandzeit gearbeitet, um Gerbstoffe aus den Schalen auszulaugen. Sie dachten, sie würden dieses Extra an Phenolik für die Struktur ihrer Rieslinge brauchen. „Paul hat mich gefragt, warum ich glaube, den Trauben würde was fehlen", erzählt Peter Bernhard. „Als dann diese Frage so vor mir stand, wurde mir klar, dass das nicht mehr der pure Weinberg ist." Seitdem werden die Trauben nach der Lese im Ganzen schonend abgepresst. Dabei hat er ein Gefühl entwickelt, mit welchem Pressprogramm er an welche Chargen rangeht. Im Keller stehen dafür zwei moderne pneumatische Pressen. Hier kann man an den verschiedenen Stellschrauben von Druck bis Pressdauer drehen.

Über Nacht kann der Most sich dann absetzen. Dann wird der milchtrübe Saft in die jeweiligen Gärgebinde verteilt und ohne Zusatz von Reinzuchthefen vergoren. „Wir haben seit 2004 keine Hefetüte mehr aufgemacht", erzählt Peter Bernhard. „Die gezüchteten Hefen sind so durchtrainiert, dass sie die Kellerflora in ihrer Vielfalt zerstören würden, wenn wir sie einsetzten. Die anderen – natürlichen – Hefestämme würden verloren gehen, weil die Turbohefen alles dominieren."

Für die Kühns ist es wichtig, noch selbst in den Weinbergen arbeiten zu können. Daher gibt es keine Bestrebungen, die Flächen zu erweitern. So kann Peter Bernhard sich die Zeit nehmen, um zum Beispiel die Feldspritzpräparate selbst zu dynamisieren und auszubringen.

Wenn sich ein Fass schwertut, völlig durchzugären, hilft er mit handwerklichen Methoden nach. Dazu zählen: Most aufrühren, etwas anwärmen oder etwas gut gärenden Most aus einem anderen Fass hinzugeben. „Zu viel Laissez-faire finde ich nicht gut", erklärt er weiter. „Wir sind aktiv bei der Gärung dabei und wollen am Ende trockene Rieslinge haben. Deshalb muss ich die Weine nicht über das Knie brechen. Oft reicht einfach etwas Hilfe aus." Damit sagt er auch, dass er mit dem Reinheitsgebot der Naturweinfans, dem absolut geltenden Nichtstun im Keller, wenig anfangen kann.

„Dieser zeitliche Freiraum, den wir uns mittlerweile im Ausbau geschaffen haben, gibt uns Raum, mit dem Wein zu interagieren. Dabei gibt es kein Rezept. Jedes Jahr und jedes Fass ist anders." – Peter Bernhard Kühn

Investiert haben die Kühns vor allem in neue Holzfässer. „Wir hatten die Idee, die Weine über den Jahrgang hinweg auszubauen, da brauchen wir mehr Fassraum.“ Teilweise liegen die Spitzenweine über 18 Monate auf der Hefe. Aber auch das soll kein Dogma sein, sondern nur angewendet werden, wenn es passt. „Wir wollten, dass die Weine ihren eigenen Zeithorizont bekommen“, sagt Peter Bernhard. „Der Riesling soll aus sich herauswachsen und entscheiden, wann er fertig ist.“ Mit der Zeit lässt der Wein die Hefe los. Sie sedimentiert am Fassboden. Dies ist der Moment, da der Wein gegenüber Oxidation empfindlich werden kann. Deshalb probiert und kontrolliert er regelmäßig die Fässer. Die Erfahrung sagt ihm, wann abgefüllt werden kann. „Wir haben auch im Keller durch die Biodynamie mehr Gespür entwickelt“, ist er sich sicher. „Dieser zeitliche Freiraum, den wir uns mittlerweile im Ausbau geschaffen haben, gibt uns Raum, mit dem Wein zu interagieren. Dabei gibt es kein Rezept. Jedes Jahr und jedes Fass ist anders.“

Die Rieslinge der Kühns gehören heute zu den Besten in Deutschland. Der Erfolg ist da. Doch sie widerstehen der Versuchung, ihre Flächen zu erweitern. Sie haben im Gegenteil erst 1,5 Hektar Rebfläche abgegeben, die nicht wirklich in ihr Portfolio gepasst haben. Sie wollen das, was sie tun, weiter verfeinern und ihre Sensibilität steigern. „Viktoria und ich wollen den eigenen Alltag so gestalten, wie ich mir das einmal vorgestellt habe. Wir wollen selbst im Weinberg und im Keller stehen“, erzählt Peter Bernhard. Wenn das Weingut größer werden würde, müsste man neu bauen, neue Verbindlichkeiten eingehen und sich noch mehr um die Vermarktung kümmern.

So nimmt er sich selbst die Zeit, die Feldspritzpräparte anzurühren. Eine Stunde lang sind wir dabei, als er das Hornmistpräparat geduldig links und rechts herum, ständig im Wechsel, in ein großes mit Regenwasser gefülltes Fass dynamisiert. Die Handys sind weggepackt, der Rhythmus lässt einen ruhig werden, das Wasser rauscht vor sich hin. „Das Wasser wird immer weicher, je länger man es rührt“, sagt Peter Bernhard. „Es folgt immer leichter der eigenen Bewegung.“ Immer wenn er die Rührrichtung wechselt, spritzt es chaotisch nach oben. Das Plätschern erinnert an einen frischen Gebirgsbach. „Während ich rühre, stelle ich mir vor, was ich mir für den Weinberg wünsche. Was ich ihm geben will“, erzählt er weiter. Am Ende geht es immer um eines: um das Gespür.

2019 DOOSBERG SCHREINER
Franz
STOCKINGER
Austria
HB28 29.09.19
88°Oe 9,6%
#2819

Die Weine

In der Weinbereitung nimmt sich Peter Bernhard so weit wie möglich zurück. „Seit 2011 machen wir keine Maischestandzeit mehr", erklärt er. Die Trauben werden von Hand gelesen, penibel selektiert und dann je nach Jahrgang schneller oder langsamer abgepresst. Bis zu zehn Stunden kann ein Presszyklus dauern. Daher braucht er für seine knapp 20 Hektar Rebflächen zwei Pressen. „Wir schaffen mit unserer Lesetruppe, maximal einen Hektar abzuernten", rechnet er vor. „Da komme ich mit vier Pressfüllungen in 24 Stunden gut hin." Auch wenn die Witterung es verlangen würde, könnte er nicht schneller arbeiten. „Dann müssten wir mit der Maschine lesen", sagt er. Das kann er sich für seine Weingärten nicht vorstellen. Lieber nimmt er weniger Ertrag in Kauf.

Über Nacht kann sich der Most absetzen und wird dann „naturtrüb" in die Gärgebinde gefüllt. „Wie viel Trub wir belassen, ist Gefühlssache", erklärt er dazu. In Zukunft will er in mehr Fassraum investieren. Dann können noch mehr seiner Weine so lange auf der Hefe liegen, wie er es für richtig hält, und müssen nicht abgefüllt werden, weil man Platz für den nächsten Jahrgang braucht. „Die Hefe nährt den Wein", ist sich Peter Bernhard sicher. „Ich mag einfach, was mit dem Wein passiert, wenn er diese Ruhe und Zeit hat."

2018
Quarzit – Riesling trocken
VDP.Ortswein

Als Ortswein ist der Quarzit mit seiner Straffheit und seinem Rückgrat eines der Aushängeschilder der Kühns. Er ist ein guter Einstieg in Kühns Weinwelt. Das Bukett ist von mittlerer Intensität. In der Nase zeigen sich perfekt reife Früchte von Aprikosen, Zitrusfrüchte, Kräuternoten, Hefenoten, feine Rauchtöne, etwas Streichholzabrieb. Der Wein ist betont trocken ausgebaut. Die Säure ist angenehm frisch und wird nicht von etwas Restzucker gebrochen. Der Quarzit ist schlank und gibt sich sofort als Rheingauer Riesling zu erkennen.

2018
Hallgartener Hendlberg – Riesling trocken
VDP.Erste Lage

Hallgarten, abseits vom Rhein und höher gelegen, ist die kühlere Ecke im Rheingau. Der Riesling hier ist zunächst zart und zurückhaltend. Es dominieren delikate Hefenoten. Dahinter zeigen sich Aromen von Reneclaude, Bergamotte sowie ätherische Noten, die an weiße Blüten, Kamille und Wiesenkräuter erinnern. Am Gaumen zeigt der Wein die von Peter Bernhard erwähnte Frische, die an den kühlen Wind erinnert, der einem um die Nase weht, wenn man auf den entfernten Rhein blickt. Ein zartgliedriger und doch profunder Riesling, der straff und mit viel Salzigkeit nachhallt.

2017
St. Nikolaus – Riesling Grosses Gewächs VDP.Grosse Lage

Dieser knapp einen Hektar große Weinberg, ganz in Sichtweite zum Rhein, ist ein Kleinod. Die Trauben sind vom Klima enorm begünstigt. Schon die goldgelbe Farbe verrät, dass es hier mitunter mollig warm werden kann. Das Bukett hat etwas Opulentes. Es zeigen sich Aromen von reifen exotischen Früchten, rotbackigem Apfel, Bienenwachs und Gewürzen wie Piment und Pfeffer. Am Gaumen baut der Riesling einen enormen Druck auf, der bis weit in den Rachenraum reicht. Das Erstaunliche: Es ist ein Wein mit viel Struktur, aber ohne Gewicht. Die Fülle wird nicht durch Alkohol und schmalzige Textur simuliert, sie kommt aus dem Wein direkt. Der St. Nikolaus ist eben ein einzigartiges Terroir.

2016
Doosberg – Riesling Grosses Gewächs VDP.Grosse Lage

Der Doosberg ist eine nach Süden und Westen geneigte Kuppe. Hier findet man mit Quarzit durchzogenen Lössboden. Das Jahr 2016 war aufgrund seiner Witterung schwierig, und trotzdem ist dieser Riesling perfekt balanciert. Die Nase nimmt Aromen von Orangenzesten, Waldhonig, Salbei, Hefe und nussige Töne wahr. Es ist ein sehr eleganter Wein, der eher zurückhaltend daherkommt.

2015
Spätburgunder trocken

Peter Bernhard Kühn hat im Burgund gearbeitet. Daher kommt auch die Liebe für den Pinot Noir. Der nimmt zwar nur einen kleinen Teil der Flächen ein, ist aber ein Herzensprojekt des Winzers. Der Wein zeigt eine reife, saftige Frucht von roten Beeren, Heckenrosen und Toastaromen. Durch die Flaschenreife kommen dezente Noten von Nougat und Waldboden hinzu. Der Wein ist seidig in der Tannintextur, und die frische Säure gibt dem Wein ein solides Rückgrat. Mit seiner molligen Frucht verrät der Spätburgunder den perfekt reifen Jahrgang 2015.

Gönnen können

Bernhard Ott (5)
Weingut Bernhard Ott, Feuersbrunn, Wagram

Der Wagram ist eine prächtige Landschaft. Wellenförmige meterdicke Lössschichten begleiten die Donau ein Stück ihres Weges. Die Böden sind fruchtbar, das Klima mild. Hier residiert der Grüne Veltliner. Die Rebsorte, die für österreichischen Wein steht wie keine zweite und die ein ganz anderes Wesen als der Riesling hat. Während Letzterer sich auf kärgsten Böden abmüht und dabei zur Hochform aufläuft, ist der Veltliner der gemütliche Typ. „Der braucht einen vollen Kühlschrank", weiß Bernhard Ott. Der Wagram passt deshalb perfekt zum Grünen Veltliner, und die Rebsorte ist wie geschaffen für diesen Winzer. Denn wer Bernhard Ott beschreiben sollte, dem würde wohl als Erstes das Wort „großzügig" einfallen. Er gehört zu den Menschen, die Freude am Teilen und Geben haben. Ob das nun Freundschaft, Wissen, Speis oder Trank ist. Mit dieser Weitherzigkeit, seinem Fleiß und Ehrgeiz, hat er sämtliche Facetten des Grünen Veltliner herausgearbeitet.

Bernhard Ott ist als erfolgreicher Winzer zur Biodynamie gekommen. 1993 hat er den kleinen Familienbetrieb übernommen, als die Weinwelt noch eine andere war. Es war die Zeit der üppigen Chardonnays und der mit süßen Holzaromen zugekleisterten Supertoskaner. Qualität wurde mit Üppigkeit gleichgesetzt, und Ott machte mit schmalzigem Grünen Veltliner Furore. Es ist auch die Zeit, in der man mit rein technischen Maßnahmen wie Ertragsreduzierung, Kaltvergärung, schlau gewählten Reinzuchthefen und dergleichen einen großen Qualitätssprung herbeiführen konnte. „Mir haben die Weine damals so geschmeckt", sagt Bernhard Ott. Und schon bald galt opulenter Grüner Veltliner als typisch für Ott und Wagram.

Neben seinen Lagenweinen schafft er es seinerzeit zudem, mit „Fass 4" eine erfolgreiche Marke zu platzieren. Jeder, der im Restaurant nicht weiß, was er bestellen soll, nimmt diesen süffigen Grünen Veltliner. Nicht zu billig, nicht zu teuer und nicht zu aromatisch. Eingängig, aber nicht banal, das liebt der Weingenießer, der es auch gern gemütlich hat. Der Betrieb ist bald wirtschaftlich erfolgreich. Die Rebflächen werden auf 50 Hektar erweitert, aber die innere Zufriedenheit fehlt. „Ich habe gemerkt, ich steh mit der Weinqualität an, und es kommt nicht mehr", erzählt er. Technisch war eben alles ausgereizt.

Auf einer seiner vielen Weintouren verkostet er dann irgendwann biodynamische Weine. „Die haben vibriert, da war Leben drin, einfach lässig", erzählt Bernhard begeistert. Er besucht die dazugehörigen Winzer, fährt mit ihnen durch die Weinberge und weiß sofort: Der Schlüssel für mehr Qualität liegt in einer anderen Bewirtschaftung. Im Jahr 2002 stellt er deshalb zunächst auf biologischen Anbau um, fühlt sich aber in der Bioszene nie wirklich wohl.

„Ich habe hier über 20 Leute jeden Monat zu bezahlen, ich brauche ein Handwerk, das ich lernen kann."

Mit anderen Spitzenkollegen, die wie er auf der Suche sind, besucht er einen Vortrag über Biodynamie und gerät an einen mittelmäßigen Dozenten. Es sind die biodynamischen Vertreter, die zwar viel über Anthroposophie wissen, es aber nicht vermitteln können. Die sich lieber in ihrer Beseeltheit verlieren, mit zu vielen Rudolf-Steiner-Zitaten um sich werfen und es nicht schaffen, Praktiker an die Hand zu nehmen.

Auch deshalb ist es für die Weiterentwicklung des biodynamischen Winzerhandwerkes so wichtig, dass Ausbildung und Zugang dazu besser organisiert werden. Der Unterricht sollte so gestaltet werden, dass die beiden Wurzeln der Biodynamie, die anthroposophische wie die praktische, eine gleichberechtigte Beziehung zueinander finden. Und zwar auf Basis des aktuellsten agronomischen Fachwissens. „Ich habe hier jeden Monat über 20 Leute zu bezahlen, ich brauche ein Handwerk, das ich erlernen kann“, sagt Bernhard dazu und spricht dabei vielen Winzern aus der Seele.

„Am Ende musst du es selbst durchdenken.“

Kurze Zeit später begegnet er dem biodynamischen Berater Dr. Andrew Lorand, und hier stimmen sofort die Chemie und die Herangehensweise. „Er hat einem das auch wissenschaftlich rüberbringen können, dass es auch ein Bauer wie ich verstehen konnte“, ist Bernhard immer noch begeistert. Mehrere Spitzenkollegen legen zusammen und leisten sich für drei Jahre die aufwendige Beratung. „Jeden Monat haben wir uns dafür vier Tage Zeit genommen“, erzählt Bernhard. „Ich hatte das Glück, dass ich zur richtigen Zeit am richtigen Ort war und eben auch das Geld gehabt habe, mir das zu leisten“, sagt er. Für ihn war es die beste Investition.

Vielfältige Begrünung sorgt für Biodiversität. „Wir sehen den Rebstock nicht als Mittelpunkt, sondern als Teil des Ganzen.“ Bernhard Ott

Für die Kompostpflege wurde hier ein professionelles Wendegerät angeschafft.

Trotzdem kann man den Erfolg und das empfundene Glück im Umgang mit dieser Wirtschaftsweise nicht einfach kaufen. „Andrew hat uns immer so viel über Biodynamie und Anthroposophie erzählt, wie wir verdauen konnten. Aber am Ende musst du es selbst durchdenken“, weiß er. „Ich wollte das als Handwerk lernen und verstehen, nicht einfach irgendetwas machen, was mir ein Kollege oder Berater sagt.“

Begeistert macht sich die Gruppe von zwölf Spitzenwinzern, darunter Bernhard Ott, Fred Loimer aus Niederösterreich und Franz Weninger aus dem Burgenland, ans Werk. Weil sie sich mit den Verantwortlichen des Verbandes Demeter aus verschiedenen Gründen nicht einigen können, beschließt die Gruppe, ihre eigenen Wege zu gehen. Sie gründen 2007 den Verein respekt-BIODYN, der sich mittlerweile fest etabliert hat und dem neben österreichischen Winzern auch Spitzenkollegen aus Deutschland und Südtirol beigetreten sind.

„Die Biodynamie sehe ich als Vielfalt und nicht als Monokultur.“

Die Entwicklung, die diese Betriebe in den letzten Jahren gemacht haben, ist erstaunlich. Es sind regelrechte Leuchtturmbetriebe entstanden, die wiederum andere dazu inspirieren, zumindest über nachhaltigere Anbaustrategien nachzudenken. Winzer wie Bernhard Ott setzen Steiners Ideen agronomisch wie wirtschaftlich erfolgreich um und können mit professionellem Marketing Verbraucher überzeugen. Das ist eine enorme Chance für die Biobewegung insgesamt.

„Die Reben sollen einen Überfluss an Positivität bekommen."

Mit der Umstellung kommen ganz neue Aufgaben auf das Weingut Ott zu. Die Nährstoffversorgung gerade des Grünen Veltliners ist besonders wichtig. „Wenn der Stress hat, ist die Eleganz dahin", weiß Bernhard Ott. „Es ist wichtig, dass der Veltliner zu 120 Prozent versorgt ist." Mit seinen Mitarbeitern und unter der Anleitung von Dr. Andrew Lorand entwickelt er eine ausgeklügelte Kompostwirtschaft. Dafür kauft er ein fast zwei Hektar großes Feld als Ablageort und passendes Equipment. Darunter ein Wendegerät aus der professionellen Kompostierung. Schichtenweise tragen sie nun jedes Jahr mehrere Kompostmieten auf, bestehend aus Stroh, Heu, Kuhmist, Löss, Grünschnitt, Trester, und impfen diese mit den biodynamischen Kompostpräparaten. Mehrfach ändern sie die Zusammensetzung, und es dauert, bis sie das richtige Gefühl bekommen, wie sie die komplexen Umsetzungsprozesse am besten begleiten.

Kellermeister Günter Weisböck hat mit Bernhard Ott die Kurse bei Dr. Andrew Lorand besucht. Er ist für die Präparatearbeit zuständig. Hier wird gerade die Miete mit den biologisch-dynamischen Kompostpräparaten beimpft. Dafür werden diese in kleinen Mengen gleichmäßig im Kompost verteilt.

„Andrew hat uns am Anfang eingewiesen, aber vieles haben wir mittlerweile verändert", erzählt Bernhard. „Früher haben wir zu viel Stroh verwendet, dann ist uns der Kompost regelrecht abgesoffen." Entscheidend ist vor allem, dass die Vergärung nicht anaerob wird – dann erstickt der Kompost. „Es wird weiß und schimmelt", erzählt er. „Du riechst, dass es nicht in Ordnung ist." Mit dem Gerät können sie den Kompost regelmäßig wenden. So können die Gärgase entweichen, und es wird nicht zu warm in der Mitte. Bei Bedarf geben sie Wasser dazu, damit der Kompost nicht austrocknet. Mehrmals durchmischen sie den wertvollen Bodenaufwerter, bis er nach der Ernte ausgebracht wird.

„Der Kompost bekommt mit der Zeit eine fluffige Struktur", erzählt er, während er den krümeligen Boden durch seine Finger rieseln lässt. „Es muss nach frischem Waldboden riechen." Heute würde er jedem umstellungswilligen Winzer dazu raten, mit einer guten Kompostwirtschaft anzufangen. Für ihn ist Kompost eine Medizin. „Die Rebe ist eine Dauerkultur und hat ein Erinnerungsvermögen", erklärt Bernhard. „Du nimmst der Pflanze besser nur stückweise die Schutzmittel und den Kunstdünger weg. Kompost ist die heilende Ersatzdroge für den Junkie Rebstock in der schwierigen Umstellungszeit."

„Mein Steuerberater hat mich gefragt, ob ich deppert bin."

Neben der Kompostwirtschaft investiert er in maschinelle Schlagkraft und stellt mehr Mitarbeiter ein. Beim biologischen Pflanzenschutz ist der richtige Zeitpunkt der Ausbringung essenziell für den Erfolg. Auf dem Hof sieht man dann auch die neuesten Recyclingspritzen, mit denen er über das Jahr hinweg circa 50 Prozent der Biospritzmittel einsparen kann. Er ist so gut ausgestattet, dass er in acht Stunden seine gesamten 50 Hektar Rebfläche behandeln kann. „Mein Steuerberater hat mich gefragt, ob ich deppert bin", lacht Bernhard.

Wenn er mit dem örtlichen Vogelkundler Nistkästen aufstellt, sind es gleich 600 Stück, und weil Hecken wichtig für die Biodiversität sind sowie gegen Winderosion helfen, lässt er gleich einen Kilometer Gebüsch neu anlegen. Die Vorstellung, dass nur ein kleiner Betrieb überzeugend biologisch oder biodynamisch arbeiten kann, löst sich hier schnell in Luft auf. Alles hat eben seine Vor- und Nachteile. „Du musst als wirtschaftlich gesunder Betrieb da hineinstarten. Als kleiner Betrieb kannst du diesen Aufwand nicht machen", ist sich Bernhard sicher. Perfekter Umweltschutz kostet nun mal auch Geld.

Seit 2011 wird der Boden nicht mehr tief gepflügt. Anstatt die Begrünung bei Trockenstress umzubrechen, verwendet Bernhard Ott ein neues Unterschnittgerät, den sogenannten „Green Manager". Die Wurzeln werden damit etwa fünf Zentimeter unterhalb der Oberfläche durchschnitten. Die Vorteile: so entsteht eine Mulchdecke, die vor Austrocknen und Erosion schützt, und sobald es regnet, wachsen die Pflanzen wieder weiter.

Hans Bauer ist für die Weinberge zuständig. Mehr Biodiversität ist auch sein persönliches Anliegen. Dafür ist nicht nur die vielfältige Begrünung zwischen den Rebzeilen wichtig, sondern auch das Belassen von Wegrainen.

„Ich bin echt glücklich mit meinen Mitarbeitern."

Doch ohne seine Mitarbeiter wäre auch das alles nichts. Da ist einmal der besonnene Hans Bauer, der für die Weinberge zuständig ist. Ein Quereinsteiger, der vormals in der Zuckerindustrie gearbeitet und nebenberuflich die kleinen Rebflächen der Eltern bewirtschaftet hat. Er wollte seine Liebe zum Beruf machen und hat beim Weingut Ott die Chance dazu bekommen. „Ich bin von der Biodynamie überzeugt", sagt Hans Bauer ruhig, aber bestimmt. An der Weinbauschule Krems absolviert er die Ausbildung zum Kelterfacharbeiter, lernt aber das meiste in der Praxis auf dem Weingut. „Es ist wichtig, dass man ein Gespür dafür entwickelt", erzählt er weiter. „Außerdem ist gute Planung wichtig, das hat nichts mit Romantik zu tun." In Hans Bauers Aufgabengebiet fällt auch die Mitarbeiterführung des Traktorteams. Die besten Maschinen und die schönste Weinbauphilosophie nützen nämlich nichts, wenn die anfallenden Arbeiten nicht sensibel und fachgerecht durchgeführt werden. Günter Weisböck ist für den Weinkeller zuständig und hat mit Bernhard Ott zusammen den dreijährigen Kurs bei Dr. Andrew Lorand mitgemacht. „Die Umstellungszeit war großartig", erzählt er begeistert. Vor allem den Austausch in der Gruppe empfand er als besonders bereichernd. Günter ist neben dem Kellermanagement auch für die Präparatearbeit verantwortlich. Unterstützt wird er dabei von dem ebenso sympathischen Alex Schenner.

„Du musst die Leute finden, die den Weg mit dir gehen wollen. Die etwas beitragen wollen."

Dass er diese Menschen gefunden hat und halten kann, hat sicherlich mit Führungsqualitäten, aber auch etwas mit seiner Großzügigkeit zu tun. Eine schöne Geste ist zum Beispiel, dass hier jeden Mittag gemeinsam gegessen wird. Dafür ist Ernährungswissenschaftlerin Getrud Hartl zuständig. Sie kocht jeden Tag frisch für die ganze Weinmannschaft in der neu dafür eingerichteten Küche.

Man kommt zum Mittagessen zusammen, bespricht den Tag, was gut oder schlecht gelaufen ist, und wechselt auch mal persönliche Worte. „Die soziale Komponente ist uns wichtig“, sagt Bernhard. Das fängt bei einem sauber gebauten Mitarbeiterwohnhaus an, geht über eine faire Bezahlung bis zu einer guten Verpflegung. Natürlich gibt es auch da frustrierende Erfahrungen. „Wenn ich meine Leute fragen würde, wollt ihr gesunde Biolebensmittel oder 150 Euro mehr, würde manch einer das Geld nehmen und dafür den ganzen Monat billigen Leberkäse essen“, weiß Bernhard. „Aber davon darf man sich nicht aufhalten lassen. Das ist hier unsere Betriebsphilosophie.“

„Mit der Biodynamie habe ich meine Lagen und den Grünen Veltliner besser kennengelernt.“

Alex Schenner unterstützt Günter Weisböck im Keller.

Rückblickend betrachtet, hat ihm die Biodynamie mehr Unabhängigkeit gegeben. Man ist nicht mehr abhängig von Hefeherstellern, Chemiefirmen und deren Beratern. „Wir haben dadurch die Freiheit bekommen, unseren eigenen Wein zu machen“, erzählt Bernhard. „Wir waren auch vorher erfolgreich, aber man konnte uns kopieren“, weiß er. Ihm hat das oft schlaflose Nächte bereitet. Die Frage, wie soll er vergären, was für Hefen muss er dieses Jahr nehmen, um wieder den vermeintlichen Ott-Wagram-Geschmack zu treffen, hat ihn beunruhigt. „Das ist mir heute völlig egal“, erzählt er weiter. Vor zehn Jahren hätte er es sich nicht vorstellen können, dass er einmal den Großteil seiner Weine mit Naturhefen vergärt, temperaturkontrollierte Stahltanks gegen große Holzfässer tauscht oder seine Lagenweine über zwei Winter auf der Hefe liegen lässt. „Mit der Biodynamie wird man immer vertrauensvoller mit der Natur“, sagt er.

„Wenn wir mehr Menschen für Bioprodukte begeistern wollen, müssen wir mit einer Geschmacksschulung anfangen.“

OTT
STEIN ÖTW

Natürlich haben sich seine Weine seitdem geschmacklich verändert. Sie sind schlanker, trockener, weniger fruchtbetont und fordernder gewonnen. Auch sein Bestseller „Fass 4" hat sich in diese Richtung hin entwickelt. „Der Markt für diesen Wein ist so stark, dass die Leute den Weg mitgehen", erklärt Bernhard. „Mein Ziel ist es, dass unsere Kunden irgendwann sagen, diese gestylten Tutti-frutti-Weine kann ich nicht mehr trinken." Der veränderte Weinstil hat durchaus eine politische Seite. Denn nicht nur Wein, sondern auch Lebensmittel sind heute einem getrimmten Geschmacksprofil unterworfen, das mit dem ursprünglichen Lebensmittel nichts mehr zu tun hat. Das fängt bei künstlichen Aromen im Erdbeerjoghurt an und hört bei einem auf schmalzig getrimmten Grünen Veltliner nicht auf. „Heute werden Geschmacksprofile erzeugt, die mit dem ursprünglichen Lebensmittel, mit seinem natürlichen Geschmack nichts mehr zu tun haben", erklärt er. „Wenn wir mehr Menschen für Bio-Produkte begeistern wollen, müssen wir mit einer Geschmacksschulung anfangen", ist sich Bernhard Ott sicher.

Für ihn es wichtig, auch Journalisten, Lehrer für Kellertechnik, Winzer und sogar die Prüfer, die bei der Qualitätsweinprüfung seine Weine testen, mitzunehmen. Auch hier gibt es noch viele, die geschmacklich auf einen Standard getrimmt sind. Hinzu kommt die wenig optimale Verkostungssituation bei Wettbewerben oder Messen. Hier werden sehr schnell viele Weine nacheinander verkostet. Ein Wein, der zunächst sperrig ist, der erst einmal Luft und Zeit braucht, fällt im Vergleich zu einem auf Hochglanz polierten Gewächs erst einmal ab. Es ist eine der vielen endlosen Diskussionen in der Weinwelt, ob es wirklich hilfreich ist, Weine blind zu verkosten. Also nicht zu wissen, wo sie herkommen und wie sie gemacht wurden. Oder ob es nicht doch hilfreich für eine faire Bewertung wäre, die Betriebsphilosophie des Weingutes zu kennen und zu wissen, wie sich deren Weine über Jahre hinweg entwickeln.

„Terroir ist nicht nur Herkunft, sondern auch Keller", erklärt Bernhard Ott. Er ist nicht allein mit dem Zweifel, ob man über Terroir sprechen kann, wenn die Weine mit Aromahefen, Enzymen, Schönungsmittel und dergleichen manipuliert werden. Auch will er sich von nichts und niemandem unter Druck setzen lassen, sondern gibt den Weinen die Zeit, die sie brauchen. „Der Wein soll aus sich selbst rauswachsen können", erläutert er. „Auch als Mensch soll man wachsen können. Die Zwänge werden einem oft von außen auferlegt. Diese Ängste und Regulierungen, die will ich nicht mehr."

Auf Verbandsebene setzt sich nicht nur Bernhard Ott dafür ein, dass an den einschlägigen Weinbauschulen das Thema Ökoanbau mehr Beachtung findet. Einmal in der Ausbildung, aber auch in den Pflanzenschutzempfehlungen, die von den Schulen für die Winzer regelmäßig bereitgestellt werden. Er kritisiert vor allem die Geisteshaltung, die oft hinter der konventionellen Ausbildung steht, und die Idee, man könne als Winzer oder Landwirt die Natur beherrschen. Und es brauche nur die richtigen Mittelchen dazu, welche die Industrie für jeden erdenklichen Fall bereithält. Nicht nur er merkt an, dass die Schüler nicht genug ermuntert werden, kritischer die von der Industrie gegebenen Rezepte zu hinterfragen. Dabei will er niemanden verurteilen. Schließlich dachte auch er lange Zeit in diesen Mustern. „Ich verstehe mich heute als Teil vom Ganzen", erzählt er. „Das nimmt übrigens auch den Druck von mir weg. Wenn was passiert, was schiefgeht, dann fühle ich mich nicht mehr so schuldig wie vielleicht früher."

Die Auseinandersetzung mit der Biodynamie hat ihn in vielerlei Hinsicht bereichert. Anthroposophische Aspekte wie die Philosophie der Freiheit sprechen ihn zum Beispiel besonders an. Er setzt sich auch mit den Ansätzen Steiners zur Pädagogik und Architektur auseinander. Dabei lehnt er alles Dogmatische ab. „Ich bin mehr der Naturmensch", sagt er und fühlt sich besonders mit der praktischen Seite der Biodynamie wohl. Er nimmt sich mehr Zeit, hinauszugehen und die Natur bewusst wahrzunehmen. Auch kann er heute etwas mit Mondphasen und Naturrhythmen anfangen. So sind die sogenannten Rauhnächte zwischen Weihnachten und Dreikönigstag für ihn eine besondere Zeit. „Sie sind eine Vorschau auf das neue Jahr", weiß Bernhard. „Jeder Tag steht für einen Monat. Wie wird die Temperatur, wann regnet es." Seit dem Jahr 2006 macht er das. „Das trifft alles relativ gut zu", erzählt er.

„Einfach mal aussteigen, schauen und wahrnehmen, das musste ich erst lernen."

Die Mondphasen integriert er vor allem in der Kellerarbeit. Es geht dabei nicht um ausgeklügelte Frucht- oder Wurzeltage. „Andrew hatte da einen sehr praktischen Zugang, von dem ich auch überzeugt bin", erläutert er. „Für mich geht es um Vollmond, der für Expansion, und Neumond, der für Konzentration steht." Wenn ein Wein eher fruchtig schmecken soll, werden die Arbeiten vor dem

Wir brauchen mehr „Unordnung" in der Natur. Totholzhaufen sorgen für Rückzugsorte nicht nur für Insekten.

Auf unserer Fahrt durch die Weinberge treffen wir den privaten Vogelkundler Manfred Eckenfellner. Zusammen mit Bernhard Ott hat er in den Weinbergen mehrere hundert Nistkästen aufgestellt. Darüber hinaus ist es seinem Engagement zu verdanken, dass in der Gegend wieder über 200 Wiedehopfpaare nisten.

In den Lösswänden nisten Insekten und der Bienenfresser, eine gefährdete Vogelart.

Vollmond erledigt, Lagenweine, die lange reifen sollen, werden hingegen vor Neumond abgefüllt. Im Weinberg wird auch darauf zu achten versucht, allerdings schafft man es natürlich nicht, die Arbeiten auf 50 Hektar Rebflächen nach der Stellung des Mondes auszurichten.

> *„Mit der Umstellung ist es so: Du fährst mit Vollgas auf den Abgrund zu, du ruderst und kämpfst, das Positive trägt dich über die Ungewissheit hinweg, und dann landest du irgendwo."*

Vor allem das Miteinander in der respekt-BIODYN Gruppe möchte er heute nicht mehr missen. „Da sind so viele echte Freundschaften entstanden", schwärmt er. „Das hat der Andrew auch verstanden, diese Ehrlichkeit und Eingeschworenheit in dieser Gruppe zu entwickeln." Die Treffen in diesem Kreis bringen ihm eine willkommene Abwechslung zum Alltag. Sie lassen den oft bürokratischen Wahnsinn, dem man heute nicht nur als Winzer und Landwirt ausgesetzt ist, vergessen und ermöglichen es, neue Kraft zu sammeln und Impulse zu bekommen. Der Zusammenhalt in der Gruppe, die Arbeit mit seinen Mitarbeitern und dem mittlerweile verstorbenen Dr. Andrew Lorand und vor allem der Einblick, wie die Natur positiv auf die Maßnahmen reagiert, haben ihn immer weiter angetrieben.

Er würde gern noch mehr Kollegen von diesem Weg überzeugen. Nicht nur er sieht, wie die zunehmenden Unwägbarkeiten des Klimas vor allem dem konventionellen Weinbau zusetzen. Gerade wenn es länger nicht regnet. „Der chemische Dünger geht dann nicht in Lösung, der Oberboden versalzt und die Mikroorganismen sterben ab", erklärt Bernhard. „Dann sorgt Wind für Erosion, und beim nächsten Regen hast du eine Überschwemmung, weil der Boden zudem noch so verdichtet ist, dass er nichts aufnehmen kann." Dass auch viele Junge das nicht kritisch genug sehen, gibt ihm zu denken. „Wir brauchen alle noch mehr Ehrgeiz und Engagement, damit sich nicht nur der Weinbau positiv entwickeln kann. Damit auch unsere Enkel noch eine Zukunft haben."

Er weiß aber auch, dass man die Entscheidung für den Bioanbau niemandem überstülpen kann. Sie muss erst im Kopf reifen, sonst wird das nichts. „Es kommt die Zeit, die hart ist, und dann muss man Entscheidungen treffen. Gegen Chemie und für den Verlust, für mehr Arbeit und Risiko", weiß Bernhard aus Erfahrung. Wer sich nicht sicher ist, beginnt zu zweifeln und fällt wieder zurück in alte Muster. „Ich werde jeden unterstützen, der ehrlich umstellen will", erklärt er. „Ich teile mein Wissen und meine Erfahrung. Von mir wird jeder alle Informationen und Hilfe bekommen, die ich geben kann."

Da kommt wieder diese Charaktereigenschaft heraus, die Bernhard Ott besonders auszeichnet: gönnen können. Frei nach einem bekannten Modeschöpfer wirft er alles, was er an Gutem zu bieten hat, gern zum Fenster hinaus. Im Wissen, dass es mehr geworden sein wird, wenn es zur Tür wieder hereinspaziert.

Die Weine

Auf dem Weingut konzentriert man sich auf den Grünen Veltliner. Über 90 Prozent der Rebflächen sind mit dieser Rebsorte bestockt. Der Vorteil ist, dass man sich eben bis ins letzte Detail mit einer Rebsorte auseinandersetzen kann. Hinzu kommen die großen Parzellen in Spitzenlagen. Allein sechs Hektar besitzt Bernhard Ott in der Lage Rosenberg und acht Hektar in der Lage Spiegel. So kann er für die Lagenweine die besten Parzellen und Fässer selektieren. Die großen Weine werden in den neuen großen Holzfässern vergoren und bleiben in Zukunft zwei Winter auf der Hefe. Die Weine sollen so Zeit bekommen, aus sich selbst herauszuwachsen. „Mir geht es um Präzision in den Weinen", sagt Bernhard Ott. Wer immer noch denkt, dass seine Weine üppig und schmalzig sind, hat sie schon lange nicht mehr verkostet.

2018
Ried Kirchthal, Grüner Veltliner
Edition JRE – Wagram

Bernhard Ott hat beste Kontakte in die Gastronomie. Er gehört zu den Winzern, die wissen, wie ein Wein zu Speisen schmecken muss. Den Grünen Veltliner aus der höchsten und damit kühlsten Lage Feuersbrunn füllt er als Edition für die Gastronomenvereinigung Jeunes Restaurateurs. In der Nase zeigen sich feine und präzise Aromen von Rauchspeck, frischem schwarzen Pfeffer, Birnenschale, weißen Mandeln und Hefearomen. Trocken ausgebaut, kleidet der Kirchthal den Mund fein aus. Dezent, ausgewogen, elegant, mittelkräftig im Körper und mit einer perfekten Balance zwischen Reife und Säure ist dieser Wein ein universeller Essensbegleiter.

2017
Ried Stein, Grüner Veltliner
Kamptal DAC

Diese Lage liegt im benachbarten Engabrunn, das schon zur Region Kamptal zählt. Hier fallen die Fruchtaromen dunkler, das Bukett insgesamt herzhafter aus. Es zeigen sich Noten von Wiesenblüten, Lardo, Rauchnoten, die an feines Kirschholz erinnern und einen Hauch von Marzipan haben. Der Wein ist trocken, elegant und feingliedrig. Eine seidige Textur kleidet den Gaumen aus, der Schmelz erinnert an Nussbutter, und ein dezenter grüner Pfefferton wirkt noch lange im Rachenraum nach. Es ist ein Wein, der mehr Zeit im Glas braucht, um sich zu entfalten.

"Wir sehen den Rebstock nicht als Mittelpunkt, sondern als Teil des Ganzen."

2017
Ried Spiegel, Grüner Veltliner
Wagram

„Das ist unser lustigstes Terroir", sagt Bernhard. „Ein Wein, der viel Struktur hat, aber nie fett wird." Vor allem ist es eine kühlere Lage, was die hellen, frischen Fruchtaromen beim ersten Hineinriechen schon verraten. Es zeigen sich Noten von Marillen, gelben Früchten, Mandeln, aber auch Taubnesselblüten und Zitronenpfeffer. Am Gaumen belebt eine saftige Säure, die Pfeffrigkeit ist zurückhaltend, und im Finish spielt eine Salzigkeit, die an Fleur de Sel erinnert, die Hauptrolle. Es ist ein präziser und eleganter Grüner Veltliner.

2017
Ried Rosenberg, Grüner Veltliner
Wagram

Der Ried Rosenberg ist der wohl bekannteste Lagenwein aus dem Wagram. Es sind stets dicht gewobene Weine, die für lange Flaschenreife geeignet sind. In der Nase zeigen sich reife gelbe Früchte, Mandelcreme, florale Noten, die an getrocknete Wildrosen erinnern, und feine ätherische Pfeffernoten. Am Gaumen startet der Wein zunächst schmeichelnd, um im Finish mit einem raffinierten Tanninbiss noch einmal zuzupacken. Im Nachhall wirkt eine haptisch wirkende Pfeffernote, die eine Schärfe entwickelt, noch lange nach. Es ist ein tiefgründiger und vielschichtiger Wein, der seine Fülle mit Eleganz auf die Strecke bringt.

Im Hintergrund sieht man die Terrassen vom Rosenberg

Der Forscher

Olivier Humbrecht 6
Domaine Zind-Humbrecht, Turckheim, Elsass

Ein Blick auf den Grand Cru Rangen mit der markanten Kapelle, die dem Heiligen Sankt Urban geweiht ist, dem Schutzpatron der Winzer.

Olivier Humbrecht kennt Welt und Weinwelt gleichermaßen. Er ist nicht nur studierter Agronom und Önologe, sondern hat auch in London die Master-of-Wine-Prüfung abgelegt und dabei weit über den französischen Tellerrand blicken können. Er gehört also nicht zu den Winzern, die nur ihre eigenen Weine oder vielleicht noch die des Nachbarn kennen. Er hat die großen wie kleinen Gewächse rund um den Globus verkostet und weiß um die Gegebenheiten auf den unterschiedlichen Märkten.

Seit 1989 führt er das Familienweingut Zind-Humbrecht im Elsass, dessen Spitzenweine auf den internationalen Weinkarten einen festen Platz haben. Er hat das Weingut auf biologisch-dynamische Wirtschaftsweise umgestellt. Ebenso ist er Präsident der Vereinigung Biodyvin, die sich neben Demeter zu einem wichtigen Verband für biodynamische Winzer etabliert hat. In dem Verband, der sich 1995 formiert hat, sind bedeutende französische Weingüter versammelt. Die Winzer haben damals nicht aus reinem Idealismus heraus, sondern um die Qualität ihrer Weine zu optimieren, die Umstellung gewagt. Mit ihrem agronomischen Wissen und Winzerkönnen haben sie die Biodynamie auf eine neue Stufe gehoben und dabei viele weitere Kollegen inspiriert, den gleichen Weg zu gehen.

Weine aus der Grand-Cru-Lage „Rangen" sind einzigartig.

Olivier Humbrecht ist als biologisch-dynamischer Winzer nicht allein und bei Weitem nicht der Erste im Elsass. Seine Region an der Grenze zu Deutschland und der Schweiz ist ein Hotspot für diese Wirtschaftsweise. Das mag daran liegen, dass Steiners Schriften lange Zeit nur in deutscher Sprache erhältlich waren, aber auch daran, dass Dornach mit dem Goetheanum als Zentrum der Anthroposophie nicht weit entfernt ist. So gibt es in der Gegend einige Waldorfschulen, biodynamische Landwirte und eben auch Winzer. „Die Weingüter hier sind klein und familiär strukturiert", führt Olivier Humbrecht als weiteren Grund auf. Im Gegensatz zu Bordeaux oder mittlerweile auch Burgund, wo große Konzerne mit ihren Shareholdern hinter großen Château-Namen stehen. „Biodynamie ist nicht die effizienteste Methode, wenn es um Kosten geht", sagt er und lacht. „Wenn einem die Domaine nicht gehört, gibt es immer einen Konflikt zwischen dem, der so arbeiten will, und dem, der die Rechnungen bezahlt."

Dabei ist er überzeugt davon, dass die Bilanz langfristig für die Biodynamie spricht. „Das Problem ist, dass die Folgekosten der konventionellen Wirtschaftsweise der Allgemeinheit aufgebürdet werden", sagt er. Die politischen Rahmenbedingungen müssten seiner Meinung nach so gestaltet werden, dass die Haftung für Umweltschäden die zu verantworten haben, die sie verursacht haben. Dann könnten nachhaltig erzeugte Weine und Lebensmittel profitabler und konkurrenzfähiger erzeugt werden.

„Meine linke Gehirnhälfte ist deutlich größer. Ich bin mehr Mathematiker als Künstler."

Auch er fand den Weg zur Biodynamie, weil er mit der Qualität des Weinbaus nicht mehr zufrieden war. „Wir hatten hier einige Probleme, als ich das Weingut 1989 übernommen habe", erzählt er. Sein Vater war ein solider konventioneller Winzer. „Heute würde man das wohl integriert konventionell nennen", behauptet er. Im Weinberg wurde zwar zur Düngung Kompost verwendet, im Keller weitgehend ohne Zusätze gearbeitet, aber man verwendete synthetische Pflanzenschutzmittel, und die aufwendig zu bearbeitenden Steillagen wurden mit Herbiziden behandelt. „Wir hatten heftige Probleme mit der Nährstoffversorgung",

In der Regel werden die Triebe gekappt, damit diese nicht zu weit in die Rebzeilen hängen. Doch in den Triebspitzen befinden sich Pflanzenhormone. Um den Hormonhaushalt der Reben nicht durcheinanderzubringen, werden die zu langen Zweige bei Zind-Humbrecht um den obersten Draht herumgewickelt.

erzählt Oliver. So waren die Blätter aufgrund von Eisenmangel im Frühjahr gelb geworden und damit in ihrer Photosynthese beeinträchtigt. Ein andermal faulte das Stielgerüst, was auf ein Magnesiumdefizit hindeutete. „Bei einer Bodenanalyse waren beide Spurenelemente ausreichend da, sie waren nur blockiert", erzählt er weiter.

Die Verwendung von entsprechenden Blattdüngern erscheint ihm hier wenig logisch. Ebenfalls sieht er, dass Blätter und vom Winterschnitt auf dem Boden liegende Triebe nicht verrotten. „Wenn im Wald ein großer Baum umfällt, ist er nach 30 Jahren weg. Bei uns lagen kleinste Zweige noch nach Jahren auf dem Boden" – ein Zeichen dafür, dass die Böden nicht mehr tätig sind.

Er interessiert sich zunächst für die biologische Wirtschaftsweise und schaut sich bei ein paar Kollegen um. „Das war damals eher die 68er Generation", lacht er, „wirklich nette Leute mit großem Idealismus. Aber die Weinberge sahen für mich fürchterlich aus." So kann er sich jedenfalls nicht vorstellen zu arbeiten. „Ich brauche eine Ernte, ich habe hier ein paar Leute zu bezahlen", betont er. Über einen Elsässer Kollegen kommt er mit der Biodynamie und Kompostwirtschaft erstmals in Berührung. Er liest sich etwas ein und startet einen Versuch. Es liegt in seiner Natur, erst einmal selbst zu forschen und nicht einfach irgendwelchen Empfehlungen zu folgen. „Meine linke Gehirnhälfte ist deutlich größer. Ich bin mehr Mathematiker als Künstler," räumt er ein.

Weil es in der Umgebung keine Landwirte mehr gibt, kauft er Kuhmist vom Großbetrieb in der Nähe und setzt seine Kompostmiete auf. „Nach drei Jahren stand die dann immer noch so da wie am ersten Tag", erzählt Olivier und schüttelt den Kopf. Er schickt eine Probe ins Labor. „Die sagten mir mit anderen Worten: Da sind so viele Antibiotika drin. Der Kompost ist auf Lebenszeit sterilisiert."

Er gibt aber nicht auf. Über Umwege kommt er an einen Biolandwirt in den Vogesen, der Rohmilch für Munsterkäse abliefert, die Kühe also wesensgerecht mit Gras oder Heu und nicht mit Silage füttert. Mit diesem Kuhmist bekommt er eine andere Kompostqualität. Begeistert berichtet er dem Bauern davon und will mehr davon kaufen. „Der sagte mir: Ich habe mir gedacht, dass du Kompost daraus machen willst, deshalb habe ich den mit biodynamischen Mitteln präpariert", erzählt er weiter. „Das hat mich endgültig neugierig gemacht."

Die Rebzeilen in den Spitzenlagen sind für einen Traktor zu eng bestockt, deshalb wird die Bodenbearbeitung mithilfe von Pferden erledigt. Bild: Olivier Humbrecht

„Das Ergebnis war eindeutig. In der biodynamischen Kompostversion war wesentlich mehr Leben drin.“

Kurz darauf wird im Elsass ein Seminarprogramm für biologischen Weinbau angeboten. „Ich habe den Kurs extra belegt, weil zwei von 40 Stunden über Biodynamie geredet wurde“, gibt Olivier zu. Der Vortragende war François Bouchet, der damals schon als Kenner der Biodynamie eine große Reihe von Spitzenbetrieben beraten hat. Olivier nutzt die Gelegenheit und fragt ihn, warum die Kompostierung mit dem präparierten Kuhmist besser funktionierte. François Bouchet erklärt ihm das, und danach setzt Olivier wieder Kompost auf. Diesmal zwei Mieten, eine präpariert er mit den biodynamischen Mitteln, und die andere belässt er ohne. „Das Ergebnis war eindeutig. In der biodynamischen Version war wesentlich mehr Leben drin.“ So beginnt die Arbeit mit dem Berater François Bouchet, der später auch an der Gründung des Verbands Biodyvin beteiligt war.

„Das Wichtigste ist, dass du erst einmal ein guter Biowinzer wirst. Das ist der komplizierte Teil.“

Oliver erkennt, dass sich viele agronomische Probleme mit neuen Methoden beheben lassen. Aber er muss auch große Herausforderungen meistern. „Das Wichtigste ist, dass du erst einmal ein guter Biowinzer wirst. Das ist der komplizierte Teil“, und damit meint er, dass man erst einmal Pflanzenschutz, Unterstockpflege und Nährstoffversorgung ohne synthetische Mittel hinbekommen muss. Dabei reicht oft die Umstellungsphase von drei Jahren nicht aus, damit sich ein neues Gleichgewicht im Weinberg einpendeln kann. „Die ersten Jahre hilft noch die Persistenz vieler Pestizide“, weiß Olivier aus Erfahrung. „Wenn der Einfluss der Chemie schwindet, aber deine Reben noch keine eigene Resistenz aufgebaut haben, wird es wirklich schwierig.“ Das ist die Phase, in der viele Weingüter Fehler machen, Ertrag verlieren und wieder zur konventionellen Methode zurückgehen.

Bei der Problemlösung hilft ihm auch sein Forschergeist, der durch den Umgang mit der Biodynamie beflügelt wird. Für ihn hat die Wirtschaftsweise nämlich auf zwei Bereiche einen Einfluss. Einmal natürlich auf die Natur, mit Bodenleben, Vitalität der Pflanzen und dergleichen, aber dann auch auf den Menschen. „Es zwingt dich dazu, dein Denken komplett zu verändern“, ist er sich sicher. „Dann fängst du an, andere Lösungen zu finden, weil du einfach anders auf die Sachen blickst.“ Aus diesem anderen Blick heraus macht er Versuche zu verschiedenen Rebschnittmethoden oder experimentiert mit Pflanzenauszügen, um die Reben zu stärken und resistenter gegenüber Pilzkrankheiten zu machen. Die größte Herausforderung hier ist allerdings, die Begrünung ohne Herbizide zu kontrollieren. Das Elsass liegt im Regenschatten der Vogesen und ist daher mit die trockenste Region Frankreichs. „Man muss aufpassen, dass die Begrünung nicht zur Wasserkonkurrenz für die Reben wird“, führt er aus. Maschinen kann er aus verschiedenen Gründen in den Spitzenlagen nicht einsetzen. Einmal sind diese zu steil, und zum anderen stehen die Reihen für Traktoren zu dicht beieinander. „Diese Dichtpflanzung ist aber einer der Qualitätsfaktoren für die Weine“, erzählt er. „Es macht einen großen Unterschied, wenn mehr Reben den gleichen Ertrag bringen, und das wollte ich nicht ändern.“

Dominique Meyer ist verantwortlich für die Arbeitspferde der Domaine.

Es reift die Idee, die Weinberge wie früher mit dem Pferd zu kultivieren. Dafür macht Olivier sich wieder auf den Weg in die Vogesen. In dem Naturschutzgebiet wurde die Waldbewirtschaftung bis in die 1990er Jahre teilweise mit Pferden bewerkstelligt. Dort macht er einen Pferdeführer ausfindig, mit dem er einen Versuch startet. „Der kam hier an mit einem riesigen Kaltblutpferd – ein Percheron mit einer Tonne Gewicht", erzählt Oliver und reißt die Augen auf, als wäre er immer noch schwer beeindruckt. „Das Tier hatte einen ganz ruhigen Charakter. Das Problem war nur, es hatte zu viel Kraft." Sie versuchen ein paar alte Rebterrassen damit zu pflügen. „Wann immer der Pflug an einem großen Stein oder einer alten Rebe hängen blieb, lief das Pferd einfach weiter, als ob nichts gewesen wäre", erzählt er und lacht. Nach zwei Stunden waren mehrere Reben herausgerissen, der Pflug war kaputt, und sie brachen den Versuch ab.

Nach längerem Suchen findet er einen anderen Pferdeführer. Zwei seiner 20 Pferde sind für die Arbeit im Weinberg geeignet, und eine erfolgreiche Zusammenarbeit beginnt. „Ein Pferd hat nur ein PS", führt Olivier aus. „Du kannst also nur pflügen, wenn der Boden den richtigen Zustand hat." Wenn der Boden zu nass oder zu trocken ist, kann mit einem Traktor gearbeitet werden, mit einem Pferd hingegen nicht. Heute hat Olivier drei Pferde und zwei Mitarbeiter, die die körperlich schwere Bewirtschaftung der Spitzenlagen unternehmen. „Es ist ein großer Organisations- und Kostenaufwand. Wir schaffen nur die besten Lagen damit zu bearbeiten", erzählt Olivier.

Ebenso entwickelt er neue Maschinen, um das Bodenmanagement weiter zu verbessern. „Auch wir spüren hier den Klimawandel", sagt er. So ist es deutlich wärmer geworden, was zur Folge hat, dass die Reben mehr Wasser brauchen. Aber es regnet nicht unbedingt mehr. Wenn, dann gibt es die Wetterextreme, dass es lange Zeit keinen und dann wiederum besonders viel Niederschlag gibt. Weder Trockenstress noch übermäßige Wasserversorgung dienen der Weinqualität. „Wasser ist die Droge für die Pflanze", erzählt Oliver. „Wenn sie zu viel davon bekommt, vergisst sie, gute Trauben hervorzubringen."

Schließlich entwickelt er ein Gerät, mit dem er die Begrünung und damit die Wasserversorgung bestmöglich regulieren kann. Das Pferd zieht heute eine Walze über den Boden, mit dem die Begrünung bei Bedarf umgeknickt wird. Bei Trockenheit wird damit die Kapillarwirkung der Pflanzen unterbrochen, die dann kein Wasser mehr aufnehmen können. Dabei entsteht eine Mulchschicht, die den Boden vor zu viel Hitze schützt und somit Wasser spart. Sollte es zu viel regnen, steht das Gras wieder auf, kann Wasser aus dem Boden ziehen und den Hydrohaushalt wieder regulieren.

„Ich will auch nicht mehr mit dem Faustkeil hinter einem Mammut herrennen. Aber es geht darum, Technik sinnvoll einzusetzen.“

Bedenken, dass er mit dem ackernden Pferd das Vorurteil vieler Kritiker befeuert, Biodynamiker seien technikfeindlich, hat er nicht. „Ich will auch nicht mehr mit dem Faustkeil hinter einem Mammut herrennen“, sagt Oliver dazu. „Aber es geht darum, Technik sinnvoll einzusetzen.“ Zu schwere Maschinen können die Böden schädigen. „Die Böden sind tot aus zwei Gründen: wegen der Pestizide, die Mikroorganismen in den oberen Schichten zerstören, und wegen der Bodenverdichtung, die dem Bodenleben weiter unten den Sauerstoff nimmt.“ Das waren auch die Gründe für die Probleme in seinen Weinbergen, weshalb er mit der Umstellung auf die Biodynamie in einen völlig neuen Maschinenpark investiert hat.

> *„Wir brauchen Mitarbeiter, die mit den Maschinen sensibel auf unsere Lagen eingehen können, die auch mal absteigen und sich die Böden ansehen, bevor sie drüberfahren.“*

Allerdings ist es eine Herausforderung, dafür Maschinenführer zu gewinnen. „Wenn ich ein Vorstellungsgespräch für einen Traktorfahrer habe, dann wollen die natürlich den Maschinenpark sehen“, erzählt Olivier. „Wenn die die kleinen Kettenfahrzeuge sehen, hinter denen man herlaufen muss, kehren die meisten um.“ Ohne luftgefederte Achsen, GPS, Klimaanlage und Dolby-Surround-Musikanlage ist es schwierig, Leute für diesen anspruchsvollen Beruf zu gewinnen. „Wir brauchen Mitarbeiter, die mit den Maschinen sensibel auf unsere Lagen eingehen können, die auch mal absteigen und sich die Böden ansehen, bevor sie drüberfahren“, sagt Olivier. Auch bei den Studenten, die sich um einen Praktikumsplatz bei ihm reißen, bemerkt er ein Desinteresse an der Weinbergarbeit. Sie wollen lieber im Keller arbeiten.

„Da ist aber nichts zu tun. Wir pressen die Trauben, geben den Saft in die Fässer, und irgendwann füllen wir dann ab“, bringt er es etwas übertrieben auf den Punkt. Aber vor allem die Aussteigertypen gehen ihm auf die Nerven. „Die erzählen mir stundenlang was von Biodynamie, dass sie es jetzt endlich wissen, sie wollen zur Natur zurück und so weiter. Aber ein Tag Arbeit im Steilhang, und sie werden nie mehr gesehen.“

Hier stehen dicht gepflanzte Rebzeilen besonders eng nebeneinander. So können bis 10.000 Rebstöcke pro Hektar ihre Wurzeln in den Boden graben.

Trotz aller Herausforderungen, trotz des Aufwands und der höheren Kosten möchte er heute keinen Tag mehr zurück. Auf vielen Ebenen hat er mit der Biodynamie an Qualität gewonnen. „Ich mag meine Weine viel lieber als vorher", erzählt er und meint damit, dass sie heute mehr Frische, Säure, Balance, Extrakt und dafür weniger Alkohol haben. „Sie schmecken viel lebendiger, und darauf bin ich richtig stolz."

Letzteres ist ein wichtiger Punkt, vor allem im Elsass. Denn Wein aus der Region ist derzeit nicht „en vogue". Es gibt zu viele und zu austauschbare Weine hier. Die Preise, die im Durchschnitt gezahlt werden, decken oft nicht einmal die Produktionskosten. „Für mich liegt das auch daran, dass zu viele Winzer keine Weinkultur haben", führt er auf. „Es fehlt am Stolz auf die eigenen Weine und daran, mit Überzeugung über die eigenen Produkte zu sprechen." Hier liegt eine große Gefahr für die Weinwelt, die vielen Erzeugern noch nicht klar ist. Wenn wir die Weinerzeugung immer weiter industrialisieren, den Geschmack wie in der Getränkeindustrie den Moden anpassen, dann verlieren wir die Kultur und die Wertschätzung, die das bislang edelste Produkt der Landwirtschaft umgibt. Dann wird Wein irgendwann da enden, wo die Landwirtschaft mit ihren Produkten heute ist.

Besonders gut gefallen ihm auch seine Weinberge. „Wenn ich die blühende Begrünung sehe, die Insekten, die Tiere, die darin herumspringen, dann geht mir das Herz auf", erzählt er. Auch den Austausch mit den Kollegen will er nicht mehr missen. Das ist auch ein Grund, warum er sich die zusätzliche Arbeit als

Präsident des Verbandes Biodyvin antut. „Die Treffen dort sind einige der wenigen Arbeitstreffen, auf die ich mich richtig freue", betont er. Selbst dann, wenn es um so etwas Langweiliges wie Richtlinienarbeiten geht. „Das ist so eine starke Verbindung und eine großartige Gruppendynamik, wie ich sie in keinem anderen Verband erlebe. Wir haben den gleichen Antrieb, teilen die gleichen Probleme, wir sitzen im gleichen Boot."

Als Präsident der Vereinigung liegt ihm auch die Ausbildung am Herzen. Dabei geht es um die Herausforderung, die zwei Wurzeln der Biodynamie, die praktische wie die geisteswissenschaftliche, sinnvoll zusammenzubringen. „Manche Lehrer schweben zu sehr im luftleeren Raum", weiß er aus Erfahrung. Wenn der praktische Bezug und der agronomische Hintergrund fehlen, können biodynamische Empfehlungen keine Wirkung entfalten. Dann wird es für die Winzer zudem schwierig, wirtschaftlich nachhaltig zu arbeiten. Freilich: nur praktisch heranzugehen, ohne anthroposophisches Wissen, geht auch nicht.

Allerdings sieht auch er es kritisch, dass derzeit die Lehre in den Händen von nur ein paar Beratern liegt und diese oft nur ein Rezept vertreten. „Dabei sollte man verschiedene Perspektiven kennen", erklärt Olivier. Der Anspruch an eine biodynamische Ausbildung sollte sein, die Winzer zu freiem Denken und Handeln zu ermutigen. Es macht wenig Sinn, den Chemieberater gegen den Biodynamieberater zu tauschen. „Man muss genug wissen und die Prinzipien verstanden haben, damit man das Rezept nach seinem Geschmack verändern kann. Es muss für mich und mein Stück Land passen", ist er sich sicher. Dafür gibt es bis heute leider keine ausreichenden und einfach zugänglichen Ausbildungen.

Auch für Olivier kommt es nicht nur auf agronomisches Wissen, sondern auch auf die geisteswissenschaftlichen Grundlagen an, um erfolgreich biodynamisch zu arbeiten. Dabei ist er nach seinen vielen Reisen und Gesprächen mit Leuten aus aller Welt überzeugt, dass das, was Steiner im Landwirtschaftlichen Kurs formuliert, universell gültiges Wissen ist. Er erzählt zum Beispiel von Menschen, die in Südamerika über frühe Landwirtschaftsformen forschen und ihm vermittelten, wie damals schon die Bauern kosmische Rhythmen in ihre Arbeit einbezogen haben. Ebenso berichtet Olivier von einem Arbeitsessen in Shanghai und wie ihm der Geschäftspartner dabei die Prinzipien der chinesischen Medizin und Ernährung erklärt hat. „Es geht immer um den Ausgleich, die Balance zwischen verschiedenen Kräften, nichts anderes ist die Biodynamie."

„Es gibt nichts Schlimmeres als einen schlechten Wissenschaftler."

Für ihn ist die Biodynamie eine landwirtschaftliche Technik und Lebensphilosophie, auf deren Prinzipien man auch selbst kommen könnte, wenn man ein Leben lang unvoreingenommen die Natur und die Entwicklung der Pflanzen studieren würde. Dabei sind ihm Menschen, die keinen naturwissenschaftlichen Hintergrund haben, dafür aber Lebensprozesse anerkennen, lieber als schlechte Akademiker, die alles zu verwissenschaftlichen versuchen. „Es gibt nichts Schlimmeres als einen schlechten Wissenschaftler", sagt Olivier. Für ihn vergessen diese Menschen die Mysterien, die das Leben umgeben.

„Biodynamie ergibt Sinn, weil ich sehe, wie der Boden durchlebt ist, wie sich heute die Zweige vom Winterschnitt in organische Substanz umsetzen. Es ist einfach unlogisch, den Boden mit schweren Maschinen zu verdichten und das Bodenleben mit Chemie zu zerstören", führt er aus. Wann immer ihm einer dieser wissenschaftshörigen Leute bezüglich der Biodynamie ins Lächerliche ziehen will, fragt er sie, was sie denn schon über das Leben wüssten. „Wer hat denn diese ganzen Proteine und DNA in Form eines Menschen zusammengepackt und zum Denken und Sprechen gebracht?", ist eine der Fragen, die er dann gern stellt.

„Ich bevorzuge die Menschen, die Leben mithilfe von Gottheiten oder was auch immer erklären. Das mag zwar für Wissenschaftler irrelevant sein, aber die geben zumindest nicht vor, schlau zu sein." Dabei bezeichnet er sich als einen naturwissenschaftlich orientierten Menschen. „Aber Experimentieren und dessen Ergebnis sind für mich ausreichend, um etwas zu verstehen." Er muss nicht erklären, was passiert, wenn er zum Beispiel biodynamische Präparate verwendet. Ihm reicht es zu sehen, dass sie eine Wirkung haben. Wer durch die Weinberge von Olivier Humbrecht streift und seine Weine verkostet, muss anerkennen: Weinbau wie Landwirtschaft brauchen mehr Forscher seines Schlags.

Die Weine

Olivier Humbrechts Weine strahlen eine unglaubliche Souveränität aus. Alle Strukturelemente wie Säure, Extrakt oder Aromen sitzen im richtigen Maß, an der richtigen Stelle und ergeben ein großes Ganzes. Die Weinbereitung ist dabei erstaunlich unspektakulär. Die Trauben werden im Ganzen sehr langsam abgepresst und in der Regel mit Naturhefen in großen alten Holzfässern vergoren. Sein Vater hatte schon Anfang der 1980er Jahre diese Fässer mit einem Kühlsystem ausstatten lassen. „Damit können wir die Temperatur moderat steuern", erklärt Olivier. Bei der Gärung entstehen nicht nur Alkohol und Kohlensäure, sondern auch Wärme. Vor allem in großen Gebinden können aufgrund der größeren Gärmasse schnell zu hohe Temperaturen entstehen, was zur Folge hat, dass die Aromen regelrecht herauskochen. Olivier hat zudem in modernste pneumatische Pressen investiert, die er ganz genau einstellen kann. Damit bekommt er Most, der weniger Trubstoffe enthält, und erspart sich damit Klärungshilfen wie Zentrifugen oder den Zusatz von Enzymen.

2018
Goldert Grand Cru, Muscat

Der Boden dieser Lage ist von Muschelkalkböden dominiert, auf denen sich die Bukettsorte Muscat offenbar besonders wohl fühlt. „Muscat kann schnell vulgär werden", weiß Olivier. „Er braucht die optimale phenolische Reife." Der Goldert Muscat lebt nicht nur vom blumigen Duft, sondern von einer besonders raffinierten Struktur, die diese Aromen perfekt einbindet.

Der Wein zeigt eine sehr komplexe und feinduftige Nase mit Düften von Rosenblüten, Oleander, Wildblüten, rosa Pfeffer und Kumquat. Er ist trocken und strahlt einen glockenhellen Ton aus. Die moderate Säure wird durch eine salzige Note zart betont. Der Wein ist schlank und druckvoll zugleich. Im langen Finish spielt eine dezent ölige Textur, und noch einmal leuchtet ein ganzer Blumenstrauß von Aromen auf.

2018
Clos Windsbuhl Grand Cru, Riesling

Dieser Wein wächst auf einem mit 350 Metern relativ hoch gelegenen, nach Süd-Süd-Ost ausgerichteten Hang. Auch hier sind die Böden von reinem Muschelkalk geprägt. Durch die Nähe zu den Vogesen und die höhere Lage ist der Clos Windsbuhl deutlich kühler und damit langsamer in der Reife. Aufgrund des Kalkbodens fallen die Aromen besonders präzise und prachtvoll aus. Es ist der ideale Ort, um Riesling hier zum Leuchten zu bringen. Der Wein zeigt sich zunächst verhalten im Glas. Die Nase nimmt Aromen von Zitrusschale, Lanolin und etwas Hefe wahr. Langsam schälen sich kreidige Töne, Steinobstaromen, Minze und weiße Blüten heraus. Am Gaumen betört das Spiel zwischen Cremigkeit, saftiger Frucht und Säure, alles untermauert von einem enormen Extrakt, der dem Wein sein Rückgrat verleiht. Ein Riesling, der burgundische Fülle ausstrahlt und mit der perfekten Balance zwischen Reife und Säure das Ideal eines klassischen Essensbegleiters erfüllt.

2018
Hengst, Gewürztraminer

„Gewürztraminer steht gegen alle Trends", sagt Olivier Humbrecht. Die Welt bevorzugt trockenere, leichtere, weniger aromatische und frischere Weißweine. Gewürztraminer ist mit seinem reichhaltigen Bukett, wenig Säure, Süße und seiner schmalzigen Textur genau das Gegenteil. „Er ist wie ein Biest aus der Vergangenheit." Ein Wein, der nach dem richtigen Moment verlangt. Der Hengst ist eine brillante Version dieser Rebsorte und meilenweit von den nach Weichspüler riechenden Karikaturen entfernt, die unter anderem das schlechte Image von Gewürztraminer begründen. Die Nase nimmt ein fein verwobenes Bukett wahr, mit Aromen von englischen Wildrosen, Orangenblüten, Eisenkraut und reifen Mirabellen. Ein Duft, den es als Parfum geben sollte. Am Gaumen pendelt der Wein irgendwo zwischen trocken und fruchtig hin und her. Die Süße wird von einer zarten Tannintextur balanciert, die Säure spielt eine nur winzige Rolle, und so schwebt der Wein trotz seiner Kraft über die Zunge. „Gewürztraminer zaubert den Leuten immer ein Lächeln auf die Lippen", sagt Olivier. Man muss ihm recht geben.

Umgeben von Wäldern: der Clos Windsbuhl
Bild: Norbert Hecht

Rangen de Thann – Clos Saint Urbain

Der Rangen ist ein spektakuläres Terroir. Ein nach Süden ausgerichteter, von Vulkangestein geprägter Steilhang, auf dessen kargem Boden die Reben in Dichtpflanzung kultiviert werden. Bis zu 10.000 Pflanzen stehen hier auf einem Hektar. Die Norm wäre zwischen 5000 und 6000. Die Konkurrenz zwischen den Reben lässt deren Wurzeln besonders tief in das Gestein treiben. Die Erträge sind auf dem kargen Boden ohnehin gering. Durch die Dichtpflanzung ist der Ertrag pro Rebstock dann noch einmal besonders reduziert. So entsteht eine einzigartige natürliche Konzentration in den Weinen. Hier kultiviert Olivier Humbrecht Riesling, Pinot Gris und etwas Gewürztraminer.

2018
Rangen de Thann – Clos Saint Urbain Grand Cru, Riesling

Schon die Nase wirkt wuchtig und ungestüm. Das Bukett attackiert mit Aromen von Rauch, Rauchspeck, aber auch Noten von Steinobst, rotbackigem Herbstapfel, Ringelblumen und Heilkräutern. Der Gaumen empfindet zunächst ein feines Spiel zwischen Süße und Säure. Der Wein entwickelt eine enorme Kraft aus sich selbst heraus, ohne dabei auf Alkohol oder Fett angewiesen zu sein. Raffiniert ist das feinkörnige Mundgefühl, das an Meersalzflocken erinnert. Im Rachenraum bleiben Zigarrenrauch und dunkle Würze hängen. Es ist ein Wein, der nicht von der Frucht lebt, sondern den Boden widerspiegelt. Man hat beim Trinken das Gefühl, durch das Glas auf den Vulkanboden zu schauen.

2017
Rangen de Thann – Clos Saint Urbain Grand Cru, Pinot Gris

Der Pinot Gris auf dem gleichen Terroir ist eine insgesamt barockere Interpretation des Rangens. Er hat mehr Fleisch auf den Rippen und wirkt weniger streng. Es dauert ein wenig, bis er im Glas die Aromen freigibt. Es zeigen sich dann Noten von Bienenwachs, Liebstöckel, gebrannten Haselnüssen, Kurkuma, Asche und etwas Animalischem. Die Kraft des Weins trifft den Gaumen mit voller Wucht. Es entwickeln sich Rauch und Würznoten im Finish. Hinzu kommt eine pikante Mineralität. Es ist ein so kraftvoller wie dicht gewobener Wein, bei dem Frucht eine untergeordnete Rolle spielt.

2017
Clos Jebsal, Pinot Gris Sélection de Grains Nobles

Wer Weine aus dem Elsass kennenlernen will, muss auch einen Süßwein verkosten. Obwohl die Weine aus edelfaulen Trauben zunehmend seltener werden. „Der Klimawandel und damit trockeneres Wetter lassen die Edelfäule oft nicht mehr entstehen. Auch die letzten Jahrgänge waren eher ungünstig für diesen Weintyp", erklärt Olivier. Viele Winzer scheuen zudem den Aufwand, den dieser Weinstil in der Erzeugung verlangt. Auch in dem Wissen, dass Süßwein schwierig zu verkaufen ist.

Dieser Wein läuft mit einer intensiven Bernsteinfarbe ins Glas. Das Bukett eröffnet ein reichhaltiges Buffet getrockneter und kandierter Früchte. Darunter sind Aprikosen, Ananas, Mango, Mandarinen, aber auch Noten von Ingwer und Bienenwachs. Der Gaumen wird zart überzuckert. Der Wein hat nichts Fettes oder Schweres, auch weil die Süße in ein großes Ganzes eingebunden ist. Der Nachhall changiert zwischen süß und trocken, und im Rachenraum zeigt sich eine zarte Earl-Grey-Note. Süßweine sollte man öfters trinken.

Der Individualist

„Die Euphorie ist wichtig. Sonst stellst du dich nicht an ein Fass und rührst eine Stunde lang."

(7) **Fred Loimer**
Weingut Fred Loimer, Langenlois, Kamptal

Steinmassl, Seeberg, Spiegel, Käferberg, Heiligenstein – mit all diesen Spitzenlagen und vielen weiteren Weinstilen verbindet man den Winzer Fred Loimer.

Fred Loimer gehört zu den Winzern, die immer neugierig bleiben. Das sieht man schon an der Palette von Weinen. Man findet auf seiner Liste die Klassiker aus dem Kamptal: beste Rieslinge und Grüne Veltliner aus Spitzenlagen. Aber eben auch Sekt und fassgereiften Pinot Noir bis zum Orange-Wein. Das macht es zwar im Marketing schwierig, das Weingut mit einem bestimmten Weinstil herausstechen zu lassen, aber das kümmert ihn nicht. Er hat einfach Spaß daran, sich in Neues hineinzudenken und dabei Perfektion zu erlangen.

Aus diesem Antrieb heraus ist er auch zur Biodynamie gekommen. Mit einem befreundeten Winzer verkostet er den 2003er Jahrgang aus dem Fass. Es sind die Weine aus dem berüchtigten heißen Sommer. „Das war so ein Schönling-Jahrgang“, erzählt Fred. Weine, die eingängig fruchtig schmecken, wo nichts aneckt. Sie diskutieren, wie man das Terroir deutlicher schmeckbar machen und mehr Persönlichkeit in die Weine bringen kann. Sein Kollege rät ihm, es mit der Biodynamie zu versuchen. „Ich hatte schon vom Nikolaihof gehört und wusste was von Kuhhörnern oder Vollmond, aber letztlich hatte ich keine Ahnung“, gibt Fred zu. Er informiert sich näher, besucht ein paar Kurse, findet aber vorerst nicht den richtigen Ansprechpartner.

Jeder gute Gärtner kennt die positive Wirkung der Brennnessel auf Boden und Pflanzen. „… Sie müßte eigentlich dem Menschen ums Herz herum wachsen …" sagt Rudolf Steiner im Landwirtschaftlichen Kurs.

Zwei Jahre später lernt er dann den Biodynamieberater Andrew Lorand kennen und lädt ihn auf das Weingut ein. Gemeinsam verbringen die beiden einen ganzen Tag. Andrew erklärt ihm praxisnah den biodynamischen Ansatz, die Grundprinzipien der Natur, die Goetheanische Sicht auf die Metamorphose der Pflanzen. „Das war alles so faszinierend. Beim Abendessen habe ich beschlossen, ich stelle um. Von heute auf morgen, mit der Hilfe von Andrew", erzählt er weiter. Es sind noch mehr Winzer, die wie er auf der Suche nach Alternativen zur konventionellen Bewirtschaftung sind. Sie tun sich zusammen. Es ist die Gruppe, aus der später respekt-BIODYN entsteht.

Mit vollem Eifer legt er los. „Diese Euphorie ist wichtig", ist sich Fred sicher. „Sonst stellst du dich nicht an ein Fass und rührst eine Stunde lang." Er erinnert sich noch gern an ein Schulungstreffen bei Bernhard Ott, bei dem sie Brennnesseltee gekocht und ausgebracht haben. „40 Liter auf einen Hektar Weinberg", lacht er. „Da fragen dich andere Winzer, ob du noch ganz richtig tickst." Zusammen mit Bernhard setzt er sich zufrieden auf ein Mäuerchen, sie trinken eine Tasse von dem frischgekochten Tee und sagen sich: „Super, jetzt können wir unsere Spritzmittel auch selbst trinken."

Die Begeisterung ist seither nicht weniger geworden. „Die nimmt sogar zu", unterstreicht Fred. „Die Ideen werden immer mehr, und man sieht immer mehr Möglichkeiten, wie man sie umsetzen kann." So haben sie sich am Anfang nicht vorstellen können, einmal Nutztiere in den Betrieb integrieren zu können. Heute grasen in seinen Weinbergen 20 eigene Schafe, und im Winter kommen von einem befreundeten Bauern noch einmal 130 dazu. Ebenso dürfen ein paar Hühner hinterm Haus scharren. „Alle in der Gruppe haben mittlerweile Tiere, und manche richtig viel und intensiv", erzählt er begeistert.

Dabei sind er selbst und sein ganzes Team achtsamer geworden. Er erzählt von einem Mitarbeiter, der bei einer Fahrt durch die Weinberge einen großen Ameisenhaufen entdeckt. Gemeinsam machen sie sich Gedanken, wie sie diese Nützlinge schützen und fördern können. Natürlich werden die Böschungen nicht im Sommer abgemäht, wie es beispielsweise einige Kommunen betreiben. Weil gerade Zeit ist, werden da blühende Bestände mit einem Schlegelhäcksler abgemäht und damit gleich unzählige Insekten getötet. Da wirkt es komisch, wenn am Wegesrand medienwirksam ein Insektenhotel mitsamt Informationstafel platziert wird. Oft bräuchte es einfach nur gesunden Menschenverstand und mehr Respekt vor den Rhythmen der Natur, um zum Beispiel die Biene zu retten.

„Zur Begeisterung kommen mit der Zeit Erfahrung, Handwerk und Pragmatismus hinzu", erklärt Fred. Schon vor der Umstellung hat er auf Kunstdünger und Herbizide verzichtet, aber er muss den Umgang mit biologischem Pflanzenschutz lernen. „Wir arbeiten mit einer sehr spezialisierten Pflanze, die sich über Jahrhunderte kaum verändert hat. Die braucht unsere Hilfe, weil sie zum Beispiel keine Idee von Mehltau hat." Vor allem der Grüne Veltliner ist anfällig für diese Pilzkrankheit. Neben Kulturmaßnahmen wie dem manuellen Pflegen der Laubwand, damit diese nach einem Regenguss schnell abtrocknen kann, gehört es dazu, zum richtigen Zeitpunkt Pflanzenschutz zu betreiben. „Wenn du eine Pilzinfektion vor, während oder nach der Blüte hast, dann hast du Feuer auf dem Dach", erklärt Fred. Er meint damit, dass man dadurch schnell einen Großteil der Ernte verlieren kann und sie an Qualität einbüßt, auch weil man im Bioanbau nicht kurativ arbeiten kann. Die Empfehlung des Beraters, den Pflanzenschutz rhythmisch zu betreiben, verwirft er schnell. „Wenn du organisch ein Problem hast, dann ist Schulmedizin gefragt", ist er sich sicher. „Du kannst gesund leben und mit Kräutern oder Tees einiges bewirken. Aber wenn es sein muss, brauchst du ein Medikament." Im Bioweinbau sind das Kupfer- oder Schwefelgaben zum richtigen Zeitpunkt.

„Der schönste Platz ist für mich der Rand eines Weingartens nach getaner Arbeit."

Brennnesseltee stärkt die Abwehrkräfte der Pflanzen. Fred erntet und trocknet Brennnesseln für seinen Bedarf selbst.

Solche Erfahrungen in der Umstellung hält er für lehrreich. Schließlich geht es darum, eigenständig zu denken und nicht alles abzukaufen, was einem erzählt wird. „In der konventionellen Landwirtschaft musst du alles glauben“, führt er aus. „Die sagen dir, du brauchst 50 Kilogramm Nährstickstoff, dieses oder jenes Mittel, so viel Kali und dergleichen. Ich wollte ja davon weg.“ Auch Andrew Lorand ermuntert ihn, selbst zu beobachten und eigene Schlüsse zu ziehen.

So entwickelt er auch seine Ideen zur Kompostwirtschaft und Begrünung. „Wir arbeiten heute weniger mit Kompost, sondern mit Komposttee“, erklärt Fred. Die Nährstoffe kommen durch eine vielfältige Begrünung, die bei Bedarf untergearbeitet wird. Mit dem Komposttee bringt man dann vielfältige Mikroorganismen aus, die die organische Masse umsetzen, mineralisieren und für die Rebe verfügbar machen. Zusätzlich ist das biodynamische Hornmistpräparat ein wichtiger Impulsgeber, um das Bodenleben und den nötigen Nährstoffumsatz anzuregen.

„Ich habe gelernt, dass der Garten von Schloss Schönbrunn nicht mehr unser Ideal ist.“

In der Biodynamie geht es auch darum, die Landschaft vielfältiger zu gestalten. Das ist übrigens auch in den Richtlinien von respekt-BIODYN festgeschrieben. Fred Loimer versucht, die Begrünung so anzulegen, dass Insekten den ganzen Sommer über Nahrung finden. Außerdem gehört in jeden Weinberg auch ein Baum gepflanzt.

Besonders freut ihn die Biodiversität, die seither Einzug gehalten hat. Sein Blick auf den Weinberg hat sich komplett verändert. „Ich sehe nicht mehr nur den Rebstock und die Zeilen dazwischen, sondern das ganze Umfeld", erklärt Fred. Er lässt Böschungen und Wegraine wachsen, lässt Sträucher aufkommen und gibt sich Mühe, dass Insekten das ganze Jahr etwas zum Fressen finden. Legte er früher Wert auf einen gepflegten Rasenschnitt, sät er heute lieber über 25 Kräuter- und Blumenarten aus. „Ich habe gelernt, dass der Garten von Schloss Schönbrunn nicht mehr unser Ideal ist", lacht Fred.

„An der Biodynamie gefällt mir am besten das Ideal der Hofindividualität."

Auch die Begrünung passt er mit der Zeit an seinen Betrieb an. „Am Anfang hatten wir Luzerne in der Begrünung, aber die nehmen zu viel Wasser weg", weiß er. In einem Trockengebiet wie dem Kamptal bedeutet das zu viel Konkurrenz für den Rebstock. „Am Ende will man Trauben und nicht Gras ernten", sagt Fred. Auch merkt er, wie die Schafe helfen, die Biodiversität zu steigern. „Die fressen das Gras bis zur Grasnarbe ab. Da haben die feinen Samen auch mit dem Dung eine Chance, Bodenkontakt zu bekommen und zu keimen", erklärt er. Ein Weingarten, der regelmäßig gemulcht wird, neigt hingegen zur Verarmung der Artenvielfalt. In Zukunft will Fred eine eigene Mischung für jeden Weingarten entwickeln. Individuell angepasst je nach Bedarf der Lage, dem Mikroklima und Boden.

„Ein Brokkoli wird nicht mit einer Region oder Person in Verbindung gebracht. Weine, wie wir sie machen, schon."

Immer weiter an der Eigenständigkeit seines Betriebes zu arbeiten, ist sowieso der Aspekt, der ihn an der Biodynamie reizt. Gerade im Weinbau, dem Bereich der Landwirtschaft, in dem der Herkunftsgedanke noch lebt, hält er Hofindividualität für das Argument, sich dieser Wirtschaftsweise zuzuwenden.

„Man hat schon Freude daran, wenn man Kompost macht und ausbringt."

„Ein Brokkoli wird nicht mit einer Region oder Person in Verbindung gebracht. Weine, wie wir sie machen, schon", erklärt Fred dazu. „Das Ideal in der Biodynamie ist, nichts von außen zu holen. Damit entwickle ich unsere Individualität immer weiter, und die schmeckt man am Ende im Glas", ist sich Fred sicher und stellt die provokative Frage: „Kann man von Terroir reden, wenn überall auf der Welt der gleiche Kunstdünger eingesetzt oder dieselben Kellerhilfsmittel verwendet werden?"

Eine berechtigte Frage, wenn man die lange Liste der Stoffe studiert, die im Keller eingesetzt werden können. Viele davon dienen auch schlicht dazu, Defizite im Traubenmaterial auszugleichen. „Wein ist ein Kulturprodukt, und es braucht eine begleitete Weinbereitung", erklärt Fred dazu. „Unsere Individualität soll sich innerhalb des kollektiv festgelegten Herkunftsstiles bewegen." Dafür braucht er aber nur die natürlichen Produkte Schwefel und Bentonit. Schwefel ist für die Kellerhygiene und als Antioxidans für die Haltbarkeit und Stabilität der Weine wichtig. Ohne den Einsatz von diesem über Jahrhunderte bewährten Konservierungsmittel würde es den uns vertrauten Herkunftsgeschmack, wie eben den eines Kamptaler Rieslings, nicht geben. Und Bentonit ist eine natürliche Tonerde, mit der Proteine aus dem Wein entfernt werden, die zu Trübungen führen können. Aber Winzer wie Fred Loimer brauchen eben keine Aromahefen, Kunstdünger als Hefenährstoffe und Enzyme, die auch mithilfe von Gentechnik erzeugt werden, oder gar Mikroplastik zum Schönen.

Bioverbände wie respekt-BIODYN verbieten die Verwendung dieser Mittel. Das hält auch Fred für wichtig, und dennoch warnt er vor übertriebenen Richtliniendiskussionen. „Bei respekt-BIODYN wollen wir, dass so viele wie möglich, die gut arbeiten, zu uns kommen", sagt Fred. „Dabei sollte man nicht jede Kleinigkeit auf die Waagschale legen und ehrliche Leute damit ausgrenzen. Man sollte denen, die es ernst meinen, auch Raum zur Entwicklung geben." Es geht auch hier um das richtige Maß.

Denn nicht jeder kann von heute auf morgen alles verändern. Auch das weiß Fred Loimer aus eigener Erfahrung. Als sich sein Weinstil mit der Umstellung wandelt, bekommt er zunächst Schwierigkeiten mit seinen Vertriebspartnern. Vor allem in den schwierigen Jahrgängen der Umstellungsphase hat ihm der selbstauferlegte Verzicht zunächst zu schaffen gemacht. „2007 ist extrem trocken und 2008 sehr feucht gewesen“, erklärt Fred dazu. „Wir hatten noch nicht die Balance in den Weingärten, wie wir sie heute sehen, und das hat man in den Weinen geschmeckt.“ Viele seiner Weine werden in der Gastronomie verkauft, und dort legt man großen Wert auf eingängige Süffigkeit.

Seine Weine sind weniger fruchtbetont und in der Jugend oft ungestüm sowie trockener, würziger und kantiger und stechen dadurch bei einer vergleichenden Gebietsverkostung besonders heraus. „Der Unterschied zwischen unseren und konventionellen Weinen ist auch heute enorm“, erklärt Fred. Freilich merkt man heute, dass die Umstellung auf Freds Hof abgeschlossen ist, und spürt seine Erfahrung im Bioanbau. Der Markt hat sich zudem weiterentwickelt, und es gibt zahlreiche Konsumenten, die diese Individualität in den Weinen suchen. Dennoch war es ein ökonomisches Wagnis, bewährte Geschmackspfade zu verlassen und damit in Kauf zu nehmen, langjährige Geschäftspartner zu verlieren. Gerade wenn man wie Fred den Ertrag von 80 Hektar Rebflächen verkaufen muss. Zudem muss er mit der Biodynamie die Schwerpunkte in seinem Sortiment verändern. Vom früheren Verkaufsschlager „Lois“, einem Grüner Veltliner, der sich ganz einfach über Süffigkeit und günstigem Preis vermarkten lässt, erzeugt er nur noch ein Drittel der Menge. „Die Produktionskosten sind viel höher geworden. Wir können im Massenmarkt nicht mehr mitspielen“, erklärt Fred dazu.

Auch deshalb ist es für ihn wichtig, die Weine für den Verbraucher als biodynamisch zu kennzeichnen. „Alle Biobetriebe sind bereit, einen höheren Aufwand zu betreiben. Die Anbaukosten sind höher und der Ertrag niedriger“, weiß Fred.

„Warum französisches Barrique wenn es in Österreich auch Eichen und eigene Fassbauer gibt?"

Davon sind allerdings nicht alle seiner Kollegen in der Region begeistert. Manche konventionellen Betriebe würden das Thema gern unter den Tisch kehren, auch weil sie mittlerweile einen immer größeren Rechtfertigungsdruck gegenüber dem Verbraucher spüren. Das sorgt teilweise für heftige Diskussionen. Von manchen konventionellen Kollegen hört er den Vorwurf, die Biodynamie wäre eine Ideologie. „Dann wird das Kuhhorn wieder aus der Schublade geholt", erzählt Fred und rollt mit den Augen. Dabei geht es in der Biodynamie vor allem um landwirtschaftliche Praxis, und die versucht er dann, den Kritikern geduldig zu erläutern.

Keinen Spaß versteht er allerdings, wenn man ihm vorwirft, Konsumenten mit der Bioauslobung zu täuschen. Da wird zum Beispiel die Verwendung von Kupfer kritisiert. Wissenschaftliche Belege, die in den geringen zugelassenen Mengen an Kupfer kein Problem sehen und stattdessen Herbizide infrage stellen, interessieren die Kritiker nicht. Dass der übermäßige Gebrauch von Kunstdünger in der Landwirtschaft zu einer hohen Belastung des Grundwassers durch Nitrat geführt hat, blenden Kritiker ebenfalls gern aus, wenn sie Biowinzer für ihre Kompostwirtschaft kritisieren. Da wird dann das Oberflächenwasser, das von einem Misthaufen abrinnt, als Brunnenvergiftung ausgemacht.

Es gibt noch viele weitere Beispiele für den Versuch, Zweifel am Bioanbau zu schüren. Dabei erscheinen diese Angriffe eher als Strategie, um von unangenehmen Wahrheiten abzulenken – ein Verhalten, für das die Wissenschaft den Begriff „Agnotologie“ gefunden hat: Warum sollte man danach streben, etwas dazuzulernen, wenn es vorteilhafter ist, unwissend zu bleiben? Dass der Vorwurf der Verbrauchertäuschung ausgerechnet von Kollegen kommt, auf deren Internetseiten Sätze wie „aus Liebe zur Natur“ oder „wir verpflichten uns dem nachhaltigen Anbau“ herumwabern, irritiert dabei besonders. Eigentlich müsste gerade die Verwendung derartiger Worthülsen, die an keinerlei überprüfbare Leistungen geknüpft sind, als Verbrauchertäuschung gelten.

Trotz des Ärgers und den Vorhaltungen, möchte er auf keinen Fall wieder zurück. „Die Biodynamie hat mich sehr bereichert“, sagt Fred.

Wenn er heute seine Reben sieht, merkt er, wie ausgeglichen sie wachsen und dass sie weniger gestresst auf extreme Wetterbedingungen reagieren. Die Arbeit macht ihn glücklich. „Man hat schon Freude daran, wenn man Kompost macht und ausbringt oder die Gründüngung aufgeht. Ich gehe wandern und beobachte ganz anders“, erzählt Fred. Zudem schmecken ihm die Weine besser. „Auch wenn sie nicht gesünder sind, es ist immer noch genauso viel Alkohol drin“, sagt er und lacht.

„Ich bin kein spiritueller Mensch.“

Fred Loimer bewirtschaftet 80 Hektar Weinberge, der Weinkeller ist dementsprechend professionell ausgestattet.

Zur Anthroposophie hat er eine ganz eigene Beziehung. In einer Gruppe von Winzern lesen sie Steiners Landwirtschaftlichen Kurs. „Am Anfang war das unlesbar", erzählt Fred. „Wenn du dich aber als Praktiker näherst, dann geht das mit der Zeit. Dann weißt du, was Steiner da gerade meint." Ihn überzeugt vor allem die ganzheitliche Betrachtung, ob in Landwirtschaft, Medizin oder vor allem in der Pädagogik. „Die Ansätze sind einfach gut", sagt der Vater von zwei Kindern.

Er selbst würde sich allerdings nicht als spirituellen Menschen bezeichnen. Er ist keiner, der auf jedem Marketing-Event extrovertiert über seine Empfindungen reden will. Die Biodynamie mit ihrem geistigen Kern ist für ihn Privatsache. Er macht diese Dinge mit sich allein aus. Auch deshalb stellt Fred nie die Arbeit mit den Präparaten heraus, wenn er über diese Wirtschaftsweise redet. „Das endet dann immer in einer abgedrehten Diskussion über das Kuhhorn", weiß er. Er betont lieber die Hofindividualität. Darüber kann man ganz pragmatisch reden, und daran will er auch in Zukunft weiter feilen.

WILLMES
WWW.BENCZAK.COM

DAMY
AM

Die Weine

Kein anderer Winzer in diesem Buch hat so eine breite Palette an verschiedensten Weinstilen in seinem Portfolio versammelt. „Ich bin neugierig", sagt Fred dazu und lacht. Für ihn macht das den Reiz des Berufes aus. Die Biodynamie hat seine Neugier noch verstärkt. „Man wird selbstbewusster, und das wiederum fördert die Bereitschaft, Neues auszuprobieren." So bereichern nun auch Orange-Weine oder ein Pet Nat sein Sortiment. Aber es braucht natürlich auch Weine, die einem breiten Publikum zugänglich sind. „Selbst in unserer Nische gibt es einen Großteil der Genießer, die eher Mainstream trinken", weiß Fred. Für die unterschiedlichen Weinstile arbeitet er mit Kühlung, Maischestandzeiten, Pressdauern und dem Zeitpunkt der Schwefelgabe. So werden Weine, die früh zugänglich sein sollen, mit wenig Trub vergoren, früher von der Hefe abgezogen und geschwefelt. Bei den großen Lagenweinen ist es umgekehrt. „Das sind, kurz gesagt, unsere beiden Spielvarianten", erläutert Fred seine Philosophie.

Brut Rosé Reserve

Seit dem Jahr 2015 wird auch wieder Sekt auf dem Weingut erzeugt. Vor allem der Rosé aus den Rebsorten Pinot Noir, St. Laurent und Zweigelt macht mittlerweile Furore. Nach 18 Monaten Hefelager wird er mit sehr wenig Dosage in den Verkauf gebracht. Mit einem appetitlichen, hellen Erdbeerrot läuft der Rosé ins Glas. Die Perlage ist fein und nachhaltig. In der Nase zeigen sich zarte Fruchtnoten von roten Beeren, Kirschen, aber auch weißen Blüten, Brioche und Mandelgebäck. Der Sekt ist angenehm trocken und wirkt durch seine knackige Säure belebend. Am Gaumen leuchten noch einmal die feinen Fruchtaromen auf, aber auch die Hefenoten kommen deutlich zum Vorschein. Ein Sekt, der Anspruch und unkomplizierte Trinkfreude verbindet.

Pet Nat mit Achtung vom Muskateller

Pet Nat ist der letzte Schrei der Naturweinszene. Es ist eine sehr ursprüngliche Methode, Schaumwein herzustellen. Dafür wird vergärender Wein in die Flasche gefüllt und diese dann verschlossen. Die Kohlensäure, die bei der restlichen Vergärung entsteht, verbleibt im Wein. Nach sechs Monaten Hefelager wird auch dieser Schaumwein degorgiert. Es verbleibt aber ein guter Teil der Hefe darin und lässt ihn naturtrüb erscheinen. In der Nase zeigen sich Aromen von Hefe, grünen Bananen, getrockneten Apfelscheiben, Holunderblüten und Zitrustönen. Am Gaumen belebt eine feinperlige Mousseux und eine saftige Säure. Der Schaumwein erinnert mit einer traubigen Frucht an Federweißen und verspricht ebenfalls Trinkfreude für Anspruchsvolle.

2017
Traminer mit Achtung

„Orange-Weine haben ein geschmackliches Fenster geöffnet", sagt Fred Loimer. Vor etwa zehn Jahren versetzte dieser Stil die Weinwelt in Aufruhr. Es sind eigentlich Weißweine, die aber wie Rotwein mit den Traubenschalen vergoren werden. Die oft ungeschwefelten Weißweine verfügen damit über ein Tanningerüst, welches sie vor Oxidation schützt. Der Schwerpunkt dieser Weine liegt auf dem Mundgefühl. Texturen sind je nach Traubensorte extrem unterschiedlich, was ganz neue Welten in der Speisenbegleitung eröffnet. Diese Methode scheint die wahre Struktur jeder Rebsorte hervorzubringen. Besonders spannend fällt der Traminer aus. Trüb und mit einem satten Bernsteinton läuft dieser Wein ins Glas. Das Bukett ist komplex und verströmt Aromen von Lilien, Wildrosen, Hagebutten und Orangenschale, aber auch Hefe und Mandelmus. Am Gaumen zeigt sich eine zart ölige Textur, die in einem würzigen, fast scharfen Finish endet. Der Gerbstoff wirkt knusprig, die milde Säure unterstreicht den Schmelz. Es ist ein perfekt balancierter und blitzsauberer Orange-Wein.

2018
Kamptal Grüner Veltiner Kamptal DAC

Dieser Wein ist die Visitenkarte des Weingutes. Der gehobene Basis-Veltliner, der wunderbar das Terroir des Kamptals ins Glas zaubert. Die Reben wachsen hauptsächlich auf Lössböden und bringen damit eine saftige Frucht und Schmelz mit. Ein Teil kommt aber auch von verwittertem Gneis, der diesem Wein Rückgrat verleiht. Hellgelb und mit grünen Reflexen läuft der Wein ins Glas. Die Aromen sind dezent, es kommen Noten von Birnenschale und gelben Früchten sowie dezente Pfeffernoten zum Vorschein. Der Wein ist trocken, fein würzig, verfügt über einen dezenten Schmelz, und im Finish wirken elegante Hefenoten noch lange nach. Es ist ein authentischer wie süffiger Grüner Veltliner.

2016
Ried Käferberg, Grüner Veltliner Kamptal DAC

Das Kamptal lebt von einem Wechsel der Temperaturen. Tagsüber wird es im Donauraum richtig warm, aber nachts kühlen Winde aus dem Waldviertel die Reben ab. So werden die Trauben richtig reif, bewahren aber ihre aromatische Frische. Geniale Bedingungen also für Rebsorten wie Grüner Veltliner oder Riesling. Der Käferberg ist eine relativ hoch gelegene, kühle, aber windgeschützte Lage. Die Trauben haben dadurch länger Zeit zur Reife und können so besonders viel Extrakt und Mineralien einlagern. Das Bukett dieses Weins ist aromatisch und wirkt kräftig würzig. Es zeigen sich Aromen von frischen Küchenkräutern, Piment, Birnenschale, Marille, Marzipan und eine dezent rauchige Specknote. Der Wein kleidet den Gaumen mit einer feinkörnigen Textur vollmundig aus. Trocken ausgebaut und mit Schmelz unterstreicht ein phenolischer Biss im Finish die Würze. Noch lange schmecken die rauchigen und kräutrigen Noten nach. Es ist ein komplexer und vielschichtiger Weißwein.

2017
Ried Heiligenstein, Riesling Kamptal DAC

Der Heiligenstein ist ein ganz besonderes Terroir. Fast sieht es so aus, als hätte ein Riese diese Erhebung einfach so in die Landschaft gestellt. Der Boden besteht aus kargem Wüstensandstein, welchen man sonst nirgendwo im Gebiet findet. Im Glas zeigen sich zunächst klar definierte Rieslingaromen von Steinobst, Zitrusfrucht, weißen Blüten, und etwas Wachsartigem. Der Wein wirkt brillant und klar. Am Gaumen besticht eine seidige Textur. Der Riesling ist dabei straff, präzise und verfügt über einen langen Nachhall mit feinen Aromen von Lemon Custard Tarte. Zu Recht gilt der Heiligenstein als mit die beste Rieslinglage in Österreich.

Y
LDL
M
L
Y
LDL
Tradition

Im Einklang mit der Zeit

Marie und Matthieu Boesch bewirtschaften 14 Hektar Weinberge im südlichen Elsass.

8

Marie und Matthieu Boesch
Domaine Léon Boesch, Westhalten, Elsass

Westhalten ist ein beschauliches Dorf. Es liegt abgelegen von Touristenhochburgen wie Colmar oder Riquewihr im Süden des Elsass. Hier werden die Weinberge steiler. Landschaft und Klima wirken weniger lieblich. Auch weil die höchste Erhebung der Vogesen, der Grand Ballon, diese Gegend dominiert. „Wir befinden uns mit allem zwischen zwei Extremen“, erklärt Matthieu Boesch die Region. Er meint damit nicht nur den Kontrast zwischen steilen Bergen und flacher Rheinebene. Die Weinberge liegen im Regenschatten der Vogesen und bekommen von den massiven Regenfällen unweit von hier kaum etwas ab. Im Elsass ist es ebenso trocken wie in Südfrankreich. Auch die Temperaturen schwanken im Süden des Elsass besonders stark. „Diese Extreme prägen unsere Weine“, erklärt er weiter. Für ihn sind die Weine aus dem Elsass niemals so leise und elegant wie im Burgund. Sie leben von ihrem Überschwang an Aromen und Körperfülle. Hinzu kommt noch die besondere Kultur im Elsass. Eine besondere Mischung aus germanischen und lateinischen Einflüssen. „Wenn wir mit Franzosen reden, dann sind wir immer die anderen“, lacht Matthieu. Auch den Weinbau würde er als Mischung der Kulturen beschreiben. „Im Weinberg haben wir uns schon früh am Ökogedanken der Deutschen orientiert. Während die Weinbereitung ganz klar französisch ist.“ Das erklärt, warum die Weine hier ganz anders schmecken, auch wenn mit Riesling, Grauburgunder oder Gewürztraminer die gleichen Rebsorten wie im Nachbarland wachsen. Während deutsche Rieslinge für sich allein wirken, überlegt der Elsässer schon beim Pflanzen der Reben, was er wohl später dazu essen wird. Jenseits des Rheins wird der Duft verehrt, diesseits die Struktur.

An der Grenze von Frankreich zu Deutschland, zwischen Vogesen und Schwarzwald, liegt das Elsass.

Ein klassischer Familienbetrieb – Vater Gérard Boesch packt mit an.

Matthieu Boesch hat den Betrieb von seinem Vater Gérard übernommen. Zusammen mit Marie sind sie nun die elfte Winzergeneration auf dem Hof. Sie waren es auch, die den Betrieb auf die biologisch-dynamische Wirtschaftsweise umgestellt haben. Gérard war bereits daran interessiert. Schließlich kamen die ersten biodynamisch wirtschaftenden Winzer in Frankreich aus dem Elsass.

Jedenfalls war Eugène Meyer aus Bergholtz einer der ersten in Frankreich, der sich bereits in den 1960er Jahren dieser Wirtschaftsweise zuwandte. Gérard Boesch, weitschichtig verwandt mit dem Bio-Pionier, hat daran stets großes Interesse gezeigt. Zur Umstellung hat ihm allerdings der Mut gefehlt. Zu groß war die Angst vor unkalkulierbaren ökonomischen Risiken. Außerdem hatte Biowein damals noch ein schlechtes Image. Eine Generation später sah die Situation dann anders aus. Mittlerweile gab es eine Vielzahl von biologisch und biologisch-dynamisch wirtschaftenden Betrieben, die sich gegenseitig unterstützen konnten. Sogar ein an die Weinbauschule in Rouffach angegliederter Bereich wurde im Jahre 1999 gegründet, der die Grundlagen der Biodynamie lehrt.

„Die Gemeinschaft mit den Winzern ist wichtig, um die Angst zu überwinden. Sonst greift man bei Krisen zur Chemie."

Auch im Bioanbau muss gespritzt werden, allerdings mit anderen Mitteln wie Kupfer und Schwefel. Darüber hinaus wird versucht, mit Pflanzenauszügen oder Backpulver die gängigsten Pilzkrankheiten im Zaum zu halten.

Als Matthieu mit 17 Jahren aus der Schule kam, machte er eine Winzerausbildung. Sein Vater schickte ihn bewusst zum Kollegen Jean-Pierre Frick, der sich ebenfalls zu den biologisch-dynamischen Pionieren zählen kann. So kam Matthieu zum ersten Mal mit der Biodynamie in Berührung. „Was da genau im Weinberg passiert, habe ich ehrlich gesagt noch nicht verstanden“, erzählt Matthieu Boesch „aber im Keller habe ich sofort die Unterschiede gesehen.“ So verwendete sein Vater allerlei Schönungsmittel und Reinzuchthefen, um besonders reintönige Weine zu erzeugen. Auch an der Weinbauschule ist das die bis heute gängige Lehrmeinung und wird als „gute fachliche Praxis“ vermittelt. Immer mit der Angst, dass die Weine beim Weglassen der diversen Kellerhilfsmittel Fehltöne entwickeln und schließlich unverkäuflich werden.

„Im Keller ist noch mehr die Angst zu Hause als im Weinberg“, findet Matthieu. „Im Weinberg kann es mal mehr oder weniger regnen, das bekommt man auch im Bioanbau in den Griff. Aber man weiß nicht genau, was im Fass passiert.“ Bei Jean-Pierre Frick erlebt er, dass Dinge, die an der Weinbauschule als falsch gelten, doch zum Ergebnis führen. Wie etwa, dass das Vergären mit Naturhefen weniger risikobehaftet ist als gedacht. Die Befürchtung, dass zu viele Fässer nicht trocken werden oder sich markante Fehltöne dabei entwickeln, hat sich nicht bestätigt. „Es kann halt länger dauern, wenn man mit Naturhefen arbeitet. Am Anfang kostet das Nerven. Aber mittlerweile kenne ich meine Weinberge, ich weiß, wie das Jahr gewesen ist, und kann das besser einschätzen.“

Ebenso bringt ein langes Vollhefelager keine nach Schwefel stinkenden Weine hervor, wie es die Schulmeinung oft behauptet. „Meine Hefen kommen mit keiner Chemie in Berührung", erklärt Matthieu dazu. „Meine Hefen sind gut." Dass es oft reicht, Geduld und Vertrauen in die Natur zu haben, hat er bei Jean-Pierre Frick gelernt.

Die Weißweine vom Weingut Léon Boesch vergären in großen, alten Fässern und bekommen Zeit auf der Hefe, um sich natürlich zu stabilisieren und zu klären.

Dass Matthieu auf biologische Wirtschaftsweise umstellen wollte, war klar. „Beim Ausbringen der Spritzmittel hatten ich und mein Vater immer ein schlechtes Gefühl", erzählt er. Das wollte er nicht mehr. Die Entscheidung für die biologisch-dynamische Wirtschaftsweise kam dann allerdings aus pragmatischen Gründen. „Wenn man konventionell arbeitet, gibt es ganz viele Lösungen für die Probleme, die im Weinbau auftreten können. Im Bioanbau hingegen sind es nur noch sehr wenige", kalkulierte Matthieu. Dass es im biologisch-dynamischen Anbau zusätzlich zu den Biomitteln noch die Präparate gibt, war für ihn ein Argument. „Für mich waren das mehr Möglichkeiten als im Bioanbau, um auf schwierige Herausforderungen eine Antwort zu finden." So kam es, dass er diverse praktische Kurse in der Schweiz und in Rouffach zum Thema Biodynamik belegte und zu Hause erste Versuche anstellte.

„Steiner habe ich selbst nicht gelesen. Ich bin eher der Praktiker. Ich habe mein Wissen über Biodynamik vor allem im intensiven Austausch mit Kollegen erworben und dann selbst Erfahrungen gesammelt."

„Natürlich dachte ich an Hokuspokus und wollte das erst einmal ausprobieren", erzählt er von seinen Anfängen. Im Jahr 2000 legt er deswegen zwei Kompostmieten an. Die eine impft er mit biologisch-dynamischen Präparaten, die andere nicht. „Die Unterschiede waren zu meinem großen Erstaunen groß." Der geimpfte Kompost setzte sich viel schneller um, roch besser und wies eine feinere Struktur auf. „Da habe ich zum ersten Mal selbst gesehen, dass da doch etwas dran ist." Als im Frühjahr 2001 ein heftiger Hagelschlag die Reben schwer schädigt, bringt er kurz danach das biodynamische Baldrian-Präparat aus. „Das soll die Reben beruhigen, hieß es. Vielleicht auch ein bisschen den Winzer", lacht er. „Ich dachte mir: Schaden kann es nicht, also probiere ich es mal aus." Als zehn Tage später Kollegen seine Weinberge begutachten, fragen sie ihn, was er denn gemacht hätte. Die Reben hätten sich deutlich besser von dem Schlag erholt. Das hat ihn dann ganz überzeugt. Der Betrieb wurde umgestellt, und seit 2004 sind die Boeschs nach Demeter-Standard zertifiziert.

Lockerere Bodenstruktur und bessere Wasserhaltekraft sind für Matthieu Boesch bedeutende Veränderungen seit der Umstellung.

Am deutlichsten zeigt sich für ihn die Umstellung in der Bodenstruktur. Der Boden kann Regen viel besser aufnehmen und speichern. Somit haben die Reben deutlich weniger Trockenstress. Eine der großen Herausforderungen nicht nur im Elsass sind nämlich die zunehmende Trockenheit und Extremwetterereignisse. Die Winzer bemerken schon seit Jahren einen deutlichen Klimawandel. „Das erste Mal ist uns das im Jahr 2003 bewusst geworden. Das war das erste heiße Extremjahr." Seitdem gab es mehrere dieser von extremer Trockenheit geprägten Jahrgänge. Doch heute zeigen sich bei ihm und seinen Bio-Kollegen weniger Probleme mit Trockenstress als damals. „Mit dem Verzicht auf Herbizide und dem Einsatz von Kompostwirtschaft und Begrünung konnten wir den

14 Hektar bewirtschaften Marie und Matthieu Boesch zusammen. Größer werden wollen sie nicht. Sonst könnten sie nicht mehr so oft selbst im Weinberg stehen, sondern müssten sich mehr um die Vermarktung kümmern.

Humusgehalt deutlich erhöhen. Das ist unsere Versicherung gegen Trockenheit", erklärt Matthieu. Ganz im Gegensatz zu Winzern, die mit Pestiziden und mit allen verfügbaren Unkrautvernichtern arbeiten. Der Humusgehalt in deren Böden hat seit 2003 weiter abgenommen. „Dass diese Winzer mehr Probleme mit Trockenheit haben als damals, hat meiner Meinung nach nichts damit zu tun, dass die Jahre trockener als 2003 gewesen wären. Der Boden hat einfach über 15 Jahre länger Chemie abbekommen. Die Reserven sind erschöpft", ist Matthieu überzeugt.

> *„Dass konventionell bewirtschaftete Reben heute mehr unter Trockenstress leiden als im Extremjahr 2003, liegt nicht daran, dass die Jahre trockener geworden sind. Der Boden hat über 15 Jahre länger Chemie abbekommen. Die Reserven sind erschöpft."*

Ebenso wichtig für die Reben ist die Biodiversität in den Weinbergen. „Die Reben können nicht alleine leben", ist Matthieu überzeugt. Deshalb hat er für seinen Standort eine eigene Begrünungsmischung entwickelt, die zwischen den Rebzeilen gedeiht. „Jede Pflanze nimmt etwas und gibt etwas, wenn sie abstirbt." erklärt er dazu. Seine Idee ist es, dass sich die Pflanzen gegenseitig helfen sollen. Ebenso kümmert er sich um den Erhalt der Trockenmauern. Über 120 Meter der für Nützlinge wichtigen Rückzugsräume hat er in seinen Weinbergen aufwendig erneuern lassen: Maßnahmen, die wieder für mehr Leben im Weinberg gesorgt haben. Mehr Vögel, Insekten und anderes Getier sorgen für ein natürliches Gleichgewicht. Dass da noch viele Geheimnisse zu ergründen sind, ist ihm bewusst. Ein Thema für die Zukunft könnte das Konzept der Permakultur sein. Dort werden Pflanzen so miteinander kombiniert, dass sie dauerhaft wachsen und voneinander profitieren können.

Alte Reben sind das Kapital von Matthieu und Marie Boesch. Hier sieht man eine in den 1920er Jahren gepflanzte Gewürztraminer-Rebe in der Lage Zinnkoepflé, die trotz ihres Alters vor Kraft regelrecht strotzt.

Trockenmauern sind ein wichtiger Rückzugsort für Insekten und Kleintiere. Der Erhalt dieser Mauern ist aufwendig.

So gibt es ständig Themen, die weiterentwickelt und für seine Scholle Land neu bedacht werden. Für ihn ist das ein zentraler Punkt seines Wirkens. „Man ist nie am Ende. Es gibt immer etwas, was man noch besser machen kann." Die Entwicklung zum Ideal dieser Wirtschaftsweise ist für ihn aber auch ein Prozess, der seine Zeit braucht. Jeder Schritt will verstanden und verinnerlicht werden. Wenn es zu schnell geht, kommt irgendwo eine Laufmasche hinein, das gesamte Gewebe verliert seinen Zusammenhalt und löst sich letztlich auf. „Mein Vater hat noch chemische Mittel eingesetzt, ich habe umgestellt, vielleicht schaffen es meine Kinder, Kühe in den Hoforganismus zu integrieren", erklärt er. Natürlich gibt es Winzer, die vor fünf Jahren noch konventionell gewirtschaftet haben, mithilfe diverser Berater umstellen konnten und heute schon eine Kuhherde ihr Eigen nennen. Aber das ist für ihn nicht der Weg. „Diese innere Umstellung, dieses Durchdenken, Erfahren und darin Ankommen, braucht Zeit, und die kann man nicht mit Geld kaufen", ist er überzeugt.

Dass sich im Zuge der Umstellung auch die gesamte Bodenbiologie verändert hat, ist im Wein schmeckbar. „Das ist wie bei Tomaten", ist Matthieu überzeugt. „Die, die im künstlich gedüngten Substrat wachsen, schmecken anders als die, die ihre Wurzeln in einen lebendigen Boden graben können." Dass die Weine sich nicht nur anders in der Aromatik entwickeln, sondern auch bemerkenswert nachweisbar in der Analyse ausfallen, ist dabei ebenso verblüffend. So kann Matthieu heute reife Trauben bei weniger potentiellem Alkohol und mehr Säure ernten. Ein Phänomen, das alle biologischen und biologisch-dynamischen Winzer beobachten. Mehr Säure ist für die Stabilität der Weine unerlässlich. Damit sind sie mikrobiell viel stabiler und können dann eben auch ohne Zusatzstoffe in der Weinbereitung, mit deutlich weniger Risiko, verarbeitet werden. Weniger Alkohol kommt zudem dem Geschmack entgegen. „Alkohol ist wie Musik – sie wird nicht besser, wenn sie lauter ist", erläutert Matthieu Boesch.

Damit er den Weinen die Zeit geben kann, die sie brauchen, um sich natürlich zu stabilisieren und zu klären, ist aber auch penibelste Selektionsarbeit bei der Lese notwendig. Marie und Matthieu haben da eine klare Arbeitsteilung. Marie bleibt während der Lese im Weingut, nimmt die Trauben an und verarbeitet sie. Matthieu ist mit den Lesehelfern draußen und kontrolliert jeden

Eine Binsenweisheit besagt, dass guter Wein im Weinberg entsteht. Da muss man auch bei schwüler Hitze im Juni raus und zum Beispiel die Reben in Form bringen. Aufrechter Wuchs und somit gute Belüftung helfen, das Risiko für Pilzkrankheiten zu minimieren.

Leseeimer, bevor er in den Keller gefahren wird. „Faule Beeren müssen unbedingt herausgelesen werden, die bringen schlechte Mikroorganismen, und dann funktioniert unsere Arbeitsweise im Keller nicht.“

Die weißen Trauben werden langsam abgepresst und mit relativ viel Trub in die Fässer zum Vergären gegeben. Wer mit viel Trub vergärt, wird keine plakativ fruchtigen Weine erzeugen, kann aber zum Beispiel auf künstliche Hefenährstoffe verzichten. Denn im Trub sind die Nährstoffe drin, welche die Hefe braucht, um zu wachsen und schließlich den Most zu vergären. Für Matthieu kein Problem. „Es gibt für mich zwei Arten von Weinen: für die Nase oder den Gaumen. Show oder Struktur. Ich bin für Letzteres“, erläutert er seine Philosophie, nach der er die Arbeitsprozesse im Keller ausrichtet.

So werden die Weine seit Jahren ausschließlich mit natürlichen Hefen vergoren. Hier hilft ihm, dass sich über die Jahre hinweg eine gesunde und vitale Hefepopulation im Weinkeller angesiedelt hat. Die Gärung kann dann auch unterschiedlich verlaufen. Manche Weine gären in drei Wochen durch, andere brauchen bis zu sechs Monate dafür. Unmittelbar nach der Weinbauschule hätte ihn das nervös gemacht. Doch die dort erlernten Glaubenssätze, die sich immer auch an der Angst vor Fehlern und ökonomischem Verlust orientieren, hat er längst hinter sich gelassen. Dafür hat er mittlerweile so viele Beispiele, dass diese konventionellen Weisheiten in seinem Betrieb nicht gelten. „In jedem Fachbuch steht, dass Weißwein, der bei zu hohen Temperaturen vergärt, kein

Aroma mehr hat. Optimal sind vielleicht bis zu 20 Grad Celsius. Wir hatten ein Fass Riesling, dass bei der Vergärung auf über 36 Grad Celsius hochkochte. Das war am Ende das Fruchtigste", lacht er. „Wir haben einfach eine ganz andere Mikrobiologie", ist seine Erklärung dafür. Auch dass seine Weine allesamt einen biologischen Säureabbau machen, ist ungewöhnlich. Dabei wird die natürliche Apfelsäure im Wein durch Milchsäurebakterien in Milchsäure umgewandelt. Die Weißweine schmecken dadurch weniger fruchtig, bekommen aber einen feinen Schmelz. In vielen Fachbüchern steht, dass die natürlichen Milchsäurebakterien nicht bei so niedrigen pH-Werten arbeiten, wie sie in Matthieus Weinen zu finden sind. „Aber die Bakterien wissen das offenbar nicht und machen es einfach."

Besonders wichtig ist Matthieu auch das lange Hefelager. „Die Hefe soll vier Jahreszeiten mit dem Wein zusammenleben." Im Sommer, wenn es auch im Weinkeller wieder wärmer wird, gibt die Hefe noch mehr Geschmack und Inhaltsstoffe in den Wein ab. Das lange Hefelager hilft, den Wein natürlich und ganz ohne Kellerhilfsstoffe zu stabilisieren. So entstehen bei Familie Boesch ganz besondere und unverwechselbare Weine.

Für die Zukunft wünscht sich Matthieu Boesch weniger Schwarz-Weiß-Denken zwischen den verschiedenen Lagern. „Dieses: ich bin gut und du bist schlecht. Du bist konventionell, ich bin bio und der ist noch besser bio, und so weiter. Das ist einfach dumm. So kommen wir nicht weiter." Er erlebt, wie seine Arbeit Kollegen zum Nachdenken bringt. Sie sehen, dass es anders durchaus erfolgreich geht. Auch wenn nicht alle umstellen, hat sich die Art des Weinbaus verändert. „In unserer Region wird mittlerweile viel weniger Herbizid eingesetzt. Mit Sicherheit wird in 20 Jahren überhaupt kein Unkrautvernichter mehr verwendet. Schon heute sehen wir, wie die Biodiversität zurückkommt. Das ist doch schon mal ein Anfang", erzählt er begeistert. „Jeder ist auf seinem Weg und alles braucht eben seine Zeit."

Die Weine

„Im Jura ist der Savagnin zu Hause, im Burgund der Pinot Noir und am Zinnkoepflé der Gewürztraminer", erklärt Matthieu Boesch. In der Tat scheint dieser Hügel im Regenschatten der Vogesen das ideale Terroir für Gewürztraminer zu sein. Schließlich sind über 60% dieser Grand Cru Lage mit der aromatischen Rebsorte bestockt. Gewürztraminer liebt eben die gute Wasserversorgung der Muschelkalkböden hier. Außerdem liegt die nach Südwesten ausgerichtete Spitzenlage im Kaltluftstrom des Petit Ballon, der zweithöchsten Erhebung der Vogesen. So gibt es für diese Rebsorte den idealen Wechsel zwischen heißen Tagen und kühlen Nächten. „Rund um Colmar gibt es auch Gewürztraminer, aber dort ist es zu warm. Die Weine haben zu wenig Säure." Das Zinnkoepflé ist eindeutig die Paradelage des Weingutes. Gérard Boesch konnte in den 70er Jahren einige Parzellen günstig erwerben. Niemand wollte sich mehr mit dem aufwendigen Steillagenanbau herumschlagen. „Damals hat man nicht mehr Geld für den Wein bekommen, weil er vom Zinnkoepflé war", erzählt Matthieu.

Seine Reben hat der Großvater noch gepflanzt. Die alte Genetik der Rebpflanzen, das hohe Alter der Rebstöcke und die Art der Bewirtschaftung sind weitere Voraussetzungen für besondere Weine. Hinzu kommt der Umgang im Keller mit der extrovertiertesten aller Rebsorten. Wer Gewürztraminer liebt, weiß, wie schwierig es ist, einen guten Wein daraus zu bekommen. Oft schmecken die Weine zu plump parfümiert, sind zu süß oder zu ölig. „Da gibt es einen Denkfehler bei den Winzern", ist Matthieu überzeugt. „In den Weinbauschulen wird empfohlen, ganz viel Aromen zu extrahieren. Aber zu wenig Aroma ist nie das Problem des Gewürztraminers. Man muss auf Frische und Eleganz achten." Diese besondere Frische bekommt der Wein aber auch von einer ausgeprägten Mentholnote, die die Weine hier entwickeln. „Das ist eben Zinnkoepflé und nicht Gewürztraminer", zuckt Mattieu mit den Schultern und taucht die Nase noch einmal tief ins Glas.

2017
Riesling „Breitenberg"

Die Lage Breitenberg in der Nähe des Grand Ballon ist nach Südwesten ausgerichtet. Hier sorgen die sehr nahen Vogesen stets für eine kühle Brise. Auch der etwas schwere, mit Lehm durchzogene Buntsandsteinboden bringt Kälte mit. In dieser Frische fühlt sich vor allem der Riesling wohl, der hier seine markante Säure behält.

Kurz nach dem Öffnen ist der Breitenberg sehr verschlossen. Langsam schälen sich Aromen von Limettenschale, Fichtensprossen, grasiges Olivenöl und herbe Gewürze wie Wachholder heraus. Insgesamt wirkt das Bukett kühl und stringent. Hinzu kommen feine Hefenoten. Am Gaumen wirkt der Wein ebenso geradlinig wie schlank. Er zieht sich rassig und schlaksig, in der Mitte des Gaumens bis weit in den Rachenraum hinein. Im Nachhall klingen Aromen von Zitrusabrieb sowie erdige Noten, wie Waldboden und Unterholz, noch lange nach. Ein dezenter Salz- und Bitterton rundet den Wein ab.

2016
Pinot Gris „Clos Zwingel“

Buntsandstein und Grauwacke prägen den Boden des Clos Zwingel. Eine feine Lehmschicht sorgt dafür, dass der Grauburgunder immer gut mit Wasser versorgt ist. Die Lage ist nicht zu warm, sodass auch der Pinot Gris hier sein solides Säurerückgrat behält.

Der Grauburgunder braucht Zeit und ein großes Glas, um sich zu entfalten. Zu Beginn dominieren die feinen Hefenoten. Nach und nach schälen sich Aromen von reifer Birne, Karamell, Honig, Rauchspeck und Pfefferwürze heraus. Am Gaumen hinterlässt der Wein ein herrlich animierendes, körniges Mundgefühl. Der Wein wirkt kraftvoll mit seinen herzhaften Aromen, aber nie zu laut oder erschwerend. Im Rachenraum entwickelt sich ein warmes und würziges Spiel, das im Finish an Chilischärfe erinnert. Hinzu kommt der feine Hefeschmelz, der in seiner Textur an knusprigen Butterblätterteig erinnert.

„Alkohol ist wie Musik – sie wird nicht besser, wenn sie lauter ist.“

2017
Gewürztraminer „Zinnkoepflé“ Grand Cru

Für ein Zinnkoepflé sollte man sich Zeit nehmen. Im Glas eröffnet sich die ganze aromatische Bandbreite der Rebsorte: getrocknete Wildrosen, Heckenrosen, Litschi, Orangenzesten, weißer Pfirsich, aber auch orientalische Gewürze wie Ras el Hanout. Die Aromen changieren ständig, und wer länger das Glas schwenkt, entdeckt die für Zinnkoepflé so typische Mentholnote. Der Gaumen wird von einer mundfüllenden, fein öligen Textur zunächst komplett ausgekleidet. Nach und nach übernehmen Salzigkeit und ein feiner Gerbstoffbiss das Zepter. Die Aromen sind in eine allumfassende Textur und Struktur eingebunden und schweben nicht im luftleeren Raum. Der Wein hat relativ wenig Säure, bekommt aber seine Balance durch die ausgeprägte, kühlende Mentholaromatik, die noch lange nachwirkt. Es ist ein Erlebnis, diesen Wein zu genießen.

„Es gibt Gewürztraminer und es gibt Zinnkoepflé.“

2017
Riesling „Luess“

Die Lage Luess ist deutlich wärmer. Die kleine Parzelle zwischen Westalten und Orschwihr ist vom kargen Kalkstein geprägt. Hier ist der Riesling, aber auch der Pinot Noir zu Hause.

Der Riesling wirkt hellfruchtiger, reifer und saftiger als der Breitenberg. Die Fruchtaromen von Steinobst wie Pfirsich, Aprikosen, aber auch ein Touch Exotik mit Noten von Mandarinenschale verraten die wärmere Lage. Am Gaumen wirkt er besonders saftig. Die Hefenoten schmecken ausladender und erinnern an Brioche sowie Nussnougat und Marzipan. Ein feiner Schmelz, mundfüllende Cremigkeit und eine hedonistische Saftigkeit wirken noch lange nach.

Riesling in der Lage Breitenbach, die zu den kühlsten in der Region zählt. Die höchste Erhebung der Vogesen, der Grand Ballon, sorgt stets für eine kühle Brise.

Die verbindlichen Rebellen

Wer im Steilhang auf Herbizide verzichtet, muss die Begrünung mit der Hacke entfernen.

9 **Rita und Clemens Busch**

Weingut Clemens Busch, Pünderich, Mosel

Die Mosel mit ihren Steillagen ist eine der schönsten Kulturlandschaften Deutschlands.

Rita und Clemens Busch mag man sofort. Wenn sie einem in ihrem gepflegten, aber etwas windschiefen Fachwerkhaus die Tür öffnen, ist gleich eine große Sympathie da. Stets besonnen wirken sie, wenn sie bescheiden, in Eifeler Mundart, über ihre Arbeit und Weine erzählen. Bei aller Verbindlichkeit haben sie immer gewusst, was sie wollen. Mit Durchhaltevermögen, persönlichem Einsatz und Verzicht jedoch sind sie ihren Vorstellungen von Weinbau gefolgt. Sie sind die Ökopioniere gewesen, die diesen Weg beschritten, als es noch keine Beratung, Richtlinien, Lobby oder einen vernünftigen Markt für diese Weine gab. Sie sind Biowinzer der allerersten Stunde, und nicht nur das. Sie sind Biowinzer an der Mosel.

Letzteres muss man besonders betonen. Denn die Region hat ihre eigenen Regeln. Für Touristen ist die Mosel die wildromantische Kulturlandschaft, in der seit Römerzeiten Wein kultiviert wird. Für Weinkenner rund um den Globus ein Mythos. Hier gibt es einen Riesling, der wie nirgendwo sonst so viele Aromen bei so wenig Alkohol im Glas bündeln und dabei endlos reifen kann. Für die Winzer ist der Weinbau in den teilweise dramatischen Steillagen allerdings ein hartes Brot. Es braucht viel Handarbeit, um die Weinberge pflegen zu können. Es gibt weit und breit keine Weinregion mit höheren Arbeitskosten. Weinpreise und Nachfrage hingegen bleiben trotz aller Jubelgesänge in der Breite seltsam überschaubar. Kurzum, wer die vielen brachliegenden Wingerte, die schlichten Anwesen entlang der Straßen und die nicht unbedingt geleckten Autos hier sieht, weiß: Hier ist das Geld nicht so leicht zu verdienen wie zum Beispiel in der Pfalz.

„Ich wollte in die Welt hinaus, nach Australien oder wenigstens ins Nachbardorf. Aber dann habe ich meine Lehre bei meinem Vater gemacht."

— Clemens Busch

Clemens Busch arbeitet seit 1974 im Familienweingut. Eigentlich will er in die Welt hinaus. Aber der Vater ist kränklich und die Arbeit zu schwer für ihn. Also macht Clemens seine Winzerlehre zu Hause. Ganze 1,8 Hektar Rebfläche haben sie damals bewirtschaftet und waren damit der größte von circa 60 Betrieben in dem kleinen Dorf Pünderich. Zusammen mit einem Garten in den Moselauen, Streuobstwiesen rund ums Dorf, Weizen- und Kartoffeläckern im Hunsrück und ein paar Nutztieren hat das für ein bescheidenes Auskommen gereicht. Also fängt er im Weingut an und macht zunächst die anfallenden Arbeiten so wie alle im Dorf.

Die Steilstlagen sind nicht mechanisierbar. Alle Arbeiten müssen von Hand erledigt werden. Hier das Hochbinden der Reben.

Dazu gehört unter anderem der Einsatz von Herbiziden. Mit der Buckelspritze läuft er durch die Steilhänge und spritzt im Frühjahr ein sogenanntes Vorauflaufmittel auf den noch blanken Schieferboden. Mit dem Pestizid wird verhindert, dass Unkräuter überhaupt keimen können. „Dann hast du gesehen, dass die Würmer nach oben kamen und verendeten", erzählt er und macht eine Pause, als wäre er immer noch fassungslos. In der örtlichen Berufsschule fragt er die Lehrer, ob das denn so richtig sei, und bekommt nie eine befriedigende Antwort. „Die haben selbst nicht viel gewusst. Die haben halt das erzählt, was denen die Industrievertreter gesagt haben." Als Winzerschüler wird er dafür mit Infomaterial der Agrarchemie eingedeckt. Eigene Gedanken und Fragen zu haben ist unerwünscht.

> *„Nur die faulen Winzer hatten Unkraut im Weinberg."* – Rita Busch

Zwei Jahre macht er das so und hat dann keine Lust mehr auf Herbizide. „Mein Vater sagte nur – na gut, dann musst du halt zusehen, wie du die Wingerte sauber hältst", erzählt er. In der Zeit lernt er seine spätere Frau Rita kennen, die wie er einen Sinn für die Natur hat. Ihr Traum war es, Biobäuerin zu werden. Aber nachdem Clemens eben Winzer ist, hacken sie gemeinsam das Unkraut von Hand aus den Weinbergen. „Das war die Zeit, in der man Unkraut gemieden hat wie der Teufel das Weihwasser", erinnert sich Rita. „Im Dorf galt man als faul, wenn da nicht alles blitzblank war", berichtet sie und ist froh, dass das heute nicht mehr so ist.

Eigentlich wollte Rita Busch Biobäuerin werden. Gern würde sie ein paar Kühe anschaffen, allerdings ist sie noch zu sehr im Betrieb eingespannt, um sich wirklich darum kümmern zu können. Ein guter Ersatz sind ihre pflegeleichten Ziegen, die eine Brachfläche von wild wuchernden Brombeerhecken frei halten und so die einzigartige Flora und Fauna in den Trockenmauern erhalten.

In der Zeit beginnt Rita auch, biologisch zu gärtnern. Clemens' eigenbrötlerische Tante gibt ihr dabei wichtige Tipps. „Die kannte diese ganzen alten Weisheiten. Welche Pflanzen man wie am besten kombiniert, sie hat Kräuterbrühen angesetzt und nach dem Mond gearbeitet", erzählt Clemens. Damit unterscheidet sich die Tante von den anderen Dorfbewohnern. „Die hielten die einfachen Wege, wie die Industrie sie versprach, für fortschrittlich", sagt Rita. Dabei möchten die beiden das nicht als Vorwurf verstanden wissen. Es war eben die Kriegsgeneration, die bis in die 1960er Jahre auf vieles verzichten und erst einmal Wiederaufbau leisten musste. Vor allem die Weinregion Mosel, die an der Hauptnachschubstrecke nach Frankreich lag, war von Kämpfen und Bombenangriffen schwer getroffen worden. In den 1970er Jahren freuten sich die Winzer dann über eine gestiegene Nachfrage und höhere Touristenzahlen. Die bei der örtlichen Raiffeisen-Zentrale angebotenen Mittelchen, die jeder blindlings verwendet hat, brachten da eine willkommene Arbeitserleichterung. Für kritische Fragen hatte man nach all den schwierigen Jahren keinen Sinn.

Die Ausnahmen waren Rita und Clemens Busch, die manche im Ort schon mal als Ökospinner bezeichneten. Mit sieben weiteren Moselkollegen gründen sie 1984 die Gruppe OINOS,

Nur wenige Lagen des Weingutes können mit Maschinen befahren werden.

den Bund ökologischer Moselwinzer, und entwickeln erste Richtlinien für den Bioanbau. Kurze Zeit später schließen diese sich mit Biokollegen aus anderen Weinbaugebieten zusammen und gründen ECOVIN, den mittlerweile größten Ökoweinbau-Fachverband in Deutschland.

Das war sicher eine entscheidende Wendung in der Entwicklung der Bioweinszene. Denn erstmals wurde Biowein für Verbraucher erkennbar gekennzeichnet. Damit konnte überhaupt erst eine breite Diskussion über Anbau- sowie Ausbaumethoden entstehen. Dass dies in eine Zeit fiel, in welcher der Sandoz-Chemieunfall am Rhein mit einem nie gekannten Fischsterben sowie der Reaktorunfall in Tschernobyl den Grundstein für das Ökobewusstsein in der Bundesrepublik legen sollten, gab dem Ganzen noch einen Schub. Die große Mehrheit der konventionellen Winzer hat das natürlich nicht gern gesehen. Auf einmal haben Verbraucher Fragen gestellt und sich nicht mehr mit den sorgsam gepflegten Bildern von Weinseligkeit und Winzerromantik abspeisen lassen.

> *„Wir sind nach Wackersdorf gefahren und haben unsere Weine an die Demonstranten verkauft."* – Clemens Busch

Für Biowein entstand ein Markt. „Das war eine verrückte Zeit", erinnert sich Clemens sichtlich gern. „Wir sind mit OINOS nach Wackersdorf gefahren und haben aus dem Bus heraus Wein an die Demonstranten verkauft", lacht er. So gewinnt er viele neue Kunden in der politischen Atomgegnerszene aus dem Wendland. Hinzu kommen die neuen Bioläden, die in den Städten wie Pilze aus dem Boden schießen. „Da stand dann mein Wein allerdings neben faulenden Kartoffeln“, erzählt er und schüttelt den Kopf. „Die Bioszene hatte überhaupt kein Bewusstsein für Weinkultur.“

Bei Weinkennern hatte Biowein zunächst ein schlechtes Image. Clemens Busch führt das darauf zurück, dass die Ökowinzer viel ausprobiert haben. Einige versuchen sich schon früh an schwefelfreiem Wein. „Den konnte man trinken, wenn die Flasche gerade geöffnet war“, erzählt er. „Nach zehn Minuten musste sie aber leer sein, sonst konntest du das Zeug nicht mal mehr riechen.“ Aber auch die vielen schlechten Jahrgänge in den 1980er Jahren sind eine Herausforderung. Natürlich entsäuert die Szene nicht und zuckert nicht auf. In den Anfangsjahren folgt man einem dogmatischen Reinheitsgebot, auch weil man unbedingt anders sein will. Man füllt knochentrockene Rieslinge mit gerade einmal zehn Prozent Alkohol und elf Gramm Säure pro Liter. In anderen Worten: Solche Weine konnte man auch als Essigersatz verwenden. „Lange Zeit gab es dann das Vorurteil, dass der Biowein immer so sauer ist“, erzählt Rita. Was offensichtlich nicht ganz unbegründet war. „Das war für den Anfang nicht so gut“, sagt sie.

Doch nicht nur damit kämpften die Mosellaner Ökowinzer. Vor allem die kleinteiligen Besitzverhältnisse hier waren eine Herausforderung. Vor der Flurbereinigung lagen die oft winzigen Parzellen verstreut innerhalb eines großen Hanges. Der gesamte Weinberg wurde allerdings aus Hubschraubern heraus mit chemischen Pflanzenschutzmitteln behandelt. Die Bitten, die eigenen Flächen doch auszulassen, wurden lange nicht ernst genommen. Erst als ein Winzerkollege vor Gericht zog, nahm man die Belange der Biobetriebe ernst.

> *„Die Leute haben gedacht, der Busch macht im Wingert nix mehr und bringt uns auch noch die Krankheiten in den Berg.“* – Clemens Busch

Hinzu kam die Skepsis der Nachbarn. „Da fängt einer an, lässt die Begrünung stehen, und dann spritzt der auch noch was anderes“, beschreibt Clemens die damaligen Gedankengänge seiner Kritiker. „Der Busch macht nix mehr und bringt uns auch noch die Krankheiten in den Berg“, war ein gängiger Vorwurf. Aber anstatt sich deswegen abzuschotten und in eine Totalopposition zu den konventionellen Kollegen zu begeben, suchen die beiden das Gespräch. „Wir haben immer versucht, Konflikte aus der Welt zu schaffen“, erzählt Rita. Clemens engagiert sich so auch als zweiter Bürgermeister im Heimatdorf. „Ich war in das Gemeindeleben gut integriert, konnte immer Fragen beantworten, und so wurde unsere Arbeit im Weinberg dann auch schnell akzeptiert. Auch weil die gesehen haben, dass wir sinnvoll arbeiten.“

Die Buschs erweitern ihre Weingutsflächen Stück für Stück. Ein großer Fortschritt ist für sie dann die Flurbereinigung, bei der ihre über 60 Parzellen auf sieben größere Flächen zusammengelegt werden. Damit können sie auch in Sachen Bio endlich richtig durchstarten. Bis dahin machte die Abdrift von chemischen Spritzmitteln, die ja rund um die kleinen Parzellen gespritzt wurden, eine Zertifizierung aller Flächen unmöglich. Im Jahr 1989 waren dann komplett alle Wingerte nach ECOVIN-Standard zertifiziert.

„Ich sehe die Flurbereinigung heute positiv."
— Clemens Busch

Dabei ist die Flurbereinigung ein Thema, das in Fachkreisen kontrovers diskutiert wird. Denn bei so einer Maßnahme wird nicht sonderlich zimperlich vorgegangen. „Wir hatten in der Lage Marienburg wunderschöne Terrassen. Die wurden mit einem Bulldozer runtergeschoben", erzählt Clemens. Der Weinberg wurde mit Erde aufgefüllt, und es wurden Wege angelegt. So kann er heute diese Steillage mit einer Raupe, die zusätzlich an einem Seilzug hängt, maschinell bearbeiten. Und über das Wegenetz kann er Kompost einbringen.

Nach so einer Maßnahme sind allerdings Bodengefüge und Bodenbiologie erst einmal zerstört. Auch gehen dabei die alten Reben verloren, die ihre Wurzeln bereits tief in das Schiefergestein gegraben haben. Diese Veränderung schmeckt Clemens noch lange im Wein. „Der Riesling aus der Lage Marienburg hat nie so eine Tiefe gehabt", erzählt er. „Erst seit fünf Jahren merken wir, dass das langsam besser wird." Was auch an dem kontinuierlichen Bodenaufbau liegt, den die Buschs dort betreiben. Sie fahren viel Humus und Kompost in die Lage, auch weil Erosion in diesen Steillagen immer wieder für Rückschläge sorgt.
Es hat über 30 Jahre gedauert, bis die Reben, wie Clemens sagt, „wieder in einem spannenden Bereich sind".

Besonders beeindruckend sind die alten wurzelechten Reben wie hier in der Lage Fahrlay, die ihr Wurzelwerk ganz tief in das blaue Schiefergestein gegraben haben. Die Buschs legen besonderen Wert auf den Erhalt der teilweise über 80 Jahre alten Pflanzen. Das besonders tiefgründige Wurzelwerk macht die Reben weniger anfällig für Wetterextreme, wie sie in Zeiten des Klimawandels immer häufiger werden.

Auch ist interessant, dass vor allem in den vor 30 Jahren flurbereinigten Weingärten die damals neu gepflanzten Reben deutlich mehr von der Holzkrankheit Esca betroffen sind. Eine bislang noch wenig erforschte Krankheit, die innerhalb der Saftkreisläufe der Rebe schlummert und sie irgendwann, innerhalb weniger Tage, zum Absterben bringt. Ob die Reben aufgrund des durch Flurbereinigung geschädigten Bodengefüges geschwächt und besonders anfällig sind oder weil es sich um gepfropfte Pflanzen handelt, kann man nicht beantworten. Die alten wurzelechten Reben, die in den ursprünglichen Parzellen stehen, sind jedenfalls nicht so stark betroffen. Trotzdem jammert Clemens der Flurbereinigung heute nicht mehr nach. „Sonst müssten wir noch mehr Handarbeit leisten, und das ist einfach nicht zu schaffen."

> *„Ich wollte nicht nur der Ökofuzzi sein, der in jedem Bioladen steht, sondern als Winzer mit meinen Weinen ernst genommen werden."*
>
> — Clemens Busch

Ab den 1990er Jahren profitieren die Buschs von einer Abfolge guter bis sehr guter Jahrgänge. Der von da an immer offensichtlicher eintretende Klimawandel tut Regionen mit marginalem Klima wie der Mosel erst einmal gut. „Hier hat früher niemand von zwölf Prozent Alkohol gesprochen", erzählt Clemens. „Es gab Winzer, die geglaubt haben, dass natürliche Hefen einen Wein gar nicht so hoch vergären können." Die Trauben werden also reifer, sind voller im Geschmack

„Wir verzichten seit über 40 Jahren auf Herbizide und haben mittlerweile so einen schönen Bewuchs in den Weinbergen. Wir müssen nicht mehr viel mähen." Clemens Busch

und verfügen über weniger Säure. Mit ihrer Erfahrung in Weinbau und Keller spielt das Rita und Clemens in die Hände. Sie ziehen überzeugende, trockene Rieslinge auf die Flasche. Mit den neuen Qualitäten können sie auch das miserable Image des Bioweins hinter sich lassen. Dazu kommt Clemens' Ehrgeiz. „Ich wollte nicht nur der Ökofuzzi sein, der in jedem Bioladen steht, sondern als Winzer mit meinen Weinen ernst genommen werden."

So werden auch einige Journalisten aufmerksam. Einer davon ist der bekannte Weinkritiker Stuart Pigott, der lange Zeit für die *Frankfurter Allgemeine Zeitung* geschrieben hat. „Stuart hat die Bioszene damals begleitet und Verkostungen organisiert", erinnert sich Clemens, immer noch dankbar. So werden bekannte Kollegen aus der Region neugierig, kommen sie besuchen und wollen mal nachsehen, wer diese Ökomohikaner aus Pünderich sind. Zu einigen Winzern, die auch Mitglieder im elitären Verband Deutscher Prädikatsweingüter (VDP) sind, entwickelt sich bald eine enge Freundschaft. Im Jahr 2007 wird das Weingut Clemens Busch in den VDP aufgenommen: ein Ritterschlag für die beiden und für Clemens auch eine ganz besondere Ehre. Schon als Kind hat er mit seinem Großvater die großen Versteigerungen des VDPs in Bernkastel besucht. Das waren immer die großen Weine und Vorbilder. Jetzt war er an der Seite der Besten der Region.

Dass die damaligen Underdogs in den VDP aufgenommen wurden, und das auch noch im Regionalverband Mosel, ist in vielerlei Hinsicht bemerkenswert. Der privat organisierte Verband gilt zwar als Speerspitze des deutschen Weinbaus, der sich zweifellos um das neu erlangte positive Image des deutschen Weins sehr verdient gemacht hat. Aber es ist eben auch ein privater und noch dazu von Männern dominierter Club. Gewisse Seilschaften, Arroganz, ein bisschen Neid und Missgunst gehören schon auch zu dieser Melange. Und der Regionalverband Mosel gilt als besonders eigenwillig.

Die Aufnahme der Buschs beim VDP hat nicht nur mit der fantastischen Qualität ihrer Weine zu tun. Sondern auch mit ihrer Art. Sie haben ihre Überzeugungen immer verteidigt, aber nie andere Kollegen vor den Kopf gestoßen. Sie haben sich nie nur als Biowinzer verstanden, sondern auch immer als Teil der dörflichen wie regionalen Gemeinschaft. Damit haben sie letztlich mehr erreicht als jeder lautschreierische Ökorevoluzzer. Das beschreibt auch eine ganz wunderbare Anekdote, die aus der entscheidenden Verbandssitzung überliefert ist. Einer der älteren VDP-Mitglieder brachte in der Diskussion den Einwand: „Aber der Herr Busch ist doch ein Ökowinzer!" Worauf der Vorstand antwortete: „Aber meine Herren, ein bisschen öko tut uns doch allen gut."

> *„Es wäre schön, wenn man die Biodynamie verstehen könnte, warum eben gewisse Dinge wirken. Du kannst das hinterfragen, aber du wirst keine Antwort finden."* – Clemens Busch

Den Weg zur Biodynamie haben die beiden erst spät gefunden. Dabei waren sie schon in den 1970er Jahren an dem Thema dran. In der OINOS-Gruppe waren Kollegen wie Rudi Trossen, der heute zu den versiertesten anthroposophischen Winzern zählt. Auch ein Heilpraktiker war dabei, der sich etwas besser mit dem Thema auskannte und die Gruppe beriet. Die Gruppe will sich mit der Thematik auseinandersetzen, kommt aber alleine nicht weiter. Als sie beim Verband Demeter anrufen, werden sie allerdings abgewiesen. Rudolf Steiner hatte sich mehrfach kritisch zum Alkoholkonsum geäußert. Wein war daher bei Demeter verpönt. Es war eben diese sehr von Dogmen geprägte Phase, in der noch zu viele Leute im Verband sich als Gralshüter verstanden und zu viele ihrer Sätze mit den Worten begannen: „Rudolf Steiner sagte: ..."

> *„Wir haben versucht den Landwirtschaftlichen Kurs von Steiner mit den OINOS-Kollegen zu lesen und durchzuarbeiten. Aber das ist immer in ein Besäufnis ausgeartet."* – Clemens Busch

Nachdem sie keine Beratung oder Unterstützung von Demeter bekommen, versuchen sie selbst den Landwirtschaftlichen Kurs zu lesen. „Das ist immer in ein Besäufnis ausgeartet", lacht Clemens heute. „Keiner hat das damals verstanden", gibt er zu. Und so gehen die Buschs erst einmal einen anderen Weg.

Auch heute versteht er vieles noch nicht, aber das ist ihm auch nicht so wichtig. „Das ist das Erste, was du vergessen musst", ist sich Clemens sicher. „Es wäre schön, wenn man es verstehen könnte, warum eben gewisse Dinge in der Biodynamie wirken. Du kannst das hinterfragen, aber du wirst keine Antwort finden." Ein Beispiel ist für ihn die Veraschung von Schädlingen, wie sie im Landwirtschaftlichen Kurs empfohlen wird. Seitdem in den letzten Jahren die Winter so mild waren, haben sich in den Weinbergen Erdraupen so vermehrt, dass sie zu einem Problem geworden sind. Die gefräßigen Tiere krabbeln im Frühjahr den Rebstock hoch und fressen die jungen Triebe aus. Beim Weingut Busch werden die Raupen von Hand abgesammelt, getötet und dann verascht. Die Asche wird anschließend mit Wasser verdünnt in die Weinberge gespritzt. Damit sollen die Tiere vertrieben werden. „Jeder, dem du das erzählst, sagt, du spinnst", weiß Clemens. „Das ist der Teil der Biodynamie, den du einfach nicht verstehst." Dass diese Vorgehensweise eine Wirkung hat, davon ist er überzeugt.

Letztlich ist es aber eine andere Herausforderung, welche die beiden im Jahr 2004 zur Biodynamie bringt. Ihre Weinberge haben mit der Pilzkrankheit Schwarzfäule zu kämpfen, die einen großen Teil der Ernte vernichtet und auch die Reben schädigt. Besonders in den vielen verwilderten und brachliegenden Weinbergen hier kann sich dieser Schaderreger ausbreiten und befällt dann auch gesunde Anlagen. Die Bioberatung rät ihm zu einer hohen Kupfergabe. „Aber mit acht Kilo Kupfer pro Hektar und Jahr möchte ich mich nicht mehr bio nennen“, sagt Clemens. Auf einer Biomesse in Italien trifft er französische Kollegen, die mit dem Problem in den 1990er Jahren zu kämpfen hatten. Die raten ihm, es mit der Biodynamie zu versuchen. Sein Sohn ist zu der Zeit im Weinbaustudium in Geisenheim und lernt dort Georg Meissner kennen. So kommt eines zum anderen. Mit vielen, aber überschaubaren homöopathischen Kupferdosen, Pflanzenauszügen und den biologisch-dynamischen Präparaten bekommen sie die Schwarzfäule in den Griff.

Die über 90 Jahre alten Reben, die in den nicht flurbereinigten Terrassen stehen, bringen mit die besten Weine hervor.

„Wenn du morgens um 5.30 Uhr im Steilhang stehst, die Sonne geht auf und du siehst, wie sich der Spritznebel über die Reben legt. Das hat etwas Mystisches.“ – Clemens Busch

Von da an integrieren sie zusätzlich biologisch-dynamische Aspekte in ihre Arbeit, wobei das keine große Umstellung mehr ist. Die Veränderungen durch die Biodynamie in Reben und Weinen sind dementsprechend subtil. „Es gibt Leute, die sagen, die Weine sind mineralischer geworden", erzählt Clemens. „Auch bei hoher Reife, wie im Jahrgang 2017, bleiben die Weine schlank." Er merkt, wie sich die Erträge stabilisieren, die Pflanzen widerstandsfähiger werden und gleichmäßiger im Wachstum. Er erinnert sich besonders an den heißen und trockenen Sommer 2017. Er fährt zu einer besonders trockenen Felsterrasse, um zu sehen, wie die Reben dastehen, und sieht, wie die Pflanzen vor Kraft strotzen. „Sonst hätten die schon die Blätter verfärbt", weiß er aus Erfahrung. Zudem empfindet er die Arbeit als bereichernd. Er rührt gern die Präparate an und bringt sie mit der Buckelspritze in die Weinberge. „Wenn du morgens um 5.30 Uhr im Steilhang stehst, die Sonne geht auf und du siehst, wie sich der Spritznebel über die Reben legt. Das hat etwas Mystisches."

Fuderfässer sind das klassische Gär- und Ausbaugebinde an der Mosel. Dieser Keller hat noch nie eine Reinzuchthefe gesehen.

Das Weingut Clemens Busch ist mittlerweile ein Vorzeigebetrieb. Mit ihren Erfahrungen sind Clemens und Rita auch gefragte Ratgeber. „Randolf Kauer von der Uni Geisenheim kommt regelmäßig mit Studenten vorbei", erzählt Clemens stolz. Darunter waren viele, die heute selbst erfolgreiche Biobetriebe führen, wie Daniel Wagner vom Weingut Wagner-Stempel oder Oliver Battenfeld vom Weingut Battenfeld-Spanier. Der Besuch bei den Buschs mag zwar nicht die Initialzündung für deren Entscheidung gewesen sein, aber es hilft zu sehen, dass selbst unter den schwierigen Begebenheiten der Region Mosel Bioanbau gut möglich ist. „Viele haben hier ja Angst vor der Begrünung, wenn sie keine Herbizide mehr nehmen dürfen“, weiß Clemens. Denn das bedeutet, in den nicht mechanisierbaren Steillagen Unkraut mit der Hand entfernen zu müssen. Aus seiner Erfahrung kann er aber sagen, dass sich der Bewuchs über die Jahre hinweg einpendelt. „Wir haben mittlerweile so eine schöne und ausgewogene Begrünung, da müssen wir nicht mehr viel machen“, erzählt er.

Clemens engagiert sich als Berater auch bei der Nachhaltigkeitsinitiative „Fair'N Green“, der sich viele VDP-Betriebe angeschlossen haben. Neben Umweltaspekten geht es hier auch um ökonomische und soziale Nachhaltigkeit. Allerdings sind weiterhin systemische Pflanzenschutzmittel erlaubt, der Einsatz von Herbiziden wird nur eingeschränkt, einzig ausgeschlossen ist die Mineraldüngung. Wer den Richtlinienkatalog dieser Initiative genauer studiert, denkt schnell an die Redensart: Wasch mir den Pelz, aber mach mich nicht nass. Allerdings ist es auch eine signifikante Entwicklung, wenn konventionelle Betriebe offenbar das Bedürfnis verspüren, sich mit so einem Siegel ein grüneres Image zu verpassen. Es ist ein weiteres Indiz dafür, dass vor allem Spitzenbetriebe von Seiten des Verbrauchers unter einen Rechtfertigungsdruck geraten.

Für sein Engagement bei „Fair'N Green“ wurde Clemens von eingefleischten Biowinzern jedenfalls heftig kritisiert. Er würde sich vor einen „Greenwashing“-Wagen spannen lassen. „Mir geht es aber darum, dass ich immer mehr Leute überzeugen kann“, erklärt Clemens. „Wenn die Leute ihre Aufgaben Schritt für Schritt anpacken und schon mal keine Herbizide verwenden, dann ist das für mich sinnvoll.“ Außerdem lernt er selbst viel bei den Treffen. Vor allem, was den Nutzen von alternativen Technologien wie Solarenergie und Erdwärme angeht, oder wie Wasserrecycling am besten organisiert wird. „Im Begriff Bio hat das keine Relevanz, und das kann man doch kritisieren“, sagt Clemens. Er war und ist stets dafür, dass sich alle Seiten an einen Tisch setzen, miteinander reden und voneinander lernen. Er sieht jetzt, wie sich mehr und mehr Weingüter mit dem Thema Bio beschäftigen.

Dass sich langjährige Ökowinzer von den jüngsten Entwicklungen überrumpelt fühlen, ist verständlich. Schließlich waren sie es, die den Weg mühsam bereitet haben. Jetzt wird ihnen ausgerechnet von den Weingütern die Deutungshoheit über das Thema genommen, von denen sie lange Zeit belächelt wurden. Die ihnen vielleicht auch das Leben schwer gemacht haben. Zudem wird den etablierten Spitzenwinzern, die sich dem Bioanbau zuwenden, mehr mediale Aufmerksamkeit zuteil. Das mag allerdings auch daran liegen, dass eingefleischte Biowinzer mit Sicherheit eine großartige Arbeit im Weinberg leisten, aber ihre Weine oft qualitativ wie stilistisch nie die Spitze erreichten.

> *„Es ist schon schwierig, dass die Leute heute nicht mehr den Idealismus haben, wie wir den damals hatten.“* – Clemens Busch

So hat sich eine neue Realität in der Branche etabliert. Es sind vor allem diese Neueinsteiger mit Spitzenlagen, bestem Know-how und Equipment, stilistisch geschliffenen Weinen, finanziellen Ressourcen, großem Netzwerk und professionellem Marketingauftritt, die eine neue Ära des Bioweinbaus eingeläutet haben. Von Terroir geprägten Weinen zu sprechen, ohne biozertifiziert zu sein, wird nämlich zunehmend schwieriger. Alleiniges Verkaufsargument ist Bio auch

nicht mehr. Die Biobranche professionalisiert sich, und diese Entwicklung bietet Chancen wie Risiken. „Es ist schon schwierig, dass die Leute heute nicht mehr den Idealismus haben, wie wir den damals hatten", gibt Clemens zu bedenken. „Man muss schon aufpassen, dass man nicht verwässert." Er hat ein offenes Ohr für alle, aber nicht für die, die man eindeutig als schäbige Trittbrettfahrer identifizieren kann.

Mittlerweile sind Rita und Clemens über 60 Jahre jung, und die Betriebsübergabe steht an. Sie denken darüber nach, was noch kommen könnte. Rita wäre froh, wenn sie die schnöde Büroarbeit endlich hinter sich lassen und sich mehr um den Gemüsegarten kümmern könnte. Mehr Zeit zu haben, um zu experimentieren und irgendwann vielleicht auch ein paar Kühe zu halten. Der Jugendtraum vom Biobauernhof ist immer noch lebendig.

Clemens kann sich hingegen vorstellen, als Berater zu arbeiten. „Ich bin mir sicher, dass viele Leute mit der richtigen Hilfe großflächig umstellen würden", sagt er. Das wäre für ihn eine bereichernde Erfahrung, für die weniger harte körperliche Arbeit erforderlich ist. Ein Leben ganz ohne Weinbergsarbeit kann er sich allerdings auch nicht vorstellen. „Ich muss schon über das Jahr hinweg mit einem Boden arbeiten, riechen und fühlen, um ein Gespür zu entwickeln", erzählt er. „Sinneseindrücke braucht man. Die Sensibilität dafür ist bei vielen verloren gegangen." Die Biodynamie kann eine Hilfe sein, wieder mehr Gespür zu entwickeln. „Du hinterfragst mehr und tätigst Maßnahmen bewusster", meint er. „Du weißt, warum du manche Sachen auch einfach lassen kannst, weil du mehr Vertrauen in die Kräfte der Natur entwickelst." Er weiß, dass in der Region viele offen dafür sind und einen Partner suchen, der sie an die Hand nimmt. Er könnte mit seiner sympathischen Art sicherlich viel bewegen. Als „Elder Statesman" der Bioszene genießt er sowieso über alle Lager hinweg großen Respekt. Das sind jedenfalls gute Aussichten, denn ein bisschen mehr Öko kann uns allen nicht schaden.

Die Weine

„Riesling ist unser Leben“, sagt Clemens Busch. Bis auf ein paar Stöcke Pinot Noir findet man auch nichts anderes in seinen Weinbergen. In seinen Parzellen steht zudem ein genetischer Schatz von Rieslingpflanzen. Vor allem die über 80 Jahre alten Reben in den Lagen Rothenpfad, Fahrlay und Falkenlay sind noch überwiegend wurzelecht und haben ihre Wurzeln besonders tief in das Schiefergestein gegraben.

Dass typischer Moselriesling süß sein soll, hält nicht nur er für ein hartnäckiges Gerücht. Dabei erinnert er sich an die Weine seines Großvaters und Vaters, die bereits damals über die Hälfte ihrer Rieslinge trocken verkauft haben. Wobei es sowieso unsinnig ist, die Vielfalt des Rieslings einengen zu wollen oder die Geschmacksrichtung an Analysewerten festzumachen. Riesling steht für Vielfalt, und ein Moselriesling mit mehr als neun Gramm Restzucker, der Grenze für die Bezeichnung „trocken“, muss noch lange nicht fruchtig schmecken. Das erlaubt Clemens, die Zügel im Keller locker zu lassen und die Weine aus sich heraus so werden zu lassen, wie die Natur sie gemeint hat. „Das war für mich auch ein Punkt in der Biodynamie, dass man die Jahrgangsunterschiede annimmt“, erklärt Clemens dazu.

Seine wichtigste Lage ist die Marienburg in Pünderich. Hier besitzen die Buschs knapp elf Hektar in verschiedenen Parzellen. Dieser Hang, in dem man drei verschiedene Schieferformationen findet, war früher unterteilt in die Gewanne Fahrlay, Treppchen, Falkenlay und Rothenpfad. Diese Aufgliederung wurde mit dem Weingesetz von 1971 fallen gelassen, und man fasste die Fläche unter dem Namen Marienburg zusammen. Die Buschs haben die alten Lagennamen wieder aufleben lassen.

2018
Marienburg Rothenpfad Riesling Grosses Gewächs / VDP.Grosse Lage

Die nach Südosten ausgerichtete Lage ist vom roten Schiefer geprägt. Die Weine sind nie von Frucht dominiert, sondern stets würzig, pikant und haben etwas Herzhaftes an sich. Der erste Eindruck in der Nase ist sehr ätherisch und fein. Es zeigen sich dezente Aromen von Kamille, Ringelblumen, Kiefernnadeln, Steinobst und Weihrauch. Der Wein ist trocken, die Säure eingewoben in eine körnige Textur. Fast hat man das Gefühl, Sand im Mund zu haben. Ein Wein, der bei aller Kraft und Wucht klar definiert bleibt.

2014
Marienburg Fahrlay Riesling Reserve / VDP.Grosse Lage

In der steinigen, terrassierten Lage findet man blauen Schiefer. Die Fläche ist größtenteils mit über 80 Jahre alten, wurzelechten Reben bestockt. Die Reserve durfte zwei Winter auf der Vollhefe reifen, bevor geschwefelt und abgefüllt wurde. Die Weine zeichnen sich durch eine salzig wirkende Mineralität aus. Die Reife sorgt hier für ein verwobenes Bukett. Alle Aromen fügen sich zu einem harmonischen Ganzen, das an ein kräuterduftiges Parfum erinnert. Hinzu kommen feine Petrol- sowie Hefenoten. Der Gaumen wird zunächst von einer seidigen Textur eingekleidet, hinzu tritt diese tiefgründige Würze, die die Reben scheinbar aus den tiefsten Schieferschichten nach oben geholt haben. Es ist ein eleganter, sehr ausgewogener Spitzenriesling.

2017
Marienburg Felsterrasse Riesling Grosses Gewächs / VDP.Grosse Lage

Über 90 Jahre alte Reben stehen in den fünf alten, nicht flurbereinigten Terrassen. Hier entstehen harmonische und besonders konzentrierte Weine. Das Bukett hat bei aller Tiefgründigkeit etwas freundlich Einladendes. Es zeigen sich Aromen von Kumquat, Zitrusschale, Weinbergspfirsich und kandiertem Ingwer, untermalt von einer mineralischen Note, die einen an staubiges Schiefergestein denken lässt. Der Wein ist trocken, die Säure zieht sich klar und präzise durch den Wein. Alles bindet sich in eine samtige Textur ein und endet in einem saftigen Nachhall voller rauchig-pfeffriger Würze. Ein Wein, den man über Jahre begleiten kann und der immer wieder neue Facetten enthüllt.

2017
Marienburg Fahrlay Terrasse Riesling Grosses Gewächs / VDP.Grosse Lage

Sehr karge blaue Schieferböden prägen das Bild der Lage Fahrlay. Hier befinden sich mit 110 Jahren die ältesten Reben. Ein Wein, der schon im Bukett mehr Wucht und Kraft ausstrahlt. Aromen von reifen, saftigen Pfirsichen, Wiesenblumen, Salbei, aber auch Rauchspeck und Pfeffer kommen zum Vorschein. Eine körnige Textur kleidet den Gaumen zupackend aus, balanciert durch einen saftigen und appetitanregenden Schmelz. Der Wein baut sich vor allem im Rachenraum noch einmal wuchtig auf, mit einem dunklen und geheimnisvollen Ton, den die Reben scheinbar tief aus dem Schiefergestein geholt haben. Es ist ein Wein zum Meditieren.

2016
Marienburg Raffes Riesling

Hier handelt es sich um eine Selektion aus einer höher gelegenen Terrasse und von Grauschiefer geprägten Lage Falkenlay, wo besonders dicht gewobene, eigenwillige Weine entstehen. Der Wein wird wie alle Rieslinge der Buschs mit Naturhefen vergoren und darf 15 Monate auf der Hefe reifen. Satt goldgelb und mit erhöhter Viskosität läuft der Raffes ins Glas. Erst langsam schälen sich Aromen von Kamille, Quittengelee, Wiesenkräuter, Nussbutter und Hefebrioche aus dem Bukett heraus, untermalt von einer dunkelwürzigen Bassnote. Der Wein bewegt sich irgendwo zwischen trocken und fruchtig, aber es ist ein Wein wie gewachsen, ursprünglich und ungestüm. Ein Gesamtkunstwerk, für das man sich beim Genuss Zeit lassen sollte.

Hartes Schiefergestein prägt die Böden der Mosel. Roten Schiefer findet Clemens Busch in seiner Lage Rothenpfad, Grauer Schiefer dominiert die Falkenlay.

Bettina Bürklin-von Guradze hat im Jahr 1990 das Weingut ihrer Eltern übernommen.

Die Schatzsucher

10

Weingut Dr. Bürklin-Wolf
Wachenheim, Pfalz

Das Weingut Dr. Bürklin-Wolf liegt im mondänen Teil der Pfalz. Hier an der Mittelhaardt reihen sich, an den Ausläufern des Pfälzer Waldes, wie an einer Perlenkette seit Jahrhunderten bekannte Spitzenlagen. Die Straßen in Ortschaften wie Deidesheim oder Wachenheim werden von berühmten historischen Weingütern gesäumt. Deren imposante Architektur strahlt aristokratisches Flair aus. Zudem ist der Landstrich klimatisch besonders begünstigt. Üppig blühen im Frühjahr Mandel- und Feigenbäume. Die Küche wird für ihre Reichhaltigkeit gerühmt und die Einheimischen sind für ihre Gastfreundschaft bekannt. Hier in der Pfalz residieren Lebensfreude und ein gepflegter Hedonismus.

In diesem Paradies leitet Bettina Bürklin-von Guradze ein besonderes Weingut. Einen seit Generationen und über 400 Jahre inhabergeführten Betrieb mit 80 Hektar Rebflächen, die sich zum Teil in den wertvollsten Rieslinglagen der Welt befinden. Hier entstehen Weinlegenden, die versteigert und gesammelt werden. Weine, die man in Geburtsjahrgängen für seine Kinder kauft, um sie irgendwann als Familienschatz zu vererben. Dass dem so ist, ist dem Unternehmergeist der Inhaberin zu verdanken. Die Biodynamie war dabei ein wichtiges Werkzeug.

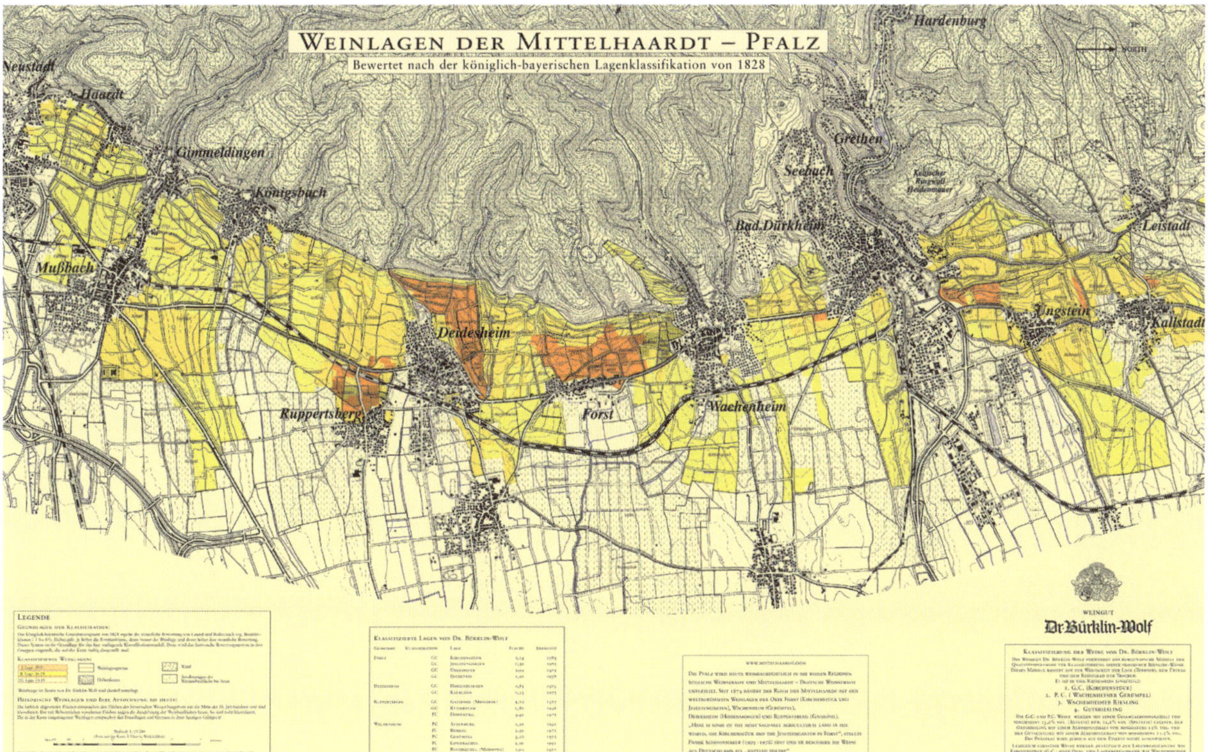

Die Klassifizierung der Weinbergslagen geht auf das königlich-bayerische Grundsteuergesetz von 1828 zurück. Mit die wertvollsten Gewannen sind im Besitz des Weingutes Dr. Bürklin-Wolf. © Dipl.-Ing. (FH) Beate Maria Hoffmann

Die Lage Kirchenstück ist legendär. Der gerade einmal dreieinhalb Hektar große Weinberg wurde in der Klassifikation von 1828 als wertvollste Lage in der Pfalz eingestuft. 0,6 Hektar gehören zum Weingut Dr. Bürklin-Wolf.

Bettina Bürklin-von Guradze übernahm im Jahre 1990 das Weingut in für deutschen Wein schwierigsten Zeiten. Kurz vorher hatte der sogenannte Weinskandal für den endgültigen Imageverlust gesorgt. Kriminelle hatten mit Frostschutzmittel versucht, lausige Weine geschmacklich aufzubessern. Es war das Fanal einer Entwicklung, die nach dem Zweiten Weltkrieg begann und ab den 1970er Jahren unaufhörlich an Fahrt aufnahm. An deutsche Spitzenweine aus traditionsreichen Lagen, die bis Anfang des 20. Jahrhunderts teurer verkauft wurden als namhafte Château-Füllungen aus Bordeaux, konnte sich da schon längst keiner mehr erinnern. Es war die Zeit, in der die Eigenschaften deutscher Weine kurz mit „süß und billig“ beschrieben wurden.

„Wir haben in einer Zeit angefangen, als das Image des deutschen Weins am Boden lag.“ – Bettina Bürklin-von Guradze

Bettina Bürklin-von Guradze erinnert sich, wie sie Anfang der 1990er Jahre mit ihrem damaligen Mann im In- und Ausland umherreiste und ihre Weine präsentierte. „Wir haben schnell gemerkt, dass wir zwar einen berühmten Namen haben, aber dass kein Interesse für deutsche Weine bestand", erzählt sie. „Deutscher Wein war out." Eine frustrierende Erfahrung, schließlich waren die beiden von ihren Weinqualitäten durchaus überzeugt. Bald schon fragten sie sich, ob man das wirtschaftlich durchhalten und überhaupt so weitermachen wollte.

Damals sah das Weingut noch ganz anders aus als heute. So umfasste die Preisliste um die 200 Positionen. „Wir hatten ein viel zu großes, unübersichtliches Sortiment", schüttelt sie den Kopf – so die Lagenweine in sämtlichen Qualitätsstufen von Kabinett bis Trockenbeerenauslese und die meisten davon noch in drei Geschmacksrichtungen von trocken bis lieblich. „Außerdem hatten wir unendlich viele Rebsorten wie Muskateller, Muskat-Ottonel, Huxelrebe, Müller-Thurgau und so weiter in unseren Weinbergen stehen", erzählt sie. Alles, was in Mode war oder von der Weinbauschule empfohlen wurde, fand den Weg in die Bürklin'schen Weinberge. Dabei macht sie ihren Vorgängern keinen Vorwurf. „Das war eben die Denkweise der Zeit. Man war überzeugt, dass Technikfortschritt und Ertragsmaximierung das Gebot der Stunde ist", erläutert sie. Lebhaft kann sie sich an den Unterricht an der Hochschule Geisenheim erinnern, an der sie Anfang der 1980er Jahre Weinbau studierte. „Da gab es einen Professor, der von der Ertragsfähigkeit des Trollingers mit den Worten schwärmte: Der trägt wie ein dalmatinischer Esel", lacht sie. „Es war eben alles auf Masse gedacht", erzählt sie. „So hat sich der Weinmarkt dann auch entwickelt, zum Schaden der deutschen Weinwirtschaft."

Wann die Trauben reif für die Ernte sind, wird heute längst nicht mehr am Zuckergehalt festgemacht. Die Reife erkennt man zum Beispiel an der Färbung der Kerne, wie sich das Fruchtfleisch von der Schale löst und vor allem am Geschmack. Diese Traube stammt aus dem Jesuitengarten. Kurz bevor die Lesemannschaft durch den Weinberg gegangen ist, konnten wir die Beeren kosten. Ein unvergesslicher Geschmack.

> *„Mein Mann hat mich gefragt, warum es in Deutschland ein Qualitätssystem gibt, das keiner versteht.“* – Bettina Bürklin-von Guradze

Ihr Mann kam nicht aus der Weinbranche, konnte deshalb mit freiem Blick auf die Misere schauen und fing an, Fragen zu stellen. „Eine davon war: Warum gibt es in Deutschland keine Lagenklassifizierung wie in anderen europäischen Weinländern?“ Dieses in der Tat zweifelhafte System geht auf das Jahr 1971 zurück, in dem im Zuge der europäischen Einigung ein neues Weingesetz erarbeitet wurde. Hier setzten sich vor allem Genossenschaften und Weinkellereien mit ihren Interessen durch, die in den auch für Winzer mageren Nachkriegsjahren sehr wichtig geworden waren. Aufgrund der auf Masse getrimmten Marktsituation gab es kein Interesse an kleinteiligen Strukturen. In diesem berüchtigten Weingesetz wurden daher die über Jahrhunderte hinweg definierten über 30.000 Lagen zu circa 3.000 zusammengefasst. Die Namen von berühmten Weinbergen wurden umgedichtet und galten dann für große Flächen, die noch den letzten Rübenacker umfassten. Doch das Schlimmste war, dass Qualität über den Zuckergehalt der Trauben bei der Ernte definiert wurde. Denn mit neugezüchteten Rebsorten wie Bacchus, die man durchaus als Zuckerfabriken bezeichnen kann, war es kein Problem, Oechslegrade für vermeintlich höhere Qualitäten zu erreichen. Von der Ertragsfähigkeit ganz zu schweigen. Das Fatalste an diesem System war die Annahme, dass „großer“ Wein von überall herkommen könne. Für das Gesetz war es egal, ob der Wein aus edlem Riesling oder billigem Bacchus gekeltert war und ob die Reben in einer Spitzenlage oder im letzten Acker standen.

Die Feldspritzpräparate werden auf dem Weingut selbst gemacht. Für das Hornmistpräparat werden Kuhhörner mit Kuhmist gefüllt und über den Winter an einer nicht zu feuchten Stelle vergraben.

Das Weingesetz von 1971 setzte endgültig eine negative Spirale in Gang. Bald aber konnte mit immer billigeren Spätlesen keine ausreichende Wertschöpfung mehr erzielt werden. Viele Winzer versuchten dann, mit immer mehr und noch kostengünstigerer Produktion ökonomische Nachteile auszugleichen. Unter anderem auch deshalb wurden die Rebflächen gnadenlos erweitert. In der Flurbereinigung wurde buchstäblich alles über den Haufen geschoben, was einem effizienten Maschineneinsatz im Wege stand und mit einem enormen Ressourcenverbrauch an Dünger und Pestiziden Masse produzierte. Bis eben der große Knall im Jahre 1985 diesem Treiben erst einmal ein jähes Ende setzte.

Dass ihr Weingut — mit diesen vielen ordentlichen, aber austauschbaren Weinen – kein Profil hatte, mit dem man hätte punkten können, wurde bei einem Gespräch mit einer altgedienten Mitarbeiterin klar. Dabei wurde die damalige Leiterin der Vinothek gefragt, was sie den Kunden erzählen würde, welcher der beste Wein von Dr. Bürklin-Wolf sei. „Die sagte dann treuherzig: Ich erzähle denen, die sind alle gleich gut", lacht Bettina Bürklin-von Guradze. „Das bedeutete, der Pechstein ist genauso gut wie der Müller-Thurgau aus der Literflasche." Die einst so berühmten Weinlagen standen somit für nichts mehr. „Wir hatten ja auch selbst überhaupt kein Gefühl mehr dafür", erinnert sie sich.

Mit dem Geologen Prof. Peter Rothe aus Mannheim begaben sie sich dann auf die Suche nach einem neuen Weg. Mit kleinen Baggern und Raupen fuhren sie in die Weinberge und erstellten Bodenprofile. „Wir wollten schauen, wie unsere Bodenproben aussehen. Warum sind manche Weinberge im 19. Jahrhundert höher eingestuft worden als andere?" Aufgrund ihrer geologischen Erkenntnisse und dem Studium alter Katasterkarten nahmen sie eine eigene Klassifizierung der Weinberge vor. Angelehnt an die Qualitätspyramide im französischen Burgund teilten sie ihre Gewächse in Grand Cru, Premier Cru, Orts- und Gutswein ein. Damit einher ging auch die Rückbesinnung auf die hier heimische Rebsorte, die zu den edelsten der Welt gehört: den Riesling. Der übrigens heute wieder 90 Prozent der Rebflächen bei Dr. Bürklin-Wolf einnimmt.

Damit entstand mit der Zeit ein markantes und selbstbewusstes Profil: trocken ausgebaute, lagerfähige Spitzenrieslinge aus den wertvollsten Weinbergslagen. So gingen sie im Jahr 1994 an die Öffentlichkeit und wurden erst einmal für verrückt erklärt. Doch auch andere Betriebe hatten ähnliche Pläne oder folgten dieser Idee, und heute hat sich diese vierstufige Qualitätspyramide durchgesetzt. Sie hat entscheidend dazu beigetragen, dem deutschen Wein wieder zum verdienten Ansehen zu verhelfen, national wie international. Das offizielle Weingesetz von 1971 ist auf dem Papier noch gültig, wird aber von den meisten Winzern galant umschifft und findet daher in seiner Essenz kaum noch Anwendung.

Die fertigen Präparate werden kühl und trocken gelagert.

„Wir waren auf der Suche nach Wegen, die Qualität der Weine zu steigern und die Lagenunterschiede noch besser schmeckbar zu machen."

— Bettina Bürklin-von Guradze

Doch die Reise der Familie war damit noch lange nicht zu Ende. Als Bettina Bürklin-von Guradze und ihr Mann im Jahr 2000 auf einer Geschäftsreise in den USA waren, entdeckten sie im Bücherregal einer Freundin ein Buch mit dem Titel „Beseelter Wein" von Nicolas Joly, einem charismatischen und eloquenten Winzer mit besten Weinbergen an der Loire. Joly hat einen großen Beitrag geleistet, dass Biodynamie überhaupt wieder bekannt wurde. „Wir waren auf der Suche nach Wegen, die Qualität der Weine zu steigern und die Lagenunterschiede noch besser schmeckbar zu machen", erzählt Bettina Bürklin-von Guradze. Nachdem sie das Buch gelesen hatten, wussten sie: damit wollen sie es versuchen. Doch zurück in Deutschland fanden sie niemanden, der etwas über Biodynamie wusste und ihnen Tipps geben konnte: „Es gab ein paar kleine Individualisten. Doch deren Ansätze waren für so ein großes Weingut wie unseres nicht praktikabel."

Also begaben sie sich ins benachbarte Elsass und konnten den biodynamisch wirtschaftenden Kollegen Marc Kreydenweiss gewinnen, sie zu unterstützen. Ein Jahr später probierten sie auf acht Hektar in Ruppertsberg diese Wirtschaftsweise aus, um sich mit ihr vertraut zu machen. Von Anfang an waren sie von den Ergebnissen begeistert. Vier Jahre später stellten sie die gesamten 80 Hektar um und ließen sich im Jahr 2008 nach Biodyvin-Standard zertifizieren.

Verschiedene Berater begleiteten das Weingut auf diesem Weg. Darunter Georg Meissner, aber auch Andrew Lorand, der später in Österreich Spitzenwinzern wie Bernhard Ott, Franz Weninger oder Fred Loimer erfolgreich bei der Umstellung helfen sollte. „Andrew Lorand hat uns in Seminaren vieles erklärt

Der Pfälzer Jan Hock ist seit 2019 Außenbetriebsleiter. Wissen und Erfahrung zur Biodynamie sammelte er im Studium in Geisenheim bei dem Projekt, das Georg Meissner dort initiiert hat, und als Betriebsleiter im Weingut der Lebenshilfe in Bad Dürkheim.

Der aus Württemberg stammende Steffen Brahner ist Geschäftsführer und hält die Fäden im Weingut zusammen.

und gezeigt", erinnert sich Bettina Bürklin-von Guradze. „Es war wie eine Märchenstunde am Anfang." Nicht alle Mitarbeiter haben da mitgemacht. Auch Kollegen und Kunden haben gedacht, dass sie hier völlig verrückt geworden waren.

„Das war schon eine interessante und sehr herausfordernde Phase", gibt Bettina Bürklin-von Guradze zu. Heute will sie die aber auch nicht missen. Denn so ein Druck kann auch Ansporn werden. Dafür brauchte es aber Geduld und Durchhaltevermögen.

In dem schwierigen Jahr 2013 wurde ihre Arbeit dann bestätigt. Extrem feuchte Witterung und damit Pilzkrankheiten hatten Reben und Trauben in ganz Deutschland schwer zugesetzt. „Jetzt haben Winzerkollegen gesehen, dass unsere Weinberge zum Teil besser dastanden, obwohl wir keine Chemie verwendet haben", erzählt sie. „Das hat viele zum Nachdenken gebracht." Das ebenso fordernde Jahr 2016 schuf dann für viele konventionelle Betriebe in der Region den Anlass, auf Bio umzustellen.

Jan Hock, der seit 2019 den Außenbetrieb leitet, hat dafür seine eigene Erklärung. „In der konventionellen Landwirtschaft entwickelst du ein System, das immer abhängig von Input ist. Sei es durch Chemie oder Mineraldünger", sagt er. „Das immer auf neue Produkte angewiesen ist, weil sich auch Resistenzen bilden. Und so etablierst du ein instabiles System." Mit der Art, wie sie hier wirtschaften, schaffen sie im Einklang mit der Natur hingegen ein stabileres Gleichgewicht, das in Stresssituationen nicht so schnell umkippt.

Natürlich gab es auch Zeiten, in denen sie Sorge hatten, dass es nicht funktionieren könnte. Aber sie wussten eben auch, dass es so nicht mehr weiterging. „Die Lagenklassifizierung war der erste Schritt zum Erfolg und die Biodynamie dann der der zweite", erklärt Bettina Bürklin-von Guradze. „Rückblickend hätten wir keine Angst haben müssen. Man muss eher Angst haben, wenn man chemische Produkte verwendet. Eigentlich hätten wir die vielen Jahre vorher Angst haben müssen."

Wie schon erwähnt, kamen viele neue Mitarbeiter hinzu. Heute bereichern vor allem junge Leute das Führungsteam, die sich für das Thema richtig begeistern können. Da ist zum Beispiel das schlagfertige Energiebündel Nicola Libelli aus Italien, der seit 2012 für den Weinkeller verantwortlich ist, der herzliche Jan Hock, der seit kurzem den Außenbetrieb leitet, und der bedächtige Steffen Brahner, der als Geschäftsführer die Fäden zusammenhält. Für unser Interview sitzen alle an einem Tisch und merken sofort, dass diese sehr unterschiedlichen Charaktere wie Zahnräder ineinandergreifen. Jeder hat seine Stärken, die er in diesem tatkräftigen Team einbringen kann. So entsteht eine ungeheure Dynamik.

Ihr Zugang zur Biodynamie ist erfrischend praktisch und pragmatisch. Diese Wirtschaftsweise ist für alle ein überzeugendes Werkzeug, um die Böden zu gesunden, damit die Herkunft der Weine schmeckbar wird. Für Qualität braucht es zudem handwerkliches Können, wie alle betonen. „Es war für mich auch wichtig, an Hochschulen wie Geisenheim, Asti und Piacenza studiert zu haben, um den naturwissenschaftlichen Backround zu haben", erklärt Nicola Libelli. „Man kann ja auch kein anthroposophischer Arzt sein, wenn man die Anatomie des Menschen nicht kennt", erzählt er weiter.

Während der Lese ist auch der Kellermeister Nicola Libelli oft auf dem Weinberg. Das Team entscheidet zusammen, welche Reben aus welcher Lage wann geerntet werden.

„Rückblickend hätten wir keine Angst haben müssen. Man muss eher Angst haben, wenn man chemische Produkte verwendet. Eigentlich hätten wir die vielen Jahre vorher Angst haben müssen."

— Bettina Bürklin-von Guradze

„Das Wertvollste, was wir haben, ist die Marke Dr. Bürklin-Wolf."
— Steffen Brahner

Hier wird gerade Riesling in der Lage Jesuitengarten geerntet. Einzelne faule Beeren werden penibel von der Lesemannschaft herausselektiert. In kleinen Kisten werden die Trauben dann ins Weingut transportiert.

Kurzum: Für Dogma gibt es hier keinen Platz, und das Thema Biodynamie wird im Marketing nicht wie eine Monstranz vor sich hergetragen. „Das Wertvollste, was wir haben, ist die Marke Dr. Bürklin-Wolf", stellt Steffen Brahner fest. Das Weingut mit seinen Spitzenlagen steht im Fokus. Auch deshalb wollte man lange nicht das Biodyvin-Label auf das Etikett drucken, um nicht nur als Bioweingut wahrgenommen zu werden. Mittlerweile ist die Zertifizierung allerdings ein sehr gutes Verkaufsargument geworden. Weshalb man sich entschieden hat, das Biodyvin-Label klein auf das Rückenetikett zu drucken. Erstklassige Spitzenweine und Bioanbau gehören heute für viele Weineinkäufer eben untrennbar zusammen. Ihr Wissen über die biologisch-dynamischen Prinzipien hat das Führungsteam bei den schon genannten versierten Beratern gesammelt. Aber auch bei Tagungen und Kollegentreffen, bei denen man Erfahrungen austauscht, bilden sich alle weiter. Denn die Pfalz hat sich mittlerweile zu einem Epizentrum für diese Wirtschaftsweise in Deutschland entwickelt. Fast alle Spitzenbetriebe in der Region, vor allem diejenigen, bei denen ein Generationswechsel anstand, beschäftigen sich mit dem Thema. „Das gibt ein enorm dynamisches Netzwerk hier", erzählt Jan Hock. Man trifft sich regelmäßig unter anderem zur Herstellung der Präparate und tauscht sich aus.

Wobei die meisten Winzer, wie sie selbst, den Landwirtschaftlichen Kurs von Rudolf Steiner nicht gelesen haben. „Diese Sätze und Wortkreationen, die da gebildet werden, kannst du nicht schreiben und noch weniger verstehen", gibt

Steffen Brahner zu. „Es gibt geführte Lesungen hier, das hilft", wendet Jan Hock ein. „Letztens haben wir auf einer Tagung jemanden getroffen, der sich vier Jahre zurückgezogen hat, um alle Schriften Steiners zu studieren", erzählt Bettina Bürklin-von Guradze mit Bewunderung in der Stimme. „Der sah auch etwas fertig aus", antwortet Nicola Libelli und lacht dabei aus vollem Herzen.

> *„Das Denken und die Entscheidungen, die gefällt werden, sind heute mehr auf Langfristigkeit angelegt."* – Jan Hock

Auch ohne Steiners Schriften detailliert studiert zu haben, haben sich der Betrieb und seine Menschen durch die Biodynamie verändert. So war das Weingut vorher sehr technisch ausgelegt, wie Bettina Bürklin-von Guradze erzählt. „Wir hatten die besten Traktoren, ständig haben Mitarbeiter die Geräte weiterentwickelt." Dann ging alles in eine andere Richtung. Es war nicht mehr wichtig, wieviel Kilometer Rebzeilen man an einem Tag mit dem Schlepper abgefahren hat. „Es wurde wichtiger, ein Augenmerk auf den Boden und die einzelnen Reben zu legen", betont sie. „Wir sehen die Pflanze ganz anders", erklärt Jan Hock. „Das Denken und die Entscheidungen, die gefällt werden, sind mehr auf Langfristigkeit angelegt." Das Gefühl, den Böden und der Umwelt etwas Gutes zu tun, ist dabei für alle sehr befriedigend. „Es gibt dem Betrieb einen besonderen Spirit", erzählt Nicola Libelli. So identifizieren sich die Mitarbeiter ganz anders mit dem Weingut als vorher. Ohne dabei groß mit den Grundlagen der Anthroposophie vertraut zu sein.

Die ganzen Trauben werden in die Presse gegeben und direkt schonend abgepresst. Damit sich Trubstoffe absetzen, wird der Saft über Nacht stehen gelassen. Anschließend wird der Most auf Fässer oder in Edelstahltanks abgezogen und vergoren.

„Den Praktikern ist es wichtig, dass es wirkt“, weiß Jan Hock. Dabei gibt es immer wieder diese Aha-Erlebnisse, die das Team anspornen. So berichtet er vom Einsatz von Brennnesseltee, der einem Weinberg half, der wegen einer Chlorose gelbe Blätter bekam. Oder wie der Einsatz des Hornkieselpräparates der Traubenreife in einem nasskühlen Jahr den nötigen Schub gab oder der Weinbergsboden unter den Füßen mit den Jahren zu federn anfing. „Wir sind alle durch die Biodynamie bessere Beobachter von Naturphänomenen geworden“, sagt Jan Hock. „Wir achten auf viel mehr Feinheiten, auf Unterschiede in den Parzellen, zwischen einzelnen Reben.“ Das wirkt sich natürlich auf die Arbeit aus und letztendlich auf die Qualität des Weins.

Sein Kollege Nicola Libelli ist verantwortlich dafür, die Wandlung der erstklassigen Traubenqualität zu Wein zu begleiten. Dabei sind besondere Charaktereigenschaften gefragt. Wer Kellermeister bei Dr. Bürklin-Wolf sein will, muss sein Handwerk perfekt beherrschen, sich selbst aber zurücknehmen können.

Man kann das vergleichen mit einem Musiker, der bei den Berliner Philharmonikern mitspielen will. Jemand kann der beste Violinist der Welt sein, aber wenn er nicht tutti, sondern nur solo spielen kann, hat er in diesem Weltklasseorchester nichts verloren.

> *„Wir bewahren eine große Tradition. Es gibt einen Bürklin-Kern in allen Weinen.“*
>
> –Nicola Libelli

„Wir wollen Weine produzieren, die ewig lagern können. Die immer eine Strahlung haben, Tiefe und Dichte. Bürklin-Weine sind elegant, haben Druck und sind vom Terroir geprägt“, sagt Nicola Libelli. Damit dies gelingt, gibt es einen engen Austausch mit Jan Hock. Nicola Libelli kennt die Weinberge genauso gut, weiß, wie das Jahr gelaufen ist und wo es Herausforderungen gibt. „Man hat diese Vision für einen Wein und arbeitet dann quasi rückwärts“, erklärt Nicola Libelli dazu.

Dabei ist das Prinzip der Weinbereitung bei Dr. Bürklin-Wolf wenig spektakulär. Als „fast langweilig“, beschreibt es Nicola Libelli. Während beispielsweise für andere Kollegen eine längere Maischestandzeit fast schon obligatorisch ist, um Phenole, aber auch Aromen und Mineralien aus den Schalen auszulaugen, wird hier schlicht die Ganztraubenpressung praktiziert. Die Trauben kommen dabei kurz nach der Ernte im Ganzen auf die Presse, werden sofort sehr schonend ausgequetscht und fertig. „Das bringt diese große Präzision, diese Leichtigkeit und Eleganz“, erklärt Nicola Libelli.

Auch Amphoren, Betoneier oder Granitkübel sieht man nicht im Weingut. Die Weine werden entweder in Edelstahltanks oder in traditionellen Holzfässern in verschiedenen Größen vergoren. Natürlich ist es für den Weinstil wichtig, in welchem Gebinde der Most ausgebaut wird. „Du nimmst 4.000 Kilo aus der Lage Gaisböhl und verteilst die dann von Edelstahl bis Holzfass. Edelstahl bringt Präzision, das Holzfass je nach Größe Schmelz, zusammen muss es sich ergänzen", erklärt Nicola Libelli lapidar. Aber das so in allen Jahren mit ihren Unterschieden im Blick zu haben, ist eben Meisterhandwerk.

„Wir wollen eine saubere Gärung", sagt er weiter. „Ganztraubenpressung und nicht zu schüchtern mit dem Schwefel ist unser Rezept." Deshalb wird auch aus der Frage, ob Spontangärung oder Zusatz von Reinzuchthefen, kein Dogma gemacht. Kurzum, es geht darum, gekonnt und gezielt, aber immer mit großem Respekt vor der Tradition einzugreifen, wenn es nötig ist. „Mittlerweile weiß ich auch, wie meine Weine und die verschiedenen Lagen so drauf sind, was sie im Keller machen und wie sie sich entwickeln", erläutert er.

In Zukunft wollen sie das Thema Biodynamie noch weiter vorantreiben. „Der Schlüssel, um in Zeiten des Klimawandels hier weiter gut Wein machen zu können, ist der Boden", sagt Nicola Libelli. „Wir wollen diesen aktiven, lebendigen und intelligenten Schwamm, der Wasser aufnehmen kann und es uns geben kann, wenn wir es brauchen", ergänzt Jan Hock. Dass sich dieses Ziel mit den biodynamischen Prinzipien am besten erreichen lässt, davon sind alle vier überzeugt. Dabei würden sie sich noch mehr Unterstützung sowie Offenheit von Weinbauschulen, Wissenschaft und Fachgruppen wünschen. Gerade bei dem Themenkomplex Boden und Humusaufbau. „Stattdessen sehe ich in Fachzeitschriften Artikel darüber, welcher Akku in welcher Akkuschere am längsten hält", erzählt Jan Hock und schüttelt den Kopf. „Ich lese zurzeit sämtliche Bodenbücher, die ich bekommen konnte, und muss feststellen: Die Wissenschaft weiß fast nichts über den Boden", erzählt er weiter. Der Umgang mit der Ressource Boden beschränkt sich dann im Studium auf ein simples Aktion-Reaktion-Spiel. „Hier ist ein Mangel, also nimm dieses Mittel", beschreibt es Jan Hock. „Aber vielleicht ist da gar kein Mangel, vielleicht braucht es einen anderen Denkansatz."

> *„Der Wert dieses Weingutes sind die Böden der wertvollsten Lagen."* – Bettina Bürklin-von Guradze

Alle vier empfinden es als Privileg, ihr Stück Land in dieser Art und Weise prägen zu können. Es gesund zu erhalten und es irgendwann in die Hände der nächsten Generation zu geben. „Der Wert dieses Weingutes sind die Böden der wertvollsten Lagen", erklärt Bettina Bürklin-von Guradze. „Die Gebäude sind schön, da regnet es ab und zu aber rein. Man muss sie erhalten", erzählt sie. „Der Schatz liegt im Boden vergraben. Den hatte man fast vergessen. Wir haben ihn gesucht und wieder an die Oberfläche geholt. Die Biodynamie hat uns dabei geholfen."

Die Weine

Das Weingut Dr. Bürklin-Wolf steht für klassische, langlebige und geradlinige Weine, die geschmacklich eindeutig Herkunft und Lage verraten. Sie widersprechen damit einem Klischee, das viele Weingenießer von „Biowein" haben. Von ihnen werden ungeschwefelter Naturwein, mit Traubenschalen vergorener Orangewein und vielleicht noch das Thema vegan in eine Schublade gepackt.

Pfälzer Weine haben stets etwas Prächtiges an sich. Bei Bürklin-Wolf ist das noch gepaart mit Eleganz. Die Spitzenweine brauchen oft Jahre der Flaschenreife, um ihre ganze Fülle zu entfalten. Was aber auch in jungen Jahren schon nachvollziehbar ist, dass sich die Lagenunterschiede auch in der Textur zeigen. Alle beschriebenen Weine sind aus Riesling bereitet, und alle leben von einem anderen Mundgefühl. Hier zeigt sich einmal mehr, dass biodynamische Weine aus Spitzenlagen nicht nur von ihren Aromen leben und sich unterscheiden, sondern durch ihre Textur eine ganze eigene Qualität bekommen.

2018
Wachenheimer Böhlig P.C.

Mit diesem Wein verbindet Bettina Bürklin-von Guradze ein besonderes Aha-Erlebnis. „Ich kann mich noch daran erinnern, als ich zwei Jahre nach der Umstellung einen Riesling aus der Lage Böhlig verkostet habe", erzählt sie. „Auf einmal habe ich verstanden, was Böhlig ist. Dieses Kalkriff, das da im Weinberg liegt, habe ich förmlich vor mir gesehen", schwärmt sie. „Da habe ich zum ersten Mal richtig geschmeckt, wie die Biodynamie die Weine allesamt individueller macht." Es dauert, bis sich dieser Wein öffnet. Es zeigen sich Aromen von Zitrusfrüchten und etwas grasig Kräuteriges. Langsam schält sich ein Kreideton heraus. Der Wein wirkt am Gaumen schlank, geradlinig und baut viel Druck im Finish auf.

2016
Ruppertsberger Reiterpfad G.C.

„Als wir mit dem Jahrgang 1994 unsere Klassifikation einführten, war der Riesling aus dem Reiterpfad der erste Grand Cru, den wir geerntet haben", erzählt Bettina Bürklin-von Guradze. Ebenso waren es Lagen in Ruppertsberg, die als Erste auf biodynamische Wirtschaftsweise umgestellt worden sind. Der Boden ist von Sandstein und Kalkgeröll geprägt. Ruppertsberger Weine bringen die klaren Steinobstaromen, wie sie für Riesling vom Sandstein typisch sind, gepaart mit der Cremigkeit und Fülle, die Weine vom Kalkgestein mit sich bringen. Der Wein braucht Zeit und ein großes Glas. Es zeigen sich Aromen von Zitrusfrüchten und Steinobst, aber auch Kräutertöne. Der Wein wirkt sehr straff und sehnig.

Neben dem legendären Kirchenstück befindet sich der Jesuitengarten, der 1828 mit der zweithöchsten Bonitätsbewertung bedacht wurde.

2015
Kirchenstück G.C.

Direkt hinter der Forster Kirche befindet sich das berühmte Kirchenstück. Umgeben von einer Mauer, graben sich die Wurzeln der Reben in eine Mischung aus Buntsandstein, Kalk und Basalt. Dieser edle Wein braucht Zeit und ein großes Glas, dann aber nimmt er den Genießer sofort für sich ein. Das Bukett ist dicht gepackt mit tiefgründigen Aromen von Steinobst, zarter Exotik die an Guave erinnert, aber auch Zitrusnoten wie Kumquat. Langsam schälen sich dann Noten von Taubnesseln, Lindenblüten und weißen Blumen heraus. Der Wein füllt den Mund aus, ohne schwer zu werden. Am Gaumen baut er sich mit massivem Druck auf. Der ganze Auftritt erinnert an einen vollen, satten Glockenschlag. Das Finish ist endlos, die Textur animierend opulent und erinnert an zartschmelzenden Nougat. Kirchenstück ist ein Genusserlebnis für besondere Momente.

2011
Jesuitengarten G.C.

Der Jesuitengarten ist eine weitere Perle im Lagenportfolio des Weingutes. Hier merkt man, wie gut den Weinen die Flaschenreife tut. Aromen und Strukturelemente wie Säure oder Alkohol verweben sich zu einem komplexen Gesamtbild. Es zeigt sich eine sehr feine und komplexe Nase mit Aromen von Kamille, Orangenblüten, Heublumen, Bienenwachs, Aprikosen, Mirabellen und Schwarztee. Der Wein wirkt trotz seiner fast zehn Jahre Reife sehr frisch. Am Gaumen spürt man zunächst eine seidige Textur, danach attackieren eine pikante Salznote und zarte Bitternote im Finish die Zungenränder und den Rachenraum. Alles begleitet von einer zitrusduftigen Kopfnote. Noch lange schmeckt man eine vibrierende Mineralität. Ein Wein, der Kraft, Präzision und Verspieltheit miteinander verbindet.

Hier kann man die Abbruchkante des Rheingrabens sehen. Rechts ist Buntsandstein zu sehen und links hat sich eiszeitlicher Löss angeweht.

Mit Glück aus der Not heraus

Familie Saahs (11)

Weingut Nikolaihof, Mautern an der Donau, Wachau

Die Wachau wird von der Donau und den Urgesteinböden geprägt. Im Bild sieht man die Lage Steiner Hund.

Diese Kapelle ist dem heiligen Agapitus geweiht und gehört zum Hofverband des Nikolaihofes.

Wer das in sich geschlossene Ensemble Nikolaihof betritt, ist sofort von dessen Geschichte in den Bann gezogen. Man spürt, dass hier seit 2000 Jahren verschiedenste Menschen den Ort geprägt haben. Die Fundamente des Hofes gehen auf ein Römerkastell zurück, dann war er Bischofs- und Verwaltungssitz, bis er nach der Säkularisation in die Hände der Familie Saahs kam. „Ich fühle mich immer getragen von dem Ort", sagt Christine Saahs, die 1971 in den Betrieb eingeheiratet hat. „Er ist voller guter Energien, die einem auch etwas abverlangen. Vor allem Dankbarkeit und Verantwortung dafür, dass man hier nicht einfach konsumieren kann, man sich alles erarbeiten muss." Christine und Nikolaus Saahs stellen sich voll und ganz dieser Aufgabe.

Dabei waren ihre Anfänge alles andere als leicht. Nikolaus Saahs wollte Anfang der 1960er Jahre seine Ausbildung in Deutschland absolvieren. Doch als der Vater stirbt, muss er die Verantwortung zu Hause übernehmen. Zu der Zeit stand der Nikolaihof wirtschaftlich nicht gut da. Hier war während des Krieges ein Lazarett untergebracht gewesen, danach war die russische Besatzung gekommen. Viele Teile des Hofes waren verfallen und die Bankkonten leer. Als es modern wird, die Weingärten mit chemischen Spritzmitteln und Kunstdünger zu bearbeiten, hat Nikolaus Saahs kein Geld, um sich diese zu kaufen. Anstatt darüber zu jammern, fängt er an, die Natur zu lesen. Genau beobachtet er, wann es wirklich Pilzdruck gibt und Pflanzenschutz unvermeidlich ist. So spart er Betriebsmittel ein. Auch verzichtet er auf Kunstdünger. So kämpft er sich durch die ersten Jahre und kann sich über Wasser halten.

„Durchlebte Erde", sagt Christine Saahs. Wer durch die Weinberge läuft, federt über den lockeren Boden.

Bald lernt er Christine kennen und lieben. Das Paar ist ein Glücksfall füreinander, aber auch für den Nikolaihof. Christine stammt aus dem Weingut und Bauernhof Geyerhof im benachbarten Kremstal, einem beeindruckenden Biobetrieb, der neben Weinbau schon immer auch Ackerbau und Viehzucht betrieben hat. Mit der Liebe zur Natur ist sie aufgewachsen. „In meiner Kindheit hat man Bio noch nicht gekannt, aber die Liebe zur Natur", erzählt sie. Vom Wesen her ergänzen sich die beiden perfekt. Während Nikolaus eher introvertiert und leutscheu ist, hat Christine die besondere Gabe, auf Menschen zuzugehen und diese für sich einzunehmen. 1971 heiraten die beiden.

Von zweien ihrer besten Freunde bekommen sie ein besonderes Hochzeitsgeschenk: die „Aussaattage" von Maria Thun. „Ich war so enttäuscht", erzählt Christine. „Wir hätten doch noch etwas für die Aussteuer brauchen können, einen Staubsauger oder Kaffeegeschirr", lacht sie. Die Freunde sind Ärzte. Dr. Karl Schaich ist Veterinärmediziner und Dr. Jutta Schaich anthroposophische Kinderärztin. Als Christine und Nikolaus von der Hochzeitsreise zurückkommen, treffen sie sich immer wieder mit den beiden und fangen an zu diskutieren.

Dr. Jutta Schaich bringt nach und nach Literatur von Rudolf Steiner mit. „Aber nicht den Landwirtschaftlichen Kurs", erzählt Christine. „Es waren immer passende Artikel, in die man sich noch reindenken und die man verdauen konnte. Dass man nicht überfordert war." Den Landwirtschaftlichen Kurs lesen sie später, aber sie beginnen bereits 1972, die biologisch-dynamischen Präparate unter Anleitung von Frau Dr. Schaich herzustellen, und experimentieren im Garten mit den Aussaattagen von Maria von Thun. Und sie erleben, wie beides eine Wirkung hat.

„Wir haben uns die Biodynamie selbst erarbeitet."

„Damals gab es keine Informationen darüber oder Kollegen, die man hätte fragen können", sagt Christine Saahs. Sie beschließen, nach dieser Wirtschaftsweise zu arbeiten und ganz auf chemische Mittel zu verzichten. „Ich habe nie Angst gehabt, dass das nicht klappen könnte", erzählt Christine. Schließlich hat ihr Mann schon zehn Jahre zuvor die industriellen Produkte sehr sparsam eingesetzt. Die Nachbarn allerdings sind verdutzt bis amüsiert. „Ihr werdet noch im Siechenhaus landen, haben sie uns damals prophezeit", erzählt Christine. Aber davon lassen sich die beiden nicht beeindrucken. Und die Bewirtschaftung funktioniert.

„Die größten Erfolge sieht man in schwierigen Jahren."

Reben und Trauben sind robuster und können mit Wetterextremen besser umgehen. Ein Phänomen, das alle Winzer in diesem Buch beschreiben. Das Jahr 2014 war so ein schwieriges Jahr. Es hat übermäßig geregnet, viele Kollegen hatten mit Graufäule zu kämpfen und verloren einen großen Teil ihrer Trauben. „Wir haben eine normal große Ernte eingefahren und keine einzige Beere verloren", schwärmt Christine. Auch in den trockenen Jahren spüren sie die Vorteile

Zum Weingut gehört auch ein großer Gemüsegarten. Ein Teil des Gemüses für die Weinstube wird hier geerntet. Christine Saahs ist eine begnadete Köchin.

der Bewirtschaftung: „Wenn man Kunstdünger verwendet, bleiben die Wurzeln oben, wo dann kein Wasser mehr ist.“ Durch die biodynamische Bewirtschaftungsmethode wird nicht nur mehr Humus gebildet, der als wertvoller Wasserspeicher dient, sondern der Rebstock treibt seine Wurzeln stärker in die Tiefe. So sind die Pflanzen weniger Trockenstress ausgeliefert und können bessere Traubenqualität liefern. Wer durch die Weinberge der Saahs geht, kann sich das sehr gut vorstellen. Man federt regelrecht über den fluffigen Boden, es summt und brummt aus allen Ecken, und die Reben strotzen vor Vitalität.

Bis 1988 wurden sämtliche Weine mithilfe der 350 Jahre alten Baumpresse bereitet. Heute wird diese Presse für die Baumpresseweine verwendet.

„Man muss bereit sein, dieses Risiko zu tragen. Wenn wir was falsch machen, können wir nirgendwo hingehen.“

Damit das alles so funktioniert, ist allerdings auch ein großer Arbeitsaufwand nötig. „Wir fahren im Sommer während der Vegetationsperiode nie in Urlaub“, erklärt Christine. Stattdessen studieren sie jeden Tag den Wetterbericht. Wenn sich aufgrund der Witterung ein Pilzdruck entwickelt, müssen die weniger wirksamen Biospritzmittel ausgebracht werden. Biowinzer können nur vorbeugend arbeiten. Hat sich erst einmal eine Pilzinfektion entwickelt, kann die mit den Biomitteln nicht mehr gestoppt werden. „Man muss ganz auf Zack sein“, ist sich Christine sicher. „Man muss bereit sein, jedes Risiko zu tragen. Wenn wir was falsch machen, können wir nirgendwo hingehen.“

Am Anfang erledigen sie alle anfallenden Arbeiten selbst oder im Familienverbund. Trotzdem müssen Investitionen getätigt werden. Die Gebäude waren heruntergekommen, im Keller herrschte Investitionsstau, man hätte mehr Mitarbeiter brauchen können, aber mit den damaligen sechs Hektar Rebflächen kommen sie nicht weit. So beginnt Christine Saahs mit einer kleinen Weinstube mit anfangs 30 Sitzplätzen. Daraus ist mittlerweile ein beachtlicher

gastronomischer Betrieb geworden. Sie hat in der Gastronomie gelernt und entwickelt sich bald zur begnadeten Köchin. Ein guter Teil des verwendeten Gemüses erntet sie im großen Bauerngarten. „So kam regelmäßig Geld herein", erklärt Christine dazu. Außerdem besuchen viele interessante Gäste, die gerade die Ursprünglichkeit und hohe Qualität der Produkte schätzen, den Hof. Sie genießen die einzigartige Atmosphäre unter der uralten ausladenden Kaiserlinde im Innenhof. Wer hier einmal die exzellenten Weine zu der feinen Küche verkostet hat, ist für immer ein Fan vom Nikolaihof.

Im Jahr 1988 können sie sich dann eine neue pneumatische Presse leisten. Bis dahin werden sämtliche Trauben auf der 350 Jahre alten Baumpresse ausgequetscht. Dabei werden die Trauben über einen zehnstündigen Zeitraum langsam ausgedrückt und im Anschluss der trockene Presskuchen von Hand wieder herausgeschaufelt. Durch die sehr entschleunigte Pressung kann der Saft langsam abfließen und sich mit Sauerstoff anreichern. Eventuelle Gerbstoffe oxidieren heraus, und der Saft kommt relativ klar zur Vergärung ins Fass. Die anschließende Vergärung mit Naturhefen verläuft problemlos. Dies ist eine körperlich schwere und zeitraubende Arbeit. Heute verwenden sie dieses Verfahren nur noch für den Riesling und den Grünen Veltliner Baumpressewein.

„Mit diesem Reifepotential unserer Weine wollen wir deren Qualität demonstrieren."

Auch mit den neuen pneumatischen Pressen bleibt die Weinbereitung ursprünglich. Hier gibt es keine Reinzuchthefen, Enzyme oder dergleichen. Der Saft wird mit Naturhefen vergoren, danach im Holzfass gelagert, und zwar wie früher über mehrere Jahre hinweg. Manche Weine liegen bis zu 20 Jahren in den großen Weinfässern im imposanten Römerkeller, bevor sie abgefüllt werden. „Mit diesem Reifepotential unserer Weine wollen wir deren Qualität demonstrieren“, erklärt Christine Saahs. In der Tat können nur Weine, die von ihrer inneren Dichte, Balance und Güte erstklassig sind, durch dieses lange Fasslager geschmacklich gewinnen. Solche Weine entstehen nur, wenn die Weinberge im Gleichgewicht sind. Mit allerlei Kellertricks geschönte Moste oder solche aus schlecht bewirtschafteten, gestressten Rebflächen würden schon nach kurzer Zeit sang- und klanglos in sich zusammenfallen.

Der Presskuchen muss von Hand heraus geschaufelt werden.

„Alles, was ich im Glas riechen kann, kann ich im Keller machen. Das, was im Nachhall passiert, kommt aus dem Weinberg.“

Die Alterungsfähigkeit der Weine wird heute immer noch zu wenig in der Qualitätsdiskussion berücksichtigt. Die Weingenießer sind in der Regel auf einen eingängigen Geschmack getrimmt, der sich oft in vorgefertigten und eingeübten Schablonen bewegt. Das bekommt auch Christine Saahs bei den vielen Weinproben mit ihren Gästen immer wieder zu hören. „Die Leute fragen mich immer, warum dieser Pfefferlgeschmack nicht im Grünen Veltliner ist oder der Riesling nicht so fruchtig schmeckt“, erzählt sie. „Alles, was ich im Glas riechen kann, kann ich im Keller machen“, erklärt sie dann geduldig. „Das, was im Nachhall passiert, kommt aus dem Weinberg. Da zeigt sich die Qualität. Wenn ich den Wein noch Stunden später spüre, ist Lebenskraft in ihm.“

Selbstverständlich kann man über Geschmack nicht streiten. Es ist nur wichtig zu wissen, dass echte Naturweine nie ein knallfruchtiges Tuttifrutti-Bukett zeigen und bereits vier Monate nach der Ernte schon fertig gefüllt im Regal stehen können. Wer auf Kellerzusätze verzichtet, muss beim Weinberg seine Hausaufgaben machen und den Weinen Zeit zum Vergären, Klären und Stabilisieren geben. Dabei entsteht auch ein ganz eigener Weintyp. Einer, der mehr von der Textur und Struktur lebt. Der sich ständig im Glas entwickelt und in dem man immer wieder neue Facetten entdecken kann. Die Art, wie der Nikolaihof die Weine bereitet, gilt heute in Fachkreisen als wegweisend und modern. Damals war es allerdings nicht immer einfach, Kunden oder Journalisten davon zu überzeugen.

„Die Kultur der Reife war schwierig zu vermitteln“, erzählt Christine. „Wir haben manchmal Weine an Kunden verschenkt, damit diese in Ruhe kosten können und verstehen, was wir meinen.“ Dass sie sich dem Zeitgeist anpassen, kommt für sie nicht infrage. „Mein Mann hatte einfach noch nie Interesse an Tuttifrutti-Weinen“, sagt Christine Saahs. „Wenn ihm jemand bei einer Verkostung blöd kam, ist er einfach aufgestanden und gegangen“, erzählt sie. Auch von Kollegen und Journalisten wurden sie nicht ernst genommen. „Die können das alte Zeug nicht verkaufen, hat es geheißen“, lacht sie heute. Selbst im Jahr 2015 schreibt noch einer der wichtigsten österreichischen Weinführer über den Nikolaihof, er sei der schlechteste Betrieb der Region.

Allerdings wird keine vier Wochen später einer ihrer Rieslinge aus dem Jahrgang 1995, der 17 Jahre lang im Fass gelegen hat, von dem international anerkannten Weinkritiker Robert Parker als erster und bislang einziger österreichischer Wein mit der Höchstnote von 100 Punkten bewertet. Diese Auszeichnung wird nur absoluten Spitzenweinen zuteil, die danach stets zu begehrten Sammlerstücken avancieren. Der Paukenschlag wird national wie international gehört. „Es war unglaublich“, erinnert sich Christine. Auf einmal kamen Kollegen, Uniprofessoren, Journalisten und Sommeliers und wollten kosten. „Wir haben es ja eh schon immer gewusst, ihr seid die Besten, haben sie gesagt“, erzählt sie und schmunzelt.

Danach explodiert natürlich die Nachfrage, und mittlerweile liefern sie in über 40 Länder. Aber auch vorher haben sie Weine exportiert, und eine besondere Beziehung ist dabei zu Japan entstanden. Christine Saahs hat das Land erstmals 1987 besucht. Weil sie ihren Mann nicht dazu bewegen kann, Mautern zu verlassen, fährt sie zusammen mit ihrer noch schulpflichtigen Tochter Elisabeth, die zumindest ein paar Worte Englisch spricht. „Aber die Japaner können ja auch kein Englisch, also war das kein Problem“, lacht sie. In dem traditionsbewussten Land ist es zunächst nicht einfach, als Frau einen Termin bei Händlern oder

Manche Weine reifen über 15 Jahre in den großen Holzfässern.

Gastronomen zu bekommen. Sie bemüht darauf den Handelsdelegierten. „Er erzählte mir vom feinsten Hotel und Restaurant Okura in Tokyo, ich sagte nur – wunderbar, da fangen wir an“, erinnert sie sich. Unerschrocken fährt sie mit ein paar Flaschen in die Belle Etage und trifft dort Hoteldirektor und Sommelier. Sie verkosten die Weine zusammen, und ihre Gegenüber sind so begeistert, dass sie sich dafür einsetzen, dass die Weine aus Österreich bei einem der renommiertesten Importeure gelistet werden. Seitdem sind sie in Japan Kult.

Diese Anekdote sagt viel aus über den Weinstil der Familie Saahs. Wer je in Japan war, weiß, dass es hier eine andere Achtung für Traditionen und eine gänzlich andere Esskultur gibt. Das Wertschätzen von hochqualitativen Produkten sowie deren meisterhafte Verarbeitung stehen dort mehr im Mittelpunkt als hierzulande. Passende Getränke zu den Speisen werden nach ihrer Reinheit, Bekömmlichkeit und Textur ausgesucht. „Der beste Sake zeigt die Reinheit des Wassers“, betont zum Beispiel der japanische Master of Wine Kenichi Ohashi auf seinen Seminaren. Knallige Aromen im Wein sind das Letzte, was man dort schätzt.

Natürlich können auch die österreichische und sogar die deutsche Küche sehr fein sein und mit besten Zutaten zu Höhenflügen ansetzen. Aber zu oft geben sich die Gäste mit dem einfachen, fast ordinären Geschmack zufrieden. Unter dem Überbegriff „gutbürgerlich“ werden lieblose Schnitzel aus schlechtem Fleisch, vorgefertigte Germknödel aus Industriemehl in Päckchensoße oder völlig verkochter Tafelspitz feilgeboten. Ohne Murren wird gegessen, Hauptsache, der Preis stimmt. Die meisten der dazu getrunkenen Weine sind bestenfalls Mittelmaß.

Die Frage nach dem richtigen Geschmack ist dabei durchaus politisch zu verstehen. Schließlich verrät er uns, wie ein Produkt hergestellt und verarbeitet wurde. Wenn wir für nachhaltige Lebensmittel und Weine wirklich eintreten möchten, müssen wir uns fragen, was eigentlich der ursprüngliche Geschmack der Produkte ist. Was sie uns wert sind und wie viel Zeit wir uns für deren Genuss nehmen wollen. Die besten Weine vom Nikolaihof erschließen sich nicht, wenn man sie sich eisgekühlt unachtsam reinschüttet. Es sind keine Getränke, die man einfach gedankenlos konsumiert. Es gehören Zeit und Kultur dazu.

„Der Landwirtschaftliche Kurs darf nicht wie eine Bibel verwendet werden.“

Mit der Zeit hat sich Christine Saahs intensiv mit den Schriften Rudolf Steiners beschäftigt. Dabei geht ihr Interesse über die Biodynamie hinaus. Seit jeher hält sie die Familie mit anthroposophischer Medizin gesund. Ebenso interessiert sie sich für die Pädagogik. Aber es darf auf keinen Fall dogmatisch werden. „Der Landwirtschaftliche Kurs darf nicht wie eine Bibel verwendet werden“, betont sie. Für sie ist es wichtig, die Ursprünge der Biodynamie in Rudolf Steiner zu sehen, aber auch zu erkennen, dass sich diese Wirtschaftsweise in den nun fast 100 vergangenen Jahren weiterentwickelt hat. Ebenso betont sie, wie sehr man erst das Handwerk beherrschen muss. „In erster Instanz muss ich Weinbauer, Landwirt und ein guter Kellermeister sein, dann kann ich nach biodynamischen Richtlinien arbeiten.“ Ein weiterer Punkt ist eine nachhaltige Ökonomie. „Ich muss die Ressourcen kennen, die ich habe, und so gut wie möglich damit zurechtkommen“, erklärt sie dazu.

„Mein Mann hat ein unglaubliches Gespür für die Natur. Er kann förmlich riechen, wenn ein Rebstock Stress hat.“

Getrocknete Lindenblüten werden für die Kosmetiklinie von Martin Saahs gebraucht.

Auch die nächste Generation ist von dem Thema Biodynamie und Anthroposophie begeistert. Sohn Martin hat eine eigene Demeter-Kosmetiklinie entwickelt. Dafür verarbeitet er unter anderem die hochwertigen Traubenkerne.

Der Nikolaihof war das erste biologisch-dynamische Weingut in Österreich. Vor allem Christine Saahs und die junge Generation pflegen Kontakte zu anderen Landwirten sowie Winzern. Christine engagiert sich auf nationaler wie internationaler Ebene für diese Wirtschaftsweise. Auch die Kinder sind begeistert von der Arbeitsweise der Eltern. Tochter Christine ist anthroposophische Kinderärztin geworden, Tochter Elisabeth führt ein biozertifiziertes Gästehaus, Sohn Martin hat eine biologisch-dynamische Kosmetiklinie ins Leben gerufen, und Sohn Nikolaus hat im Jahr 2005 das Weingut übernommen.

Trotzdem arbeiten die beiden Senioren noch täglich mit im Betrieb. „Wir haben als Paar immer die Ideen zusammen entwickelt", erzählt Christine. Dabei haben sie sich wunderbar ergänzt. Die Stärke ihres Mannes ist das Gespür für die Natur. „Er geht in den Weingarten raus und riecht, wenn ein Rebstock Stress hat", erzählt sie. So war es zum Beispiel in dem extremen Hitzejahr 2003. „Er kam aus dem Weinberg zu mir und hat gesagt: Riech mal meine Hände, so etwas habe ich noch nie gerochen." Christine wiederum hat das Gespür für Menschen und kann sie begeistern. Sie beide schätzen die glückliche Fügung, wonach sie sich bereits in den 1970er Jahren für Demeter entschieden haben. „Gott sei Dank hat uns Jutta zur Hochzeit keinen Staubsauger geschenkt", lacht sie.

Die Weine

Mit gerade einmal sechs Hektar haben Christine und Nikolaus Saahs angefangen, heute bewirtschaften sie Weinberge auf einer Fläche von 22 Hektar. Wenn sie neue Gewanne hinzubekommen, lassen sie diese erst fünf Jahre brach liegen. In dieser Zeit bekommen die Böden dann vermehrt Kompost. Ansonsten sind ihre Weinberge so im Gleichgewicht, dass präparierter Kompost nur noch als Impulsgeber dient. Der Nikolaihof befindet sich in der wohl bekanntesten Weinbauregion Österreichs, der Wachau. „Wir sind am Beginn oder am Ende der Wachau, je nachdem wie man schaut", so Christine Saahs. Die Böden bestehen aus dem Urgestein der böhmischen Masse. Die Donau schneidet sich durch dieses Gebirge. Die Weinberge fallen teils steil zur Donau ab. Viele Lagen sind terrassiert und müssen von Hand bearbeitet werden. Die Winzer konzentrieren sich auf Riesling und Grüner Veltliner, auch etwas Neuburger, Muskateller, Gewürztraminer und Chardonnay findet man in ihren Weinbergen.

2013
„Im Weingebirge" Grüner Veltliner Federspiel

Das Weingebirge ist einer der ältesten dokumentierten Weinberge Europas. Hier soll sich der heilige Severin zum Gebet zurückgezogen haben. Es ist eine nach Süden ausgerichtete und dadurch sehr sonnige, warme Lage. Der leichte Federspiel verfügt über ein zurückhaltendes Bukett mit Aromen von Wiesenkräutern sowie feinen und verspielten Hefe- und Pfeffernoten. Der Wein ist trocken, die Säure startet zupackend, um sich im Finish ganz weich einzufügen. Es ist ein feinschmelziger Trinkwein für jeden Tag.

2018
Neuburger

Der Neuburger ist eine alte österreichische Sorte, die nur noch wenig kultiviert wird. Auch weil die Rebsorte sehr empfindlich und wenig ertragsstark ist. Mit einer satten goldgelben Farbe läuft der Wein ins Glas. Er braucht etwas Zeit, um sein betörendes Aroma von Holunderblüten, Wildrosen, Orangenblüten und Pfingstrosen zu entwickeln. Hinzu kommen balsamische Noten und ein Duft, der an frische Dillgurken erinnert. Am Gaumen besticht er durch eine zart ölige Textur, feine Bitternoten. Im langen Nachhall spielen fein-süße Würznoten von Muskat und Piment eine Rolle. Es ist ein ganz besonderer wie eigenwilliger Wein.

2007
Steinriesler Riesling

Dieser Wein liegt über zehn Jahre in großen Fässern auf der Hefe. Auch er ist ein Riesling, der Zeit und ein großes Glas braucht. Zu Beginn scheint das Bukett von einer dicken Hefeschicht zugedeckt zu sein. Der Wein erinnert an eine Frucht, die man erst einmal schälen muss. Nach längerem Schwenken oder am zweiten Tag kommen feine Würznoten wie Muskatnuss, aber auch Aromen von Aprikosen, Mandarinenzesten und Paranüssen hinzu. Später zeigen sich Wiesenkräuter, Taubnesselblüten und Nussbutter. Seidig in der Textur baut sich der Wein am Gaumen fest und straff auf. Er beginnt leise und endet druckvoll. Ein sehr ausgewogener, trockener und animierender Riesling.

2013
Baumpresse Grüner Veltliner

Ein Wein wird noch mit der 350 Jahre alten Baumpresse bereitet: ein Grüner Veltliner aus dem Weingebirge. Zwei Winter darf der Wein auf der Hefe im großen Fass verbringen, bevor er abgefüllt wird. Der Wein lebt von der dunklen Würze des Grünen Veltliners und des Urgesteins, der den Boden neben Lehm und Löss prägt. Dieser Wein lebt nicht von der Frucht. Nur zart kommen Noten von Birnenschalen zum Vorschein, aber auch von Walnussmarzipan und Anis. Am Gaumen zeigt sich eine vollmundige Textur, ohne schmalzig zu werden. Die dem Grünen Veltliner nachgesagte Pfeffernote entwickelt sich als haptischer Schärfeeindruck im Finish.

2002
Riesling Vinothek – Nikolaihof

Der Riesling kommt aus der Lage Weingebirge. Über 15 Jahre lag er mit der Hefe im großen Holzfass. Entstanden ist ein Wein, der sich wie ein Seidentuch in den Mund legt. Zart entfalten sich darauf Aromen von Wiesenkräutern, Wildblumen, Fichtensprossen, Bergamotte, schwarzem Tee, Hefe und Salbei. Dezent spielen auch Fruchtnoten wie Apfel und Marille mit. Alle Komponenten des Weins sind miteinander versponnen und bilden ein großes Ganzes. Die Säure hat eine eigene Qualität. Sie zieht sich zart und tänzelnd durch den Wein, gibt Rückgrat, ohne sich dabei in den Vordergrund zu schieben. Endlos lange verbleiben Geschmack und Textur am Gaumen. Es ist ein besonderes Erlebnis, diesen Wein zu genießen.

2015
Steiner Hund Riesling

Dieser nach Süden ausgerichtete Weinberg ist von reinem Urgestein geprägt. Topographisch bildet die Lage eine Mulde, in der es mittags so warm wird, dass man dort nicht mehr arbeiten kann. Auch diesen Wein zeichnet die Lebendigkeit der Weine vom Nikolaihof aus. Spannend war es, ihn über drei Tage hinweg immer wieder zu verkosten. Zu Beginn ist das Bukett noch diffus, dominiert von feinen Hefenoten und Buttrigkeit. Mehr und mehr schälen sich dann Aromen von kandierten Aprikosen, Zitronat und Orangeat heraus. Ebenso schwingt ein Duft von Earl-Grey-Tee mit. Am Gaumen besticht der Wein durch eine cremige Textur, die Aromen in ein großes Ganzes einbindet. Eine ziselierte Säure schwingt sich durch den Wein. Noch lange schmecken die subtilen Aromen im Rachenraum nach.

Beseelte Präzision

Mit der Biodynamie haben auch Schafe auf dem Weingut Einzug gehalten. „Die tierische Seele bringt etwas Besonders in unseren Betrieb."

Michael Graf Goëss-Enzenberg (12)
Weingut Manincor, Kaltern, Südtirol

Das Anwesen Lieben Aich in spätherbstlicher Stimmung. Hier finden Weißburgunder, Chardonnay und vor allem der Sauvignon Blanc beste Bedingungen.

Wer auf Einladung von Michael Graf Goëss-Enzenberg durch seine Weinberge fährt, steigt in ein wunderschönes Elektroauto. Es ist eines der Modelle, bei dem ein Neuling nie weiß, wie die Türen aufgehen. Man steigt ein, der Blick schweift über ein Armaturenbrett wie aus dem Science-Fiction-Film und bleibt dann an einer alten Plakette hängen. Ein abgegriffener Magnet, der Michael wohl schon sehr lange begleitet und den es in jedem Wallfahrtsort zu kaufen gibt: der heilige Christophorus. Der Christusträger, der Schutzheilige aller Reisenden, gehört eben auch in einen Tesla.

„Ich hatte das Glück, nie in einer Stadt leben zu müssen.“

Michael entstammt einer weitverzweigten Adelsfamilie und wächst in Kärnten auf. Sein Vater ist Land- und Forstwirt. Hier lernt er die Liebe zur und die Arbeit mit der Natur kennen. Vor allem die Forstwirtschaft fasziniert ihn. „Der Wald ist der Boden allen Lebens“, so Michael. „Wenn du einen Weinberg verlässt, will er wieder zu Wald werden. Es ist der einzige Organismus, der sich selbst erhält.“ Das Arbeiten mit dem Wald beeinflusst auch sein Denken. Es ist ein Unterschied, ob man mit einjährigen, mehrjährigen oder hundertjährigen Pflanzen arbeitet. Die Zeithorizonte verschieben sich. Man plant generationsübergreifend.

Trester wird für die Kompostierung gesammelt.

Als Michael mit der Schule fertig ist, wo er auch zum Tischler ausgebildet wurde, will er zunächst Architekt werden. Technisches Zeichnen fasziniert ihn. Doch als die Aussicht besteht, das Weingut des Onkels in Südtirol zu übernehmen, fängt er an, sich für den Winzerberuf zu begeistern. Er studiert in Geisenheim Weinbau und Kellertechnik, macht Praktika am Bodensee und im kalifornischen Santa Barbara. Im Jahr 1991 übernimmt er das Gut Manincor. Neben den 50 Hektar Weinberge gehören auch Apfelanbau, Wald und Wiesen dazu. Diese Mischung verschiedener Kulturen reizt ihn. „Ich verstehe mich als Landwirt und nicht nur als Winzer", betont er mit Stolz.

Vielfältige Begrünung und das Ausbringen von Kompost bringen Leben in den Boden. „Nur wenn Boden und Rebe gesund sind, können sie eine Symbiose eingehen. Das schmeckt man später auch im Wein."

„Wir haben bald gesehen, dass die Böden geschwächt und ohne Leben waren. Die konnten die Pflanzen nicht gut ernähren."

Zum Zeitpunkt der Übernahme werden die Trauben an die örtliche Genossenschaft geliefert. Doch das macht ihn auf Dauer nicht glücklich. „Da war der Ehrgeiz, selbst etwas daraus zu machen", erzählt er. Und fünf Jahre nach der Betriebsübernahme bringt er seine eigenen Weine auf den Markt. Mit Ertragsreduzierung und naturnahem Anbau beginnt er, an den Qualitäten zu feilen. Die Weine verbessern sich, aber er merkt, dass er qualitativ nicht über einen gewissen Punkt hinauskommt. „Wir haben bald gesehen, wie die Reben dastanden, dass das nicht so toll war", erzählt er. „Vor allem die Böden waren geschwächt und ohne Leben. Die konnten die Pflanzen nicht gut ernähren."

Da hört er vom Weingut Loacker in Südtirol, das als einer der biodynamischen Pionierbetriebe gilt. „Mir hat das super gefallen, was die dort gemacht haben", sagt Michael begeistert. Auch fühlt er sich dem spirituellen Teil der Biodynamie sofort verbunden. Dass Mittel jenseits aller Stofflichkeit wirken können, ist ihm auch nicht fremd. „Meine Frau Sophie hat schon immer die Familie mit Homöopathie gesund gehalten", schwärmt er weiter. Aber ihm fehlten der Mut und das Wissen, den Schritt in Richtung Biodynamie zu gehen. Zu groß ist die Angst vor ökonomischen Verlusten. Als Chef eines neu gegründeten Weinguts und mit einer Verantwortung für über 50 Mitarbeiter will er das Risiko nicht eingehen. „Vielleicht habe ich auch damals einfach die falschen Stimmen gehört", überlegt er. Heute weiß er, dass die Überzeugung in einem selbst wachsen muss, nur dann lässt man sich nicht von Zweiflern verunsichern. „Das sag ich heute jedem, der mich fragt", erzählt Michael. „Du musst dir selbst sicher sein, sonst gibst du bei der ersten Hürde auf."

Das Weingut Manincor ist ein denkmalgeschütztes Ensemble. Der neue Keller wurde in den Weinberg hineingebaut und ist von außen kaum sichtbar.

Im Winter ziehen sich die natürlichen Kräfte in den Boden zurück.

„Je mehr du die Thesen Steiners verstehst und durchdenkst, umso leichter kannst du sie für deinen Betrieb anpassen."

Trotz des ersten Zögerns bleibt er am Thema und tauscht sich mit befreundeten Weingütern wie Dr. Bürklin-Wolf oder dem Nikolaihof aus, die bereits langjährige Erfahrung mit der Biodynamie haben. Darüber lernt er auch den versierten Biodynamie-Berater Dr. Andrew Lorand kennen. Sofort ist eine große Sympathie da. „Ich hatte nie so einen guten Lehrer", erzählt Michael. „Er konnte die Thesen Steiners praktikabel und bildlich erklären." Für Michael war es wichtig, die Ideen Steiners so weit wie möglich selbst zu verstehen und zu durchdenken. „Je mehr du verstehst, umso leichter kannst du diese Ideen für deinen Betrieb anpassen", ist er sich sicher. „Jeder Hof, jeder Mensch, jedes landwirtschaftliche Umfeld hat seine eigene Individualität. Mit Biegen und Brechen etwas überzustülpen, bringt nichts."

Michael vergleicht das mit der Arbeit eines guten Kochs, der ein Rezept in die Hand bekommt und es handwerklich korrekt anpassen kann, weil es dann seinen Gästen besser schmecken wird. „Rudolf Steiner wollte, dass wir das bereits Gesagte weiterentwickeln", ist er überzeugt. „Dass wir nicht wie dumme Schafe einfach folgen, sondern mehr daraus machen." Er stellt den Betrieb im Jahr 2006 um. Ein Jahr später gründet er mit Winzerkollegen aus Österreich, darunter auch Fred Loimer, Franz Weninger und Bernhard Ott, den Verein respekt-BIODYN.

„Jeder Hof, jeder Mensch, jedes landwirtschaftliche Umfeld hat seine eigene Individualität. Mit Biegen und Brechen etwas überzustülpen, bringt nichts."

Dass die Umstellung so gut funktionierte, hat etwas mit einem guten Berater zu tun, aber in seinem Team sind auch exzellente Agronomen, die zum Beispiel den ökologischen Pflanzenschutz sehr gut managen können. Michael ist zudem Perfektionist und investiert mit der Umstellung auch in maschinelle Schlagkraft. Denn aufgrund der weniger lang wirkenden ökologischen Pflanzenschutzmittel muss man schnell und gezielt handeln. So sieht man auf dem Weingut zum Beispiel modernste Recyclingspritzen, mit denen man deutlich Spritzmittel einsparen kann. Perfekter Umweltschutz kostet Geld.

„Das Beste ist, wenn der Wein den Charakter des Winzers widerspiegelt."

Auch gibt es selten Winzer wie Michael, die sich für technische Tüfteleien so begeistern können und dabei so detailverliebt sind. Manincors Team arbeitet mit landwirtschaftlichen Geräteentwicklern zusammen, die ihm Maschinen zum Gebrauch geben und großen Wert auf sein Feedback legen. Ein Beispiel ist ein neues Unterstockgerät, mit dem die Beikräuter, die unter dem Rebstock wachsen, maschinell im Zaum gehalten werden. „Die Basis ist ein Fadenmäher, mit dem wir viel schneller und schonender arbeiten können", erzählt er begeistert. „Das Gerät hat einen Tastarm, der den Mäher immer wieder zurückzieht, sobald er an einer Rebe vorbeikommt." So wird verhindert, dass bei der maschinellen Unterstockpflege die Reben verletzt werden und dann einem möglichen Pilzbefall ausgesetzt sind. Im Weingut Manincor wird landwirtschaftliche Technik zielgerecht eingesetzt. Mehr Gedanken als Ressourcen zu verschwenden, ist dabei Michaels oberstes Gebot.

Ästhetik und Funktionalität sind die Leitprinzipien, mit denen die über 3000 Quadratmeter Kellerfläche gestaltet wurden. Durch geschicktes Ausnutzen natürlicher Kräfte wie Erdfeuchte oder Erdwärme ist jeder Kellerraum ideal klimatisiert.

Obwohl Michael über den Praxisbezug eines Andrew Lorand zur Biodynamie gefunden hat, ist ihm, wie gesagt, auch der anthroposophische Teil sehr wichtig. „Nur die Praxis ohne das Geistige funktioniert genauso wenig wie umgekehrt", sagt er. Für ihn ist daher der Austausch mit den Kollegen der respekt-BIODYN-Gruppe sehr wichtig. „Einmal im Jahr gibt es die Dezembereinkehr", schwärmt er. „Dort beschäftigen wir uns sehr intensiv mit dem geistigen Teil der Biodynamie." Auch besucht er regelmäßig die landwirtschaftliche Tagung am Goetheanum in Dornach. Dort treffen sich jedes Jahr im Februar Demeter-Landwirte aus aller Welt. „Wenn du da im großen Saal sitzt, Hunderte Leute aus allen Nationen um dich herum, die irgendwo den gleichen Antrieb haben, das beseelt mich immer wieder", erzählt er. Auch fasziniert ihn die besondere Architektur des Goetheanums. „Mich fasziniert diese schützende Atmosphäre in diesen Räumen ganz besonders", ist er begeistert.

Die Begeisterung für Architektur sieht man auch dem besonders gelungenen Kellerneubau an. Das Gut Manincor ist ein traumhaft gelegenes, denkmalgeschütztes Ensemble. Es war also eine besonders große Herausforderung, einen neuen Weinkeller so zu bauen, dass er Michaels Ansprüchen an Funktionalität, Kapazität und Ästhetik genügte. Über ein Jahr hat er mit einem bekannten Architektenduo geplant, bevor die Bauphase begann.

Entstanden ist ein Meisterwerk, das sich in die Landschaft einschmiegt und doch besondere Akzente setzt. Wer durch den weitläufigen Kellerneubau geht,

erkennt nicht nur Michaels Detailverliebtheit. Der Keller ist so gebaut, dass ihn auch noch spätere Generationen nutzen können. Das beginnt bei der Auswahl der hochwertigsten Baustoffe. Es sind Materialien, die Patina bekommen können und nicht einfach kaputtgehen.

Hinzu kommt die Funktionalität. Ein ausgeklügeltes Belüftungssystem sorgt auf natürliche Weise für ein ideales Klima. Geschickt wird im Barrique-Keller die Erdfeuchte an die Kellerwände herangeleitet, damit der stets die richtige Luftfeuchtigkeit hat. Energie wird durch Erdwärme und eine Hackschnitzelheizung geliefert. Es ist dieser virtuose Umgang mit den natürlichen Begebenheiten, die an dem Weingut Manincor so faszinieren.

„Sauberkeit ist die Mutter und der Vater des guten Weins."

So kann man auch die Philosophie im Keller beschreiben: „Wein ist kein Zufalls-, sondern ein Kulturprodukt", erklärt Michael. „Der menschliche Geist, das handwerkliche Handeln gehören ebenso zum Terroirkonzept wie Boden und Klima." Daher entstehen die Weine behutsam, aber mit einer führenden Hand im Keller. Dazu gehört, dass nur perfekt selektierte und gesunde Trauben angeliefert werden. Die weißen Trauben durchlaufen meistens eine Maischestandzeit und werden in den modernen pneumatischen Pressen behutsam ausgequetscht. Die Vergärung erfolgt temperaturkontrolliert, für jeden Weinstil gibt es das richtige Gärgebinde, von Stahltank bis zu Barriques aus feinsten Hölzern. Michael hat eine genaue Vorstellung von jedem seiner Weine. „Das Beste ist, wenn der Wein den Charakter des Winzers widerspiegelt“, erklärt er. Wer die präzisen Weine von Michael verkostet, weiß, dass ihm das gelungen ist.

Neben der Erfahrung des Winzers spielt natürlich auch die biologisch-dynamische Wirtschaftsweise eine Rolle, dass sich die Weine verändert haben. „Für mich ist diese Wirtschaftsform die beste Möglichkeit, den Boden zu verbessern und Humus aufzubauen“, ist sich Michael sicher. „Auch die Rebe braucht eine gesunde Ernährung“, erklärt er. „Nur wenn Boden und Rebe gesund sind, können sie eine Symbiose eingehen. Das schmeckt man später auch im Wein.“ Die Reben strahlen heute auch eine enorme Vitalität aus. Der Wuchs ist ausgeglichener, und die Pflanzen reagieren weniger stark auf Witterungsstress. Die Beeren an den Trauben sind dickschaliger und kleiner geworden. So entsteht ein optimales Verhältnis von Saft zu Schale. Vor allem in den Schalen befinden sich die Aromen.

Zur biologisch-dynamischen Arbeit bei Manincor gehört nicht nur das Herstellen der Feldspritzpräparate, sondern auch das Halten von Nutztieren. „Angefangen haben wir vor zwölf Jahren mit zwei Schafen, jetzt sind es über 80 geworden", erzählt Michael. Die dürfen in den Weingärten grasen und sorgen so für eine gute Düngung des Bodens. Außerdem halten sie die Begrünung im Weinberg niedrig. Im Sommer dürfen die Tiere mit einem Hirten auf die Alm. Aber entscheidend für die Haltung der Schafe ist für Michael Folgendes: „Die tierische Seele bringt etwas Besonderes in unseren Betrieb." Als Beispiel nennt er den Mitarbeiter, der sich um die Tiere kümmert. „Der war immer der Rustikalste von allen, und heute ist er in der Seele der Weichste. Der Umgang mit den Tieren bewegt etwas in uns."

Auf die Frage, ob ihn der Umgang mit der Biodynamie verändert hat, antwortet er mit ja und nein. „Ich bin mit der Natur aufgewachsen. Die Biodynamie hat mich in vielen Dingen bestätigt und mir manche Aspekte dazugegeben. Sie hat meine Grundhaltung aber nicht durcheinandergebracht, sondern gefestigt", erklärt er. Zu dieser Einstellung gehört, sich über die vermeintlich kleinen Dinge zu freuen. „Manchmal sehe ich etwas in der Natur, das mich sprachlos vor dieser Schöpfung werden lässt. Ich empfinde es als Privileg, mit diesem Land arbeiten zu können und es prägen zu dürfen", erzählt er weiter, während wir durch den Weinberg unterhalb des Gutes schlendern. Der Blick geht Richtung Kalterer See, der sich in Novembernebel gehüllt hat. Wir sind umgeben von Reben, unter unseren Füßen befindet sich der moderne Weinkeller, und in Sichtweite steht das neue Feldkreuz, das ihm seine Frau geschenkt hat. „Gott ist eine Sphäre, dessen Zentrum überall, dessen Peripherie indes nirgends ist", sagte einst der Naturphilosoph, Astronom und Mathematiker Johannes Kepler. Es tut gut, sich daran zu erinnern.

91
HL12
82
HL20
81
HL12

Die Weine

Wenn man die Weine von Manincor mit einem Wort beschreiben sollte, dann wäre es „präzise". Sie sind eher fein als laut. Sie dominieren nicht, setzen nicht auf Effekthascherei, sondern strahlen Ruhe und Harmonie aus. Man schmeckt diese kristalline Klarheit, die den Südtiroler Weinen zu eigen ist und spürt dabei, dass die Weine während ihrer Zeit im Keller mit kluger Hand geführt werden.

2018
Eichhorn Pinot Bianco

Die Reben stehen auf Porphyr-Verwitterungsgestein. Nach kurzer Maischestandzeit wird der Wein im Holzfass vergoren und ausgebaut. Es ist ein sehr feiner wie zurückhaltender Weißburgunder. Langsam schälen sich Aromen von Williamsbirne, Grapefruit, weißen Mandeln, Zitrus und ein Hauch von Sahne heraus. Am Gaumen ist der Wein angenehm trocken, feingliedrig und lebt von einem zarten Schmelz ebenso wie von einer seidigen Textur.

2017
Lieben Aich Sauvignon Blanc

Dieser Weinberg ist von Porphyr und lehmigem Quarzsand geprägt. Hier steht der Sauvignon Blanc, der zu den bekanntesten Weinen des Weingutes Manincor zählt. Für die oft expressiv interpretierte Rebsorte wirkt dieser Wein sehr verhalten. Das Bukett ist zart grasig und duftig. Es kommen Aromen von Melone und Minze zum Vorschein. Am Gaumen ein tolles Spiel zwischen feinem Schmelz und einer kristallin wirkenden, frischen, aber reifen Säure. Der Auftakt ist cremig, und der Wein endet vibrierend, vielschichtig in einem langen Finale.

2019
Keil Vernatsch

Der Wein prägt die Geschichte vom Kalterer See. Die Vernatschreben am See sind 30 bis 100 Jahre alt und in Pergolaform erzogen. Mit einem hellen wie leuchtenden Granatrot läuft der Wein ins Glas. Das Bukett wirkt sehr ansprechend mit Aromen von roten Johannisbeeren, Sauerkirschen und Mandeln, aber es schwingt auch etwas Blumiges sowie etwas Kandiertes mit, das an Liebesäpfel erinnert. Am Gaumen wirkt der Wein sehr animierend mit seiner saftigen Frucht und Säure.

2016
Castel Campan

Dieser Spitzenwein kommt aus den Weinbergen rund um das Weingut Manincor. Hier hat sich Moränenschotter abgelagert. Ein Cuvée aus Merlot und Cabernet Franc. Schon die satte dunkle Farbe verrät die Erstklassigkeit dieses Weins. Das Bukett ist komplex und vielschichtig mit Aromen von Tabak, rotem Paprikapulver, dunklen Kirschen und Pflaumen, Vanille und Toast, aber es spielen auch Kräuter und Minze mit. Der Wein schmeichelt dem Gaumen mit einer vollmundigen, samtigen Textur. Auch im Rachenraum zeigt sich die Aromenfülle. Der Cabernet Franc sorgt für einen frischen Lift im Finish und bringt dem molligen Merlot spannende Facetten.

Aus der Rebsorte Petit Manseng werden hier exzellente Süßweine bereitet. Die dickschaligen Beeren können über den November hinaus am Stock reifen. Die Trauben werden mit Netzen vor dem Appetit von Vögeln und Wildtieren geschützt.

Die biologisch-dynamischen Präparate im Detail

Die Feldspritzpräparate werden in Regenwasser eine Stunde lang in wechselnder Drehrichtung gerührt. Dieser Prozess wird „dynamisieren" genannt. Dabei soll sich die Wirkung der Präparate auf das Wasser übertragen.

Rudolf Steiner hat sich in Vorbereitung des Landwirtschaftlichen Kurses mit der aktuellsten naturwissenschaftlichen und agronomischen Literatur seiner Zeit auseinandergesetzt. Er erweiterte dieses Wissen mit seiner anthroposophischen Philosophie und anderen Wissenselementen, die er sich im Laufe des Lebens angeeignet hatte. Steiner hat sich zudem mit vielen Landwirten unterhalten und war zum Beispiel an altem Heilkräuterwissen interessiert. Die Präparate, die in homöopathischen Dosen verwendet werden, sind also nicht in einem Labor entstanden.

Um das an einem Beispiel festzumachen, ist ein Blick auf das Eichenrindenpräparat hilfreich, das dem Kompost zugesetzt wird und Kalziumprozesse fördern soll. Kalzium ist ein wichtiger Pflanzennährstoff, der unter anderem für das Wurzelwachstum wichtig ist. Rein stofflich betrachtet, verfügt die Eichenrinde über viel Kalzium, selbst wenn der Baum auf kalziumarmen Böden wächst. Also scheint diese Pflanze die Kalziumprozesse perfektioniert zu haben. Steiner empfiehlt nun, die Eichenrinde in einen Tierkörper zu geben, der ebenfalls für Kalziumprozesse steht. Er schlägt vor, dafür einen Haustierschädel zu nehmen, in dem die Eichenrinde vergraben werden soll. Damit verbindet er alle vier Naturreiche. Das Pflanzliche (Ätherleib) gibt der Mensch (Ich) in eine Tierhülle (Astralleib), vergräbt das im Boden (physischer Bereich) und setzt das den rhythmischen Einflüssen der Jahreszeiten aus.

Die Antwort auf die Frage, wie die Pflanze nun mit dem wichtigen Nährstoff Kalzium versorgt werden kann, wird aus dem anthroposophischen Naturbild heraus beantwortet, dessen Grundlage der Mensch ist. Dazu bemerkt Rudolf Steiner: „Aber sehen Sie, was so gesprochen wird aus der Geisteswissenschaft heraus, dem liegt ja zugrunde der ganze Haushalt der Natur, es wird aus dem Ganzen heraus gedacht, daher ist das Einzelne, was man sagen muss, maßgebend für das Ganze, es kann nichts anderes herauskommen, dass man die Landwirtschaft so betreibt, dass sie für den Menschen und für die Tiere das Beste gibt … Der Mensch wird zur Grundlage gemacht. Dadurch ergeben sich die Winke, die gegeben werden dafür, dass sich die Menschennatur am allerbesten unterhält, das ist dasjenige, was diese Form von Betrachtung unterscheidet von denjenigen, die heute üblich sind."

Aber um zurück auf das Eichenpräparat zu kommen: Mit diesem Präparat, das in kleinsten Mengen verwendet wird, wird nicht einfach Kalzium gedüngt, sondern es soll der Impuls an die Pflanze gegeben werden, wie sie ihre Kalziumprozesse perfektionieren kann. Das hört sich verrückt an. Die Sache ist nur, dass die Präparate offenbar eine Wirkung entfalten, wie zahlreiche Studien mittlerweile belegen und auch alle Winzer in diesem Buch bestätigen.

Die Arbeit mit den Präparaten entzieht sich zudem jeglicher Stofflichkeit. Pierre Mason spricht von der „Anwendung kleinster Quantitäten von alchimistisch metamorphosierten Substanzen" und verweist darauf, dass in der Zeit der Steiner'schen Vorträge auch intensiv über Radioaktivität geforscht wurde. Ebenso wurde damals die Bedeutung von Wirkstoffen wie Hormone, Vitamine oder Enzyme entdeckt. Auf einmal konnte man sich vorstellen, dass kleinste Mengen eines Stoffes große Wirkung erzielen können.

Die Präparate

Es gibt insgesamt acht Präparate, zwei davon sind die sogenannten Feldspritzpräparate. Die anderen werden dem Kompost zugesetzt. Es werden neben Kuhmist und Quarz auch zahlreiche Pflanzenteile verwendet. Sechs der Präparate werden mithilfe einer tierischen Hülle hergestellt. Steiner gibt in seinen Vorträgen Hinweise, warum zum Beispiel Kuhhorn und die Hirschblase verwendet werden sollen. Aber zu vielen anderen Zutaten gibt er kaum oder gar keine Hinweise. Auch bietet er nicht zu allen Präparaten eine Rezeptur an. All das musste in selbständiger Arbeit von den Landwirten selbst entwickelt werden.

Die Präparate sind durchnummeriert. Die Nummern wurden damals auch als Deckbezeichnung eingeführt, um nicht direkt die Zutaten der Heilmittel zu kommunizieren. Warum die Nummern mit 500 beginnen ist nicht klar. Eine Anekdote besagt, man hätte sich an einen etwas großspurigen Berliner Spediteur orientiert, der seine Handvoll Lastwagen durchnummerierte und dabei mit der Zahl 1000 begann. Ob die Zahl fünf mit Zahlensymbolik zu tun hat ist ungewiss.

Die Feldspritzpräparate

Diese Mittel werden in Wasser eine Stunde lang eingerührt und danach entweder auf Boden oder Pflanze gesprüht.

Hornmistpräparat (500)
Kuhmist wird in ein Kuhhorn gefüllt und sechs Monate in einem fruchtbaren Boden über den Winter vergraben. Es soll den Boden und das Wurzelsystem der Pflanzen kräftigen.

Hornkieselpräparat (500)
fein gemahlener Quarz wird in ein Kuhhorn gefüllt und sechs Monate über den Sommer vergraben. Es soll die Lichtintensität verstärken.

Die Kompostpräparate

Diese Mittel werden in der Kompostmiete verteilt. Kompostierung bedeutet erst einmal großes Chaos. Alle möglichen Stoffe werden aufeinandergeschichtet. Es verrottet, vergärt, wird heiß und kalt. Die Präparate sollen diesen Prozess ordnen. Und der Kompost soll am Ende so durchdrungen sein, dass er, wenn er später auf die Weinbergsböden ausgebracht wird, das Bodenleben fördert und damit Prozesse, die für die Verfügbarkeit von Nährstoffen für die Pflanze elementar wichtig sind.

Schafgarbe und Hirschblase (502)
Dieses Präparat soll die Kaliprozesse in der Pflanze fördern. Dafür wird Schafgarbe in die Harnblase eines Hirsches gefüllt und den Sommer über an einen wind- und regengeschützten Ort aufgehängt, danach über den Winter vergraben.

Kamille und Dünndarm eines Rindes (503)
Beides soll dem Kalzium zur besseren Wirkung verhelfen. Getrocknete Kamillenblüten werden in den Dünndarm eines Rindes gefüllt und über den Winter vergraben.

Brennnessel (504)
Soll die Stickstoffprozesse harmonisieren.
Die angewelkten Pflanzen werden für ein Jahr vergraben.

Eichenrinde und Haustierschädel (505)
Sollen Kalziumprozesse in der Pflanze fördern. Eichenrinde wird in einen Haustierschädel gefüllt und über den Winter vergraben.

Löwenzahn und Gekröse (Mesenterium) vom Rind (506)
Sollen das richtige Verhältnis zwischen Kalium- und Kieselprozessen fördern. Dafür werden getrocknete Löwenzahnblüten in Gekröse gefüllt und über den Winter vergraben.

Baldrian (507)
Soll mit seinem Phosphorgehalt die Wärmekräfte anregen. Dafür wird der Saft von Baldrianblüten verwendet.

Franz Weninger bewahrt die Präparate in einer eigens gefertigten Holzkiste auf.

Kosmische Rhythmen
Zusammenfassung eines Vortrags von Dr. Georg Meissner

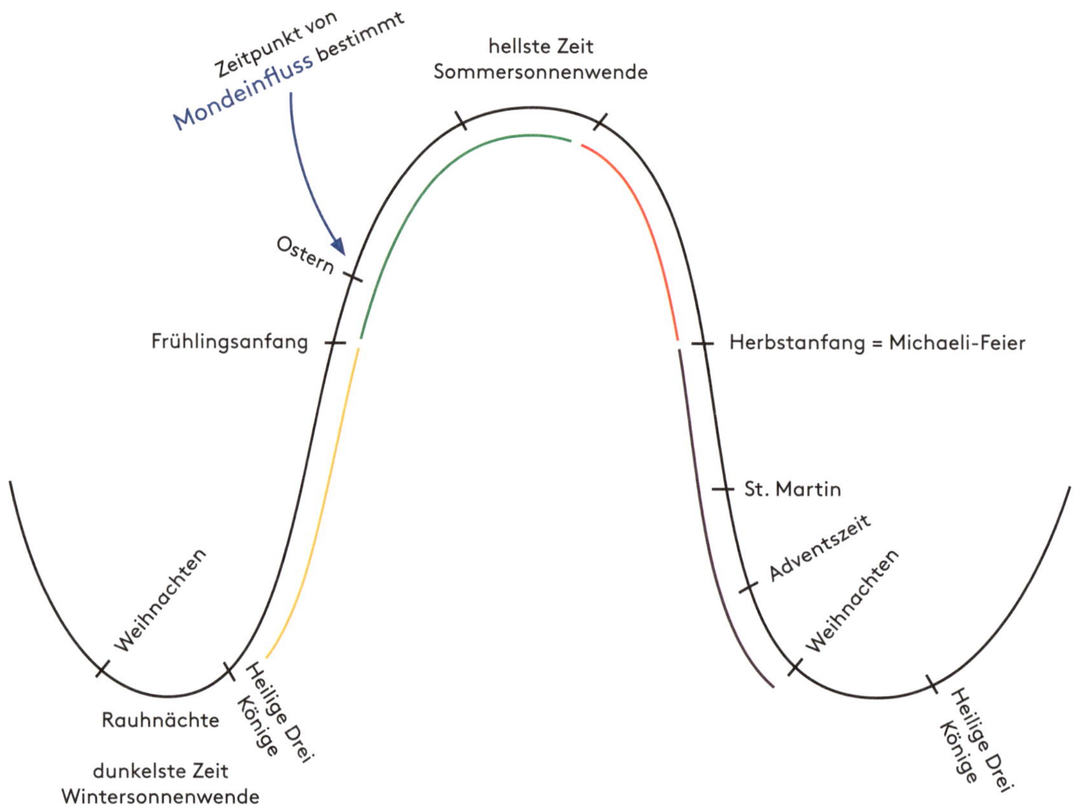

Für die Biodynamie sind vor allem die Sonnenrhythmen und weniger die Mondrhythmen wichtig. Mit diesen jahreszeitlichen Rhythmen zu leben, ist Bestandteil vieler Kulturen, auch der westlich-christlich geprägten. So ist es interessant, sich diese Rhythmen im Zusammenhang mit den Zeitpunkten der christlichen Feiertage anzusehen.

Diese Grafik stellt sehr vereinfacht den Erdlauf um die Sonne dar und zeigt, wann die hellste sowie die dunkelste Zeit des Jahres ist.

Den dunkelsten Tag bezeichnet man als Wintersonnenwende. Rund um diese besonders dunkle Zeit des Jahres feiern wir Weihnachten und die Heiligen Drei Könige. In der orthodoxen Kirche wird die Geburt Jesu erst am 6. Januar gefeiert, wenn die Sonne die dunkelste Phase verlässt und wieder aufsteigt. Die zwölf Tage zwischen Weihnachten und Dreikönig werden auch als Rauhnächte bezeichnet. In der Zeit wird der alte Brauch gepflegt, Beobachtungen zu machen, die der Wetterprognose des nächsten Jahres dienen. Jeder Tag steht hier für einen Monat. Auch manche der von mir porträtierten Winzer pflegen diesen heidnischen Brauch.

Der kalendarische Frühlingsanfang ist dann, wenn Tag und Nacht wieder gleich lang sind. Die Sonne sorgt zunehmend für mehr Licht und Wärme. Beides brauchen Pflanzen neben Nährstoffen und Wasser, um durch Photosynthese Stoff zu bilden. Man kann sich diese Zeit bis zum Frühlingsanfang so vorstellen, dass sich die Pflanzen jetzt in Stellung bringen.

Der nächste Punkt im Kalender ist Ostern. Im Gegensatz zu Weihnachten ist das ein flexibles Datum im Kalender, an dem sich auch der Zeitpunkt von Fastnacht und Pfingsten orientiert.

Ostern wird am ersten Sonntag nach dem Vollmond nach Frühlingsanfang gefeiert. Der Mond hat Einfluss auf das Wässrige, und Vollmond steht für Expansion. Zusammen mit dem zunehmenden Licht sorgt das für ein Aufwachen der Natur. Genau in der Zeit, in der Christen die Auferstehung des Herrn feiern, beginnt in der Regel das Erwachen der Natur. In der Zeit der aufsteigenden Sonne fängt der Rebstock zu bluten an, die Säfte steigen nach oben. Um Ostern herum beginnt dann das vegetative Wachstum mit voller Wucht. Die Biodynamiker bringen in dieser Zeit das Hornmistpräparat aus, welches das Bodenleben anregen soll.

Wenn die Tage immer länger werden, haben die Winzer am meisten zu tun. Das Wachstum der Reben muss gebändigt werden, Pflanzenschutz und Bodenpflege stehen an. Zum Johannistag ist die Sommersonnenwende. Danach werden die Tage wieder kürzer, und die Reben wechseln vom vegetativen ins generative Wachstum. Die Rebe beginnt, ihre Kraft vermehrt in die Frucht zu führen. Mit dem Hornkieselpräparat versuchen Biodynamiker, diesen Prozess zu verstärken.

Die Lese ist in der Regel im September, wenn mit dem Herbstanfang die nächste Tag- und Nachtgleiche bevorsteht. Die Rebe bildet Reservestoffe und verlagert diese in Stock und Wurzeln, die Pflanzenkräfte ziehen sich langsam in den Boden zurück, die Blätter werden gelb und fallen ab. Auch die Trauben kommen vom Weinberg in den Keller. Die Gärung, in der Most zu Wein wird, kann auch als Metamorphose verstanden werden. In der Zeit beginnen die Michaeli-Feiern. Viele der biologisch-dynamischen Präparate werden hergestellt und im Boden vergraben.

Die Nächte werden jetzt immer länger. Für Landwirte und Winzer ist das eine ruhigere Arbeitsphase. Es ist die Zeit der Einkehr und des Nachdenkens. Das äußere Licht verschwindet zunehmend, die Nacht dominiert den Tag. Die Zeit, in der es richtig finster wird, nennen wir Adventszeit. Sie bereitet auf Weihnachten vor. Advent, vom lateinischen „advenire" abstammend, bedeutet so viel wie „etwas kommt auf mich zu". Es deutet auf ein Ereignis in der Zukunft hin – eine Verheißung, die einen nach dem Durchschreiten dieser Dunkelheit erwartet. Mit Weihnachten und der Geburt Jesu feiern Christen die Ankunft von etwas völlig Neuem. Im Jahreslauf beginnt wieder ein neues Jahr, das für Winzer und Reben ganz anders sein wird als sämtliche Jahre zuvor.

Die Winzer

Österreich

1 **Weingut Weninger**
Florianigasse 11
7312 Horitschon
Telefon: +43 2610 42 165
E-Mail: weingut@weninger.com
www.weninger.com
respekt-BIODYN, Demeter

11 **Nikolaihof – Familie Saahs**
Nikolaigasse 3
3512 Mautern
Telefon: +43 2732 82 901
E-Mail: wein@nikolaihof.at
www.nikolaihof.at
Demeter

5 **Weingut Bernhard Ott**
Neufang 36
3483 Feuersbrunn
Telefon: +43 2738 22 57
E-Mail: bernhard@ott.at
www.ott.at
respekt-BIODYN

7 **Weingut Fred Loimer**
Haindorfer Vögerlweg 23
3550 Langenlois
Telefon: +43 2734 22 390
E-Mail: weingut@loimer.at
www.loimer.at
respekt-BIODYN

Deutschland

3 **Frank John**
Das Hirschhorner Weinkontor
Hirschhornring 34
67435 Neustadt/Königsbach
Telefon: +49 6321 670 537
E-Mail: info@johnwein.de
www.johnwein.de
Demeter

4 **Weingut Peter Jakob Kühn**
Mühlstraße 70
65375 Oestrich-Winkel
Telefon: +49 6723 22 99
E-Mail: info@weingutPJKuehn.de
www.weingutpjkuehn.de
Demeter

9 **Weingut Clemens Busch**
Kirchstraße 37
56862 Pünderich
Telefon: +49 6542 1814 023
E-Mail: weingut@clemens-busch.de
www.clemens-busch.de
respekt-BIODYN

10 **Weingut Dr. Bürklin-Wolf**
Weinstraße 65
67157 Wachenheim
Telefon: +49 6322 9533-0
E-Mail: vinothek@buerklin-wolf.de
www.buerklin-wolf.de
BIODYVIN

Südtirol

2 **Weingut Alois Lageder**
Alois Lageder Paradeis
Casòn Hirschprunn Straße 1
39040 Margreid
Telefon: +39 0471 809 580
E-Mail: paradeis@aloislageder.eu
www.aloislageder.eu
Demeter

12 **Weingut Manincor**
St. Josef am See 4
39052 Kaltern
Telefon: +39 0471 960 230
E-Mail: info@manincor.com
www.manincor.com
respekt-BIODYN

Elsass

8 **Domaine Léon Boesch**
6 Rue St. Blaise
68250 Westhalten
Telefon: +33 389 470 183
E-Mail: matthieu@domaine-boesch.fr
www.domaineboesch.fr
Demeter

6 **Domaine Zind-Humbrecht**
4 Route de Colmar
68230 Turckheim
Telefon: +33 389 270 205
E-Mail: export@zind-humbrecht.fr
www.zindhumbrecht.fr
BIODYVIN

Black-Box Boden. Droht ein Artensterben im Boden?, online unter: https://www.pflanzenforschung.de/de/pflanzenwissen/journal/black-box-boden-droht-ein-artensterben-im-boden-10542 [23.07.2020]

Claus, Paul: Geisenheim 1872–1972. 100 Jahre Forschung und Lehre für Wein, Obst- und Gartenbau, Stuttgart, 1972, Verlag Eugen Ulmer

Crutzen, Paul J.: Das Anthropozän. Schlüsseltexte des Nobelpreisträgers für das neue Erdzeitalter, München, 2019, Oekom Verlag

Deckers, Daniel: Im Zeichen des Traubenadlers. Eine Geschichte des deutschen Weins, Mainz, 2010, Verlag Philipp von Zabern

Di Giacinto, Sofia u.a.: Vineyard management system affects soil microbiological properties, in: OENO One Vol. 54 No. 1 (2020), online unter: https://oeno-one.eu/article/view/2578 [23.07.2020]

Döring, Johanna: Influence of „terroir" factors and vineyard management (organic, biodynamic) on plant performance and fruit quality of grapevines, Gießen, 2018

Döring, Johanna u.a.: Growth, Yield and Fruit Quality of Grapevines under Organic and Biodynamic Management (2015), online unter: https://journals.plos.org/plosone/article?id=10.1371/journal.pone.0138445 [23.07.2020]

Festschrift 100 Jahre Agrarzentrum Limburgerhof 1914–2014, Limburgerhof, 2014, BASF

Friedle, Irene/Hoffmann, Katja: Liebigs Arbeitsgebiet in Experimenten. Angewandte Chemie, online unter: https://www.chf.de/eduthek/projektarbeit-friedlehoffmann.html#2 [23.07.2020]

Fritz, Jürgen u.a.: Quality Assessment of integrated, Organic and Biodynamic Wine using Image forming Methods (2014), online unter: https://orgprints.org/24044/1/24044_Fritz%20et%20al_MM.pdf [23.07.2020]

Goethe, Rudolph: Bericht der Königl. Lehranstalt für Obst- und Weinbau zu Geisenheim am Rhein für das Etatsjahr 1886/87, Wiesbaden, 1888, Bechtold & Comp.

Hendgen, Maximilian u.a.: Effects of different management regimes on microbial biodiversity in vineyard soils, in: Sci Rep 8, 9393 (2018), online unter: https://www.nature.com/articles/s41598-018-27743-0 [23.07.2020]

Hurter, Ueli u.a.: Agrikultur für die Zukunft. Biodynamische Landwirtschaft heute. 90 Jahre Landwirtschaftlicher Kurs Koberwitz, Dornach, 2014, Verlag am Goetheanum

Jakob, Ludwig: Entwicklungen in der Önologie vom Altertum bis zur Neuzeit, Wiesbaden, 2014, Gesellschaft für Geschichte des Weins

Kaliks, Constanza: Leben und Erkennen. Aspekte der Geisteswirksamkeit auf DVD, Dornach, 2020, Hörsaal Anthroposophie

Kalinke, Helmut: Der Deutsche Wein- und Getränkemarkt in Zahlen, Band I und II, Geisenheim, 1985

Leitfaden zur biologisch-dynamischen Landwirtschaft, 2002, CH-Frick, Forschungsinstitut für biologischen Landbau, CH-Münchenstein, Verein für biologisch-dynamische Landwirtschaft

Lenzen, Manuela: Die Lehre vom Nichtwissen. Alles, was man nicht wissen muss, in: Frankfurter Allgemeine Zeitung (2011), online unter: https://www.faz.net/aktuell/feuilleton/geisteswissenschaften/die-lehre-vom-nichtwissen-alles-was-man-nicht-wissen-muss-1653324.html [23.07.2020]

Masson, Pierre: Landwirtschaft, Garten- und Weinbau biodynamisch, Aarau und München, 2013, AT Verlag

Meissner, Georg u.a.: Conversion to organic and biodynamic viticultural practices. Impact on soil, grapevine development and grape quality, in: OENO One Vol. 53 No. 4 (2019), online unter: https://oeno-one.eu/article/view/2470 [23.07.2020].

Metz, Rainer: Statistik der Hektarerträge von Weizen und Roggen in Deutschland von 1850-2000, online unter: https://histat.gesis.org/histat/de/table/details/BA435BFEEBCCB403BC68D2EED-7FBA002#tabelle [23.07.2020]

Pfeiffer, Ehrenfried: Pfeiffer's Introduction to Biodynamics, Edinburgh, 2011, Floris Books

Pollmer, Udo: Der Schweinemord von 1915. Als die Wissenschaft eine Hungersnot provozierte, online unter: https://www.deutschlandfunkkultur.de/der-schweinemord-von-1915-als-die-wissenschaft-eine.993.de.html?dram:article_id=332117 [23.07.2020]

Skinner, Colin u.a.: The impact of long-term organic farming on soil-derived greenhouse gas emissions, in: Sci Rep 9, 1702 (2019), online unter: https://www.nature.com/articles/s41598-018-38207-w [23.07.2020]

Schaumann, Wolfgang: Das Lebendige in der Landwirtschaft. Schritte zum Verständnis der biologisch-dynamischen Grundlagen, Darmstadt, 2016, Verlag Lebendige Erde

Scheller, Edwin: Grundzüge einer Pflanzenernährung des ökologischen Landbaus, Darmstadt, 2013, Verlag Lebendige Erde

Schmitt, L.: 100 Jahre Superphosphat. 75 Jahre Verein Deutscher Dünger-Fabrikanten, Festschrift, Wiesbaden – Biebrich, 1955, Chemische Werke Albert

Steiner, Rudolf: Geisteswissenschaftliche Grundlagen zum Gedeihen der Landwirtschaft, Dornach, 1973, Rudolf Steiner Verlag

Uekötter, Frank: Am Ende der Gewissheiten. Die ökologische Frage im 21. Jahrhundert, Frankfurt, 2011, Campus Verlag

Uekötter, Frank: Die Wahrheit ist auf dem Feld. Eine Wissensgeschichte der deutschen Landwirtschaft, Göttingen, 2012, Verlag Vandenhoek & Ruprecht

Vogt, Gunter: Entstehung und Entwicklung des ökologischen Landbaus, Bad Dürkheim, 2000, Stiftung Ökologie und Landbau

Von Wistinghausen, Christian u.a.: Anleitung zur Anwendung der Biologisch-Dynamischen Feldspritz- und Düngerpräparate, Darmstadt, 2012, Verlag Lebendige Erde

Wohlfahrt, Yvette u.a.: Primary productivity and physiological responses of Vitis vinifera L. cvs. under Free Air Carbon dioxide Enrichment (FACE), in: European Journal of Agronomy Vol. 101 (2018), online unter: https://www.sciencedirect.com/science/article/abs/pii/S116103011830529X?via=ihub#! [23.07.2020]